“十二五”国家重点图书出版规划

物联网工程专业系列教材

物联网技术与应用

第2版

吴功宜 吴英 编著
南开大学

INTERNET OF THINGS
TECHNOLOGY AND APPLICATIONS

图书在版编目（CIP）数据

物联网技术与应用 / 吴功宜，吴英编著．—2 版．—北京：机械工业出版社，2018.6（2025.6 重印）
（物联网工程专业系列教材）

ISBN 978-7-111-59949-4

I. 物…　II. ①吴…　②吴…　III. ①互联网络 – 应用 – 高等学校 – 教材　②智能技术 – 应用 – 高等学校 – 教材　IV. ① TP393.4　② TP18

中国版本图书馆 CIP 数据核字（2018）第 100417 号

本书从物联网的基本概念出发，系统讨论物联网感知层、网络层、应用层与网络安全的关键技术，并选取物联网中的十个重点应用领域，介绍我国与世界各国物联网应用的成功案例与重要的物联网研究问题。

本书内容符合教育部计算机专业教学指导分委员会研制的“高等院校物联网工程专业发展战略研究报告暨专业规范（试行）”关于“物联网工程导论”课程知识体系的基本要求，可以作为高等院校物联网工程专业导论课程的教材，以及计算机、软件工程、网络工程等专业物联网课程的教材或参考书，也可作为文、经、管、法、医、农，以及军事专业选修课、大学公选课的教材，物联网技术研究与产品研发人员、技术管理人员也可通过本书了解物联网相关技术。

出版发行：机械工业出版社（北京市西城区百万庄大街 22 号　邮政编码：100037）

责任编辑：朱　劼　　　　责任校对：殷　虹

印　　刷：河北虎彩印刷有限公司　　　　版　　次：2025 年 6 月第 2 版第 13 次印刷

开　　本：185mm × 260mm　1/16　　　　印　　张：13.5

书　　号：ISBN 978-7-111-59949-4　　　　定　　价：39.00 元

客服电话：（010）88361066　68326294

前　　言

物联网的出现预示着“世上万物凡存在，皆互联；凡互联，皆计算；凡计算，皆智能”的发展前景。作者认为，物联网是一个协同创新的平台，它一方面支撑着大数据、云计算、智能、移动计算、下一代网络等新技术，另一方面支撑着智能工业、智能农业、智能医疗、智能交通等各行各业的应用。目前发展迅速的云计算、大数据、人工智能、深度学习、虚拟现实与增强现实、可穿戴计算、智能机器人技术都在物联网应用中展现出了迷人的魅力。物联网为多学科、跨行业的科技创新与产业发展提供了千载难逢的机遇。

近年来，经过科研、产业与教育界的共同努力，已对过去在物联网技术领域的一些认识模糊的问题形成了共识，这些共识主要表现在：

1）物联网与互联网之间的关系日渐明晰。

2）支撑物联网发展的关键技术日渐明晰。

3）物联网应用对社会发展的影响日渐明晰。

4）物联网发展对计算机教育的影响日渐明晰。

物联网是在互联网基础上发展起来的，但它不是互联网应用简单的功能延伸和接入规模的扩展。物联网融入了普适计算与信息物理融合系统（CPS）的“人－机－物”融合与“环境智能”的理念，将催生大量具有“计算、通信、控制、协同与自治”特征的智能设备与智能系统，推动社会经济发展模式的转变，促进产业的快速发展。

在修订、出版了“十二五”普通高等院校本科国家级规划教材、“十二五”国家重点图书出版规划、物联网工程专业规划教材《物联网工程导论（第2版）》，初步完成物联网工程导论 MOOC 课程之后，作者一直在思考如何在新的技术形势下修订《物联网技术与应用》一书。编写《物联网技术与应用（第 2 版）》的指导思想是：保留第 1 版的结构，在内容上贴近物联网技术与应用发展的前沿，调整每一章节的内容，增加教材的科学性、趣味性与可读性。在第 6 章中，作者选取了 10 个物联网的重要应用领域，每个领域涵盖物联网不同类型、不同层次的问题，挑选具有代表性的案例，介绍我国与世界各国物联网应用的成功案例与当前一些重要的研究动向，以帮助读者开阔学术视野，通过实际问题加深对物联网概念与技术的理解，激发学习兴趣。我们希望做到无论是理工科的学生，还是文、经、管、法、医、农，以及军事学科的学生，只要具备信息技术的基础知识，就有兴趣并能够读懂教材的内容。

物联网技术具有典型的交叉学科特点，因此本书内容涉及多个学科，作者在准备和写作的过程中认真阅读了很多书籍和文献，请教了很多老师，这本书的内容实际上凝聚了很多智者的心血。作者利用互联网搜索引擎和专业网站挑选和编辑了相关插图，希望能以图文并茂的方式帮助读者理解知识。在选择图片时，作者考虑了图片的新闻性、正面引用、教学使用与不涉及个人肖像权等问题。本书的第 1～3 章由吴功宜执笔完成，第 4～6 章由吴英执笔完成。

本书可以作为高等院校物联网工程专业，以及计算机类与工科类专业的教材或参考书，可供文、经、管、法、医、农等专业作为选修课教材，也可供物联网技术研究与产品研发人员、技术管理人员阅读。

感谢教育部高等学校计算机类专业教学指导委员会王志英教授、傅育熙教授、李晓明教授、蒋宗礼教授，感谢物联网工程专业研究专家组上海交通大学王东教授、武汉大学黄传河教授、华中科技大学秦磊华教授、西北工业大学李士宁教授、国防科技大学方粮教授、西安交通大学桂小林教授、吉林大学胡成全教授、四川大学朱敏教授，在与各位教授交流、讨论的过程中，作者学到了很多知识，受到很多启发。感谢在本书第 1 版使用过程中所有提出意见和建议的老师。感谢机械工业出版社的温莉芳、朱劼，她们经常将搜集到的意见与建议反馈给作者，向作者提供一些反映技术发展动态的资料和新出版的图书，并与作者商讨教材的编写方法和思路，给了作者很多学习的机会与启示。

限于作者的学识与经历，对物联网的认识难免有片面之处，这本教材只能起到抛砖引玉的作用。若书中对某一方面技术的理解有错误或不准确，以及总结中出现挂一漏万的问题，敬请读者不吝赐教。

吴功宜　吴英

于南开大学

2018 年 5 月

教学建议

一、课程的地位、作用和任务

《物联网技术与应用》是“高等院校物联网工程专业发展战略研究报告暨专业规范（试行）”中建议的专业核心课程，也是物联网工程专业的入门课程。

本课程主要介绍物联网的基本概念、核心技术、应用前景，帮助学生了解物联网工程专业的课程体系、应掌握的知识结构与技能要求，培养学习兴趣，开阔学术视野，为后续课程的学习打下坚实的基础。

考虑到一些高校物联网工程专业导论课程的学时较少，本书内容讲授时长总体控制在 24 学时。同时，为了适应非物联网工程专业及开设全校公选的物联网导论课程的需要，考虑到不同专业学生的学习基础，本书读者只要具备高中信息技术与计算机应用的基础知识就可以理解教材讲授的内容。

二、课程教学的目的和要求

物联网工程专业的学生在进入专业课程的学习之前，可通过本课程的学习初步了解物联网的相关概念、支撑物联网发展的核心技术，以及物联网与各行各业跨界融合的应用前景。另外，能对本专业的课程体系、知识结构和基本能力要求有较为具体的了解。

三、学时安排与教学重点

总学时：24 学时

章　节	主要内容	建议学时
第 1 章 物联网概论	系统地讨论物联网产生的背景、定义与主要技术特征、物联网层次结构，以及物联网关键技术与产业发展	5 学时
第 2 章 物联网感知层技术	以感知技术发展为主线，系统地讨论 RFID、传感器与无线传感器网络、位置感知，以及物联网智能感知设备与嵌入式技术的基本概念等问题	4 学时
第 3 章 物联网网络层技术	以物联网通信与网络技术为主线，系统地讨论计算机网络与移动通信网技术的发展与应用，以及下一代网络技术、5G 与 NB-IoT 技术发展对物联网的影响等问题	3 学时
第 4 章 物联网应用层技术	以物联网智能数据处理为主线，系统地讨论应用层主要功能，以及云计算、大数据对物联网发展的影响等问题	3 学时
第 5 章 物联网网络安全技术	以网络空间安全与物联网网络安全的概念和技术为主线，对物联网网络安全威胁形势的发展与物联网网络安全研究的主要内容，以及 RFID 安全与隐私保护问题进行系统的讨论	3 学时
第 6 章 物联网应用	选取 10 个物联网重要的应用领域，每个领域用多个颇具代表性的案例介绍我国与世界各国物联网应用的成功案例及当前重要的研究动向，以帮助读者开阔学术视野，通过实际问题加深对物联网概念与技术的理解，激发学习兴趣	6 学时

四、课程教学的方法和手段

1）本课程建议结合物联网导论 MOOC 课程，讲授内容应结合技术发展与时俱进；应鼓励学生积极思考、勇于创新。

2）本课程要充分利用实践教学基地的企业资源，邀请企业工程师讲解物联网行业应用实例以及对物联网人才能力的要求。

3）教材各章最后给出了可以用于自查学生对知识掌握情况的习题，并结合教学内容与学生的生活实践，给出了多道思考题。

4）第 6 章最后给出了一道综合设计题，希望学生结合自己的生活、认识与体验，尝试设计一个概念性的物联网应用系统。学生选择课题的原则是：宁小勿大，宁具体勿抽象。项目规模并不是最重要的，关键看它是否有价值，重点考察学生思考问题的深度。

5）建议教师结合自己的专业背景和科研实践，随着教材内容的讲授为学生开设一些讲座，或采用翻转课堂等形式组织学生结合主题进行讨论与实践，从而将导论课程的学习变成一个启发式、自主与愉快的探索过程，形成学生之间相互学习、师生之间教学相长的良好局面。

6）考核方式：建议本课程采用结构成绩，40% 是对物联网应用系统概念性设计的内容的综合评价，60% 是期终考试成绩。

目　录

第 1 章 物联网概论

本章将在分析物联网发展的社会背景与技术背景基础上，对物联网的基本概念、定义与技术特征、关键技术、产业特点与产业链，以及物联网应用对我国经济与社会发展的影响等问题进行系统介绍，希望能够帮助读者建立起对物联网较为全面的认识。

本章学习要求

- 了解物联网发展的社会背景与技术背景。
- 掌握物联网的定义与技术特征。
- 理解物联网的结构特点。
- 理解物联网与互联网的区别和联系。
- 了解物联网的关键技术与产业发展趋势。

1.1 物联网发展的社会背景

在讨论物联网发展的社会背景时，人们一般会提到四件事：比尔·盖茨与《未来之路》、美国麻省理工学院 Auto-ID 实验室与产品电子代码（EPC）研究、国际电信联盟（ITU）与研究报告《The Internet of Things》，以及 IBM 智慧地球研究计划。

1.1.1 比尔·盖茨与《未来之路》

1995 年，比尔·盖茨出版了《未来之路》一书。他在前言里写道："我写这本书的目的就是要向世人介绍未来的互联网时代将会发生哪些变化。"他希望通过这本书，描述他对未来互联网时代的憧憬，同时希望起到"促进理解、思考"的作用。

《未来之路》的第十章"不出户，知天下"提出了"人 - 机 - 物"融合的设想。比尔·盖茨用两句话来描述他在西雅图华盛顿湖畔的住所，他说"我的房子用木材、玻璃、水泥、石头建成"，同时"我的房子也是用芯片和软件建成的"。读到这段文字时，我们不能不联想到当前讨论的智能家居的应用场景。图 1-1 是比尔·盖茨在西雅图华盛顿湖畔住所的照片。

书中还介绍了一种嵌入式智能硬件设备——电子别针。当你进入住所时，第一件事是戴上一个电子别针，这个电子别针会把你与房子里面的各种电子设备与服务"连接"起来。借助电子别针中的传感器，嵌入在房子中的智能管理系统就可以知道你是谁、你在哪里、你要到哪里去。"房子"将通过分析获取到的信息来尽量满足甚至预见你的需求。当你沿着大厅行走时，前面的灯光会逐渐变亮，而后面的灯光逐渐消失；音乐会随着你一起移动，而其他人却听不到声音；你关心的新闻与电影将跟着你在房子里移动；如果有一个需要你接的电话，只有离你最近的电话机才会响；手持遥控器能够扩大电子别针的控制能力，你可以通过遥控器发出指令，或者从数千张图片、录音、电影、电视节目中选择你所需要的信息。

图 1-1 比尔·盖茨西雅图华盛顿湖畔住所的照片

比尔·盖茨在描述自己住所的未来发展前景时说："微处理器芯片和存储器，以及控制它们运行的软件，这些都会在最近几年里随着信息高速公路进入数百万个家庭。""我要用的技术在现在是试验性的，但过一段时间我正在做的部分事情会被广为接受。"

现在读这些话，我们会发现这与物联网中讨论的"物理世界与信息世界的融合""人－机－物融合""智能家居"设计的思路是如此吻合，我们对物联网、智慧地球与智能家居的设想，不可能不受到比尔·盖茨前瞻性预见的启发。

同时，在回顾第一台个人计算机的编程语言 BASIC 和微软公司成功的时候，比尔·盖茨不无感慨地说："这种成功不会有一个简单的答案，但运气是一个因素，然而我想最重要的因素还是我们最初的远见。"借用比尔·盖茨的这句话，我们想说：当物联网时代来临的时候，对于每一个胸怀梦想的人而言，"运气"已经给了大家，重要的是谁能够有"远见"，像比尔·盖茨当年抓住个人计算机操作系统与应用软件的机遇那样，在物联网领域捷足先登，占据天时地利，朝着通往未来之路正确方向前进。

正是因为比尔·盖茨在书中这些颇具前瞻性的描述，我们不能不对比尔·盖茨的预见能力表示钦佩，并在探讨物联网概念产生的过程时，常常会提起比尔·盖茨《未来之路》一书。

1.1.2 Auto-ID 实验室、RFID 标签与物联网的概念

20 世纪 20 年代条形码就诞生了。时至今日，条形码技术无处不在，几乎所有的商品都被打上了条形码。我们正在读的这本书上就印有条形码。收银员用条形码读写器一扫条形

码，就能马上知道商品的名称与价格。这已经是我们生活中再熟悉不过的场景了。进入21世纪之后，商品流通与运输业高度发展，条形码已经不能够满足人们的要求。能够提供更细致、更精确的产品信息，并能够实现物流过程高度自动化的射频标签（Radio Frequency Identification，RFID）技术受到人们的重视。当RFID技术与互联网技术结合在一起时，就能构成全世界物品信息实时共享的物联网。一场影响深远的技术革命也随之而来。

在RFID技术与互联网技术结合方面最有代表性的研究是由美国麻省理工学院（MIT）的Auto-ID实验室完成的。1999年10月，Auto-ID实验室提出依托产品电子代码（Electronic Product Code，EPC）标准的基本概念。EPC研究的核心思想是：

- 为每一个产品而不是每一类产品分配一个唯一的电子标识符——EPC。
- EPC可以存储在RFID标签的芯片中。
- 通过无线数据传输技术，RFID读写器可以通过非接触的方式自动采集到EPC。
- 连接在互联网中的服务器可以完成与EPC对应的产品相关信息的检索。

RFID的低成本、可重复使用，以及能够快速、方便识别的特点，使得该技术可以广泛应用于智能工业、智能农业、智能物流、智能医疗等领域，成为支撑物联网发展的核心技术之一。

1.1.3 ITU与物联网研究报告

在讨论物联网概念形成的过程时，我们一定会提到国际电信联盟（ITU）的互联网研究报告。

国际电信联盟（ITU）是电信行业最有影响的国际组织。20世纪90年代，当互联网应用进入快速发展阶段时，ITU的研究人员就前瞻性地认识到：互联网的广泛应用必将影响电信业今后发展的方向。于是，他们将互联网应用对电信业发展的影响作为一个重要的课题开展研究，并从1997年到2005年发表了七份“ITU Internet Reports”系列研究报告（如图1-2所示）。从这七份研究报告的内容中，我们可以看出ITU提出物联网概念的技术基础与产业发展背景。

（1）1997年：《Challenges to the Network: Telecoms and the Internet》（挑战网络：电信和互联网）

1997年9月，ITU发布第1个研究报告——《挑战网络：电信网与互联网》。

这份报告是为当时ITU在日内瓦举行的电信展示与论坛会议准备的。报告论述了互联网的发展对电信业的挑战，同时指出互联网给电信业带来了重大的发展机遇。

（2）1999年：《Internet for Development》（互联网发展）

1999年，ITU发布第2个研究报告——《互联网发展》。

该报告描述了互联网应用对于未来社会发展的影响，展望了互联网对促进人与人之间交流的作用，并就如何利用互联网帮助发展中国家发展通信事业进行了讨论。

（3）2001年：《IP Telephony》（IP电话）

2001年，ITU发布第3个研究报告——《IP电话》。

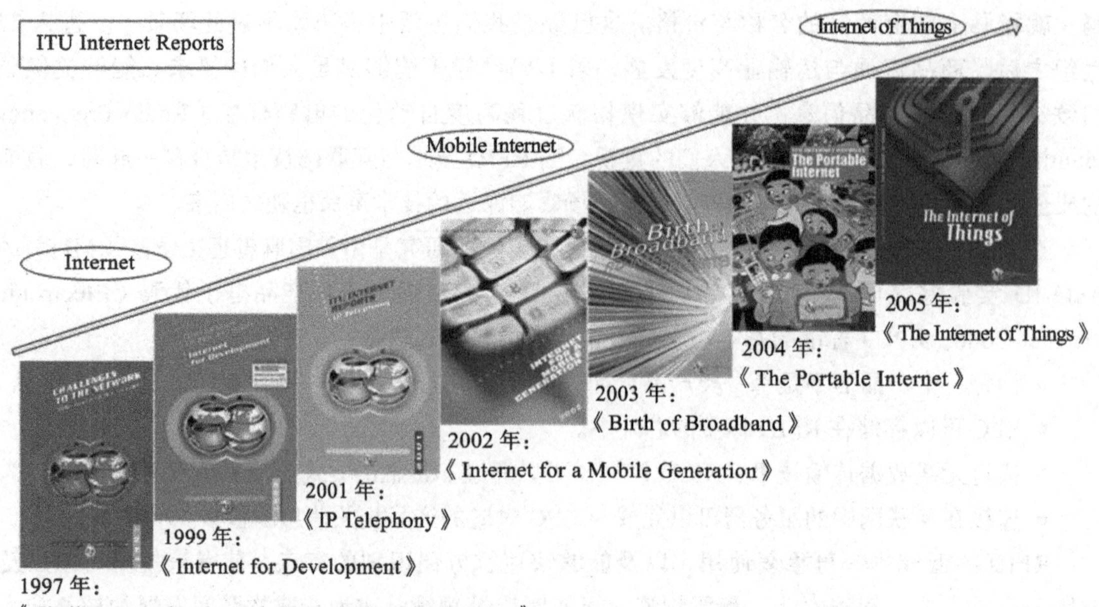

图 1-2　ITU 提出物联网概念的过程

该报告描述了 IP 电话的技术标准、服务质量、带宽、编码与网络结构等问题，并对 IP 电话应用领域、对电信运营商传统电话业务的影响，以及 IP 电话监管问题进行了系统的讨论。

（4）2002 年：《Internet for a Mobile Generation》（移动互联网时代）

2001 年 9 月，ITU 发布第 4 个研究报告——《移动互联网时代》。

该报告讨论了移动互联网发展的背景、技术与市场需求，以及手机上网与移动互联网服务。同时，该报告给出了世界不同国家与地区的移动通信 / 互联网发展指数排名。报告指出：单就一项技术而言，移动通信和互联网在过去的 10 年中都是推动电信业发展的主要力量，而两者结合形成的移动互联网将成为本世纪推动信息产业发展的主要动力；移动通信同互联网的融合，加上 3G 服务的实现，将构筑移动互联网美好的未来。移动互联网的发展将带领我们进入一个移动的信息社会。

（5）2003 年：《Birth of Broadband》（宽带的诞生）

2003 年 10 月，ITU 发布第 5 个研究报告——《宽带的诞生》。

这份报告是专门为 ITU 在日内瓦举办的 2003 年世界电信展示会和论坛准备的。作为 2003 年电信产业的“热点”之一，宽带成为展示会上的一大亮点。该报告系统地介绍了宽带技术发展的过程，以及宽带技术对全世界电信业发展的影响。同时，报告展望了宽带技术对未来信息社会的影响，讨论了计算机、通信和广播电视网络的三网融合，以及未来宽带网络发展方向与新的应用问题。

（6）2004 年：《The Portable Internet》（便携式互联网）

2004 年 9 月，ITU 发布第 6 个研究报告——《便携式互联网》。

这份报告是专门为那一年 ITU 在韩国釜山召开的 ITU 亚洲电信展和论坛准备的。这份报告系统地讨论了应用于移动互联网的高速无线上网便携式设备的市场潜力、商业模式、发展战略与市场监管，讨论了移动互联网技术、市场的发展趋势，以及未来移动互联网技术的发展对信息社会的影响等问题。

（7）2005年：《The Internet of Things》（物联网）

ITU于2005年11月在突尼斯举行的“信息社会峰会”上发布了第7个研究报告——《物联网》。术语“物联网”（Internet of Things）也随之广为流传。

该报告描述了世界上的万事万物，小到钥匙、手表、手机，大到汽车、楼房，只要嵌入一个微型的RFID芯片或传感器芯片，通过互联网就能够实现物与物之间的信息交互，从而形成一个无所不在的“物联网”。世界上所有的人和物在任何时间、任何地点，都可以方便地实现人与人、人与物、物与物之间的信息交互。该报告预见：RFID、传感器技术、嵌入式技术、智能技术以及纳米技术将会被广泛应用。

在研究了ITU互联网报告《The Internet of Things》之后，我们可以清晰地看到：

- 物联网是互联网的自然延伸和拓展。
- 物联网的目标是实现物理世界与信息世界深度融合。
- 物联网将引领新一代信息技术的应用集成创新。

综上所述，从这七份研究报告讨论的主题与内容中可以得出两点结论：

第一，ITU从互联网发展对电信业影响的角度开展了对互联网发展趋势的研究，总结出计算机网络正在从互联网、移动互联网向物联网方向发展的趋势。

第二，ITU在跟踪互联网、移动互联网发展的过程中，逐步认识到物联网发展的必然性，并前瞻性地提出物联网的概念、技术特征，系统地研究了物联网的技术发展趋势及其对未来社会发展的影响。

因此，我们在讨论物联网发展的社会背景和出现的必然性时，不能不提到ITU关于互联网的系列研究报告。

1.1.4 智慧地球与物联网

回顾历史，每一次经济危机都会催生一些新的技术与行业，引领和支撑经济的复苏，带动世界经济进入新的上升期。在讨论如何破解21世纪初出现的世界范围内的金融危机与欧债危机时，人们不能不联想到IBM公司的“智慧地球”研究计划。

1.“智慧地球”研究计划提出的背景

20世纪90年代，克林顿政府提出的“信息高速公路”发展战略使美国经济走上了长达10年的繁荣。21世纪初的金融危机出现之后，奥巴马政府希望通过信息技术对经济的拉动作用，借助“智慧地球”发展战略，来寻找美国经济新的增长点。

2009年1月，奥巴马就任美国总统后，与美国工商业领袖举行了一次“圆桌会议”。IBM公司首席执行官彭明盛首次提出“智慧地球”的概念，建议政府投资新一代的智慧型基础设施。奥巴马对此发表的意见是：“经济刺激资金将会投入到宽带网络等新兴技术中去，毫无疑问，这就是美国在21世纪保持和夺回竞争优势的方式。”奥巴马政府的积极回应，使得“智慧地球”的战略构想上升为美国的国家级发展战略，随后出台了《经济复苏和再投资法》与总额为7870亿美元的经费，推动国家发展战略的落实。

2. “智慧地球”研究计划的主要内容

IBM公司提出了“智慧地球＝互联网＋物联网”的概念，描述了将大量的传感器嵌入和装备到电网、铁路、桥梁、隧道、公路、建筑、供水系统、大坝、油气管道等各种物体中，并通过超级计算机和云计算组成物联网，实现“人－机－物”的深度融合。

“智慧地球”研究计划试图通过在基础设施和制造业中大量嵌入传感器，捕捉运行过程中的各种信息，然后通过无线网络接入互联网，再通过计算机分析、处理和发出指令，反馈给控制器，远程执行指令。控制的对象小到一个电源开关、一个可编程控制器、一个机器人，大到一个地区的智能交通系统，甚至是国家级的智能电网。通过“智慧地球”技术的实施，人类可以用更加精细和动态的方式管理生产与生活，提高资源利用率和生产能力，改善环境，促进社会的可持续发展。

IBM提出，要在六大领域开展智慧行动的方案。这六大领域分别是：智慧电力、智慧医疗、智慧城市、智慧交通、智慧供应链、智慧银行（如图1-3所示）。

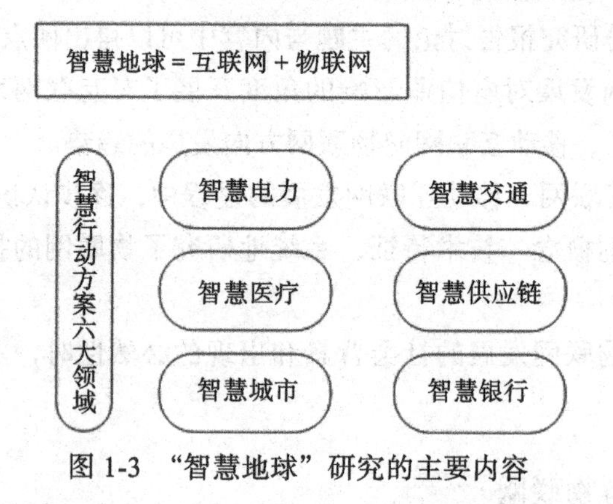

图1-3 “智慧地球”研究的主要内容

3.“智慧地球”研究的目标

“智慧地球”不是简单地实现“鼠标”+“水泥”的数字化与信息化，而是需要进行更高层次的整合，实行“透彻地感知、广泛地互通互联、智慧地处理”，提高信息交互的正确性、灵活性、效率与响应速度，实现“人－机－物”与信息基础设施的完美结合。利用网络的信息传输能力，以及超级计算机、云计算的数据存储、处理与控制的能力，实现信息世界与物理世界的融合，达到“智慧”的状态（如图1-4所示）。

4. 智慧地球、物联网、互联网与云计算的关系

IBM的学者认为：云计算作为一种新兴的计算模式，可以使物联网中海量数据的实时动态管理与智能分析变为可能，可以促进物联网与互联网的智慧融合，从而构成智慧地球。这种深层次的融合需要依靠高效、动态、可扩展的计算资源与计算能力的支持，而云计算模式能够适应这种需求。云计算的服务交付模式可以实现新的商业模式的快速创新，促进物联网

与互联网的融合。按照这个观点，智慧地球、物联网、互联网与云计算之间的关系可以用图 1-5 表示。

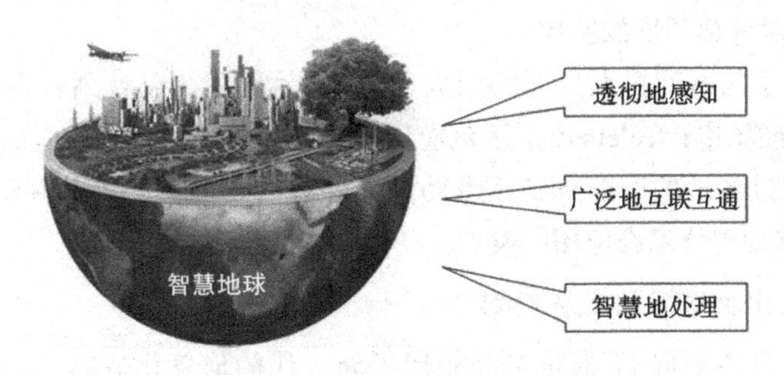

图 1-4 “智慧地球”研究的目标

1.1.5 各国政府发展物联网产业的规划

美国政府接受了 IBM 公司关于“智慧地球”的研究计划，并将它上升为美国国家发展战略。美国国家情报委员会发表的《2025 年对美国利益潜在影响的关键技术》报告中，将物联网列为六项关键技术之一。目前，物联网已成为当前世界新一轮经济和科技发展的战略制高点之一。欧盟与中国、韩国、日本等国家也纷纷制定了各自的物联网发展规划。

图 1-5 智慧地球、物联网、互联网与云计算的关系

1. 欧盟关于物联网的发展规划

2006 年 9 月，欧盟召开了主题为“i2010——创建一个无处不在的欧洲信息社会”的大会。从 2007 年至 2013 年，欧盟投入 532 亿欧元研发经费来推动欧洲最重要的 EU-FP7 研究计划，信息技术是其中最大的一个研究领域。为了推动物联网的发展，欧盟电信标准化学会的欧洲 RFID 研究项目组更名为欧洲物联网研究项目组，致力于物联网标准的研究和制定。

2008 年 5 月，欧洲智能系统集成技术平台（EPoSSL）发布的“Internet of Things in 2020”报告给出了他们对物联网的定义，并对物联网的发展阶段进行了预测。

2009 年 6 月，欧盟委员会提出了“欧盟物联网行动计划”，将物联网及其核心技术纳入正在实施的、预算高达 500 亿欧元的欧盟第七个科技框架计划（2007～2013 年）中。在物联网应用系统规划与建设上，欧盟立足于区域性发展的思路。

2013 年 4 月，欧盟的重要成员国——德国政府提出高科技战略计划“工业 4.0”战略。该战略得到德国科研机构和产业界的广泛认同，并引起世界各国的高度重视。“工业 4.0”项目投资预计达 2 亿欧元。物联网技术是“工业 4.0”战略的主要技术基础之一。

2. 韩国政府关于物联网的发展规划

2009 年 10 月，韩国政府通信委员会发布了“基于 IP 的泛在传感网基础设施建设规划”，提出到 2012 年实现构建世界上最先进的物联网基础设施，打造未来的无线通信融合领域超一流的信息通信技术强国的目标。韩国政府提出了泛在感知网络（Ubiquitous Sensor Network，USN）的概念，希望通过在各种物品中嵌入传感器，在传感器之间自主地传输和采集环境信息，通过网络实现对外部环境的监控。

韩国政府确定了物联网重点发展的四大领域与计划：u-City 计划旨在推动韩国政府与产业龙头携手建设智能城市；Telematics 示范应用发展计划旨在发展车用信息通信服务；u-IT 产业集群计划旨在通过各地的产业分工，带动地方经济的发展，加速新兴科技服务业的发展；u-Home 计划旨在推动智能家庭应用的发展。

3. 日本政府关于物联网的发展规划

2009 年 7 月，日本政府 IT 战略本部制定了新一代的信息化战略——i-Japan 战略 2015。该战略规划提出，到 2015 年，让信息技术如同水和空气一样融入每一个角落，针对电子政务、医疗保健、教育与人才三大核心公共事业领域，提出了智能电网、灾难应急处置、智能家居、智能交通与智能医疗保健等项目。

泛在网（Ubiquitous Network，UN）是日本政府提出的一个无处不在的未来网络概念，其核心是通过 IPv6 协议将个人计算机、智能手机、数字电视、信息家电、汽车导航系统、RFID 标签、传感器互联起来，实现泛在个人服务、泛在商业服务、泛在公共服务与泛在行政服务。

1.1.6 我国发展物联网的战略规划

我国政府高度重视物联网的研究与发展。2009 年 8 月，国务院总理温家宝在无锡视察时发表了重要的讲话，提出“感知中国”的战略构想，指出要抓住机会，大力发展物联网技术与产业。2010 年 10 月，在国务院发布的《关于加快培育和发展战略性新兴产业的决定》中，明确将物联网列为我国重点发展的战略性新兴产业之一。大力发展物联网产业已经成为我国一项具有战略意义的重要决策。

2011 年 3 月，在国务院发布的《“十二五”规划纲要》的第十章“培育发展战略性新兴产业”与第十三章“全面提高信息化水平”中，多次强调了“推动物联网关键技术研发和在重点领域的应用示范”。

2011 年 4 月，工业与信息化部发布《物联网“十二五”发展规划》。根据规划要求，我国物联网产业将在智能工业、智能农业、智能物流、智能交通、智能电网、智能环保、智能安防、智能家居等重点领域开展应用示范。

2015 年 10 月，在国务院发布的《“十三五”规划纲要》中，将“实施‘互联网 +’行动计划，发展物联网技术和应用，发展分享经济，促进互联网和经济社会融合”作为“十三五”期间我国经济社会发展的主要目标之一。

2016 年 2 月，在国务院发布的《国家中长期科学和技术发展规划纲要（2006—2020）》中，分别在“重点领域及其优先主题”和“前沿技术”中将物联网发展的核心技术以及“智能感知技术”与“自组织网络技术”等研究列在优先研究的主题之中。

2016 年 5 月，在中共中央与国务院发布的《国家创新驱动发展战略纲要》中，将“推动宽带移动互联网、云计算、物联网、大数据、高性能计算、移动智能终端等技术研发和综合应用，加大集成电路、工业控制等自主软硬件产品和网络安全技术攻关和推广力度，为我国经济转型升级和维护国家网络安全提供保障”作为国家创新战略任务之一。

2016年8月，在国务院发布的《“十三五”国家科技创新规划》的“新一代信息技术”的“物联网”专题中提出“开展物联网系统架构、信息物理系统感知和控制等基础理论研究，攻克智能硬件（硬件嵌入式智能）、物联网低功耗可信泛在接入等关键技术，构建物联网共性技术创新基础支撑平台，实现智能感知芯片、软件以及终端的产品化”的任务。在“重点研究”中提出了“基于物联网的智能工厂”“健康物联网”等研究内容，并将“显著提升智能终端和物联网系统芯片产品市场占有率”作为发展目标之一。

2010年以来，科技部、交通部、卫生部、商务部等行业主管部委，以及包括北京、上海、天津、重庆、江苏、浙江、湖北、陕西、广东等在内的20多个省、直辖市，纷纷结合本部门与本地区的实际，出台了多项推动物联网产业发展的专项规划、行动方案与发展意见，形成了从国家层面到行业主管部门、地方政府共同为物联网研究与产业发展营造良好政策环境的可喜局面，有效地促进了我国物联网产业的健康发展。

1.2 物联网发展的技术背景

在讨论了物联网发展的社会背景之后，我们有必要进一步研究与物联网相关的两项重要技术——“普适计算”与“信息物理融合系统”。

1.2.1 普适计算与物联网

1. 什么是普适计算

随着计算机与信息技术越来越广泛地应用到各行各业和人类生活的各个方面，各种感知、网络、智能、嵌入式技术、应用系统与设备大量涌现。人们面对着种类越来越多、功能越来越强、使用越来越复杂的信息服务系统与嵌入式计算设备时，常常感到“不会使用”“无所适从”。面对这种局面，一种新的“普适计算”概念应运而生。

1991年，美国计算机科学家马克·韦泽提出了“普适计算”的概念。普适计算（Pervasive Computing）又称为“无处不在的计算”与“环境智能”。从研究的方法与预期的目标可以看出，普适计算是在人类生活的环境中广泛部署感知与计算设备，通过这些感知计算设备的互联，实现无处不在的信息采集、传输与计算，将“人－机器－环境”融为一体，实现环境智能的目标。

仅从字面上读者很难理解普适计算概念的深刻内涵，我们可以用图1-6所示的“3D试衣镜”应用实例来形象地解释普适计算的概念，总结普适计算的主要技术特征。

很多商场已经在服装销售中使用一种被称为“魔镜”的3D试衣镜。希望购买衣服的顾客可以在3D试衣镜前用手势或语音指令来指示更换不同款式与颜色的衣服，从而选择出她心仪的品牌、颜色、款式的衣服。后台的计算机系统将自动根据试衣间摄像头传过来的顾客体态数据，分析这位顾客的指令与他（她）对服饰的喜好，从数据库中挑出合适的服装，结合顾客的体态数据将不同服饰的效果图以三维的形式通过试衣镜展示给顾客，供顾客挑选。在挑选衣服的过程中，顾客不需要操作计算机，也不知道计算机在哪里，以及计算机是如何工作的，顾客要做的事就是比较不同服饰的穿着效果，享受购物的乐趣。最终，顾客试衣和购买的过程可以在愉悦的气氛中自动地完成。

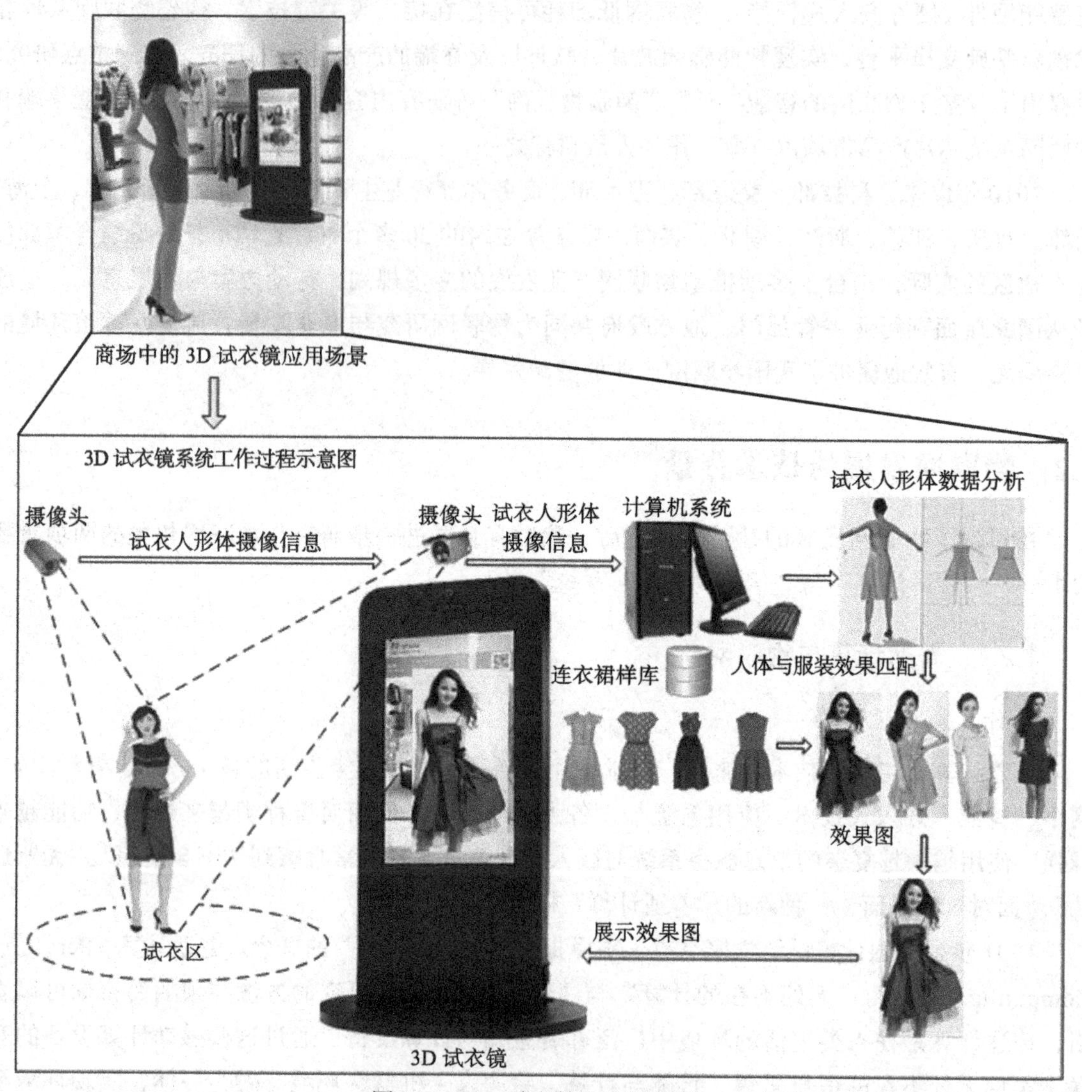

图 1-6 “3D试衣镜”应用实例

从这个例子中可以看出：普适计算不是强调“计算设备无处不在”，而是描述了“计算如何无处不在地融入我们的日常生活当中”，实现“计算能力的无处不在”，从而达到“环境智能”的境界。这是普适计算研究的基本内容，也是物联网研究所要实现的目标。

2. 普适计算的主要技术特征

通过上面这个例子，我们可以分析出普适计算的几个主要技术特征。

（1）计算能力的“无处不在”与计算设备的“不可见”

“无处不在”是指随时随地访问信息的能力；“不可见”是指在物理环境中提供多个传感器、嵌入式设备、移动设备，以及其他任何一种有计算能力的设备，可以在用户不觉察的情况下进行计算、通信，提供各种服务，以最大限度地减少用户的介入。

（2）信息空间与物理空间的融合

普适计算是一种建立在分布式计算、通信网络、移动计算、嵌入式系统、传感与智能等技术基础上的新型计算模式。它反映出人类对于信息服务需求的提高，具有随时随地享受计算资源、信息资源与信息服务的能力，以实现人类生活的物理空间与信息空间的融合。随着无线传感器网络（Wireless Sensor Network，WSN）、射频标签（RFID）技术的迅速发展，人们惊奇地发现：普适计算的概念在WSN与RFID应用中得到很好的实践与延伸。作为普适计算实现的重要途径之一，借助大量部署的传感器与RFID的感知节点，可以实时地感知与传输我们周边的环境信息，从而将真实的物理世界与虚拟的信息世界融为一体，深刻地改变人与自然界的交互方式，将人与人、人与机器、机器与机器的交互最终统一为人与自然的交互，达到“环境智能”的境界。

（3）以人为本与自适应的网络服务

我们平常在办公室处理公文需要坐在办公桌的计算机前，即使是使用笔记本计算机也需要随身携带。仔细品味普适计算的概念之后，我们会发现：在桌面计算模式中，是人围绕着计算机，是以“计算机为本”的。而普适计算研究的目标就是突破桌面计算的模式，摆脱计算设备对人类活动范围与工作方式的约束，通过计算与网络技术的结合，将计算能力与通信能力嵌入环境与日常工具中去，让计算设备本身从人们的视线中“消失”，从而让人们的注意力回归到要完成的任务本身。

3. 普适计算与物联网的关系

综上所述，普适计算与物联网的关系可以总结为：

1）普适计算与物联网从研究目标到工作模式都有很多相似之处。

2）普适计算的研究方法与研究成果对于物联网研究与应用有重要的借鉴与启示作用。

3）物联网的出现使我们在实现普适计算的道路上前进了一大步。

1.2.2 CPS与物联网

1. 什么是CPS

在研究物联网形成与发展的时候，我们还需要注意与物联网发展密切相关的另一项重要的研究计划——信息物理融合系统（Cyber-Physical System，CPS）。CPS是感知、通信、计算、智能与控制技术交叉融合的产物。

随着新型传感器、无线通信、嵌入式与智能技术的快速发展，CPS研究引起了学术界广泛的重视。CPS是一个综合了计算、网络与物理世界的复杂系统，通过计算技术、通信技术与智能技术的协作，实现信息世界与物理世界的紧密融合。如同互联网改变了人与人的互动一样，CPS 将会改变人与物理世界的互动。

CPS 研究的对象小到纳米级生物机器人，大到涉及全球能源协调与管理的复杂大系统。CPS 的研究成果可以用于智能机器人、无人驾驶汽车、无人机，也可以用于智能医疗领域的远程手术系统、人体植入式传感器系统。CPS 是将计算和通信能力嵌入传统的物理系统中，形成集计算、通信与控制于一体的下一代智能系统。

CPS 技术研究的内容很丰富，我们可以选择大家感兴趣的自动泊车系统设计所涉及的问题，来直观地解释 CPS 的基本概念、研究的基本内容与技术特征。

对于生活在城市中的人们而言，寻找一个合适的车位，并且能够将汽车安全、快速、准确地泊入车位是一件困难的事。在这样的背景下，自动泊车系统应运而生，这也是无人驾驶汽车的基本功能之一。图 1-7 给出了自动泊车的示意图。

图 1-7 自动泊车示意图

自动泊车系统是一种安全、快速地将车辆自动驶入车位的智能泊车辅助系统，它通过超声传感器和图像传感器感知车辆周边的环境信息，识别泊车的车位。汽车的自动泊车过程是由车位识别、轨迹生成与轨迹控制三个阶段组成（如图 1-8 所示）。

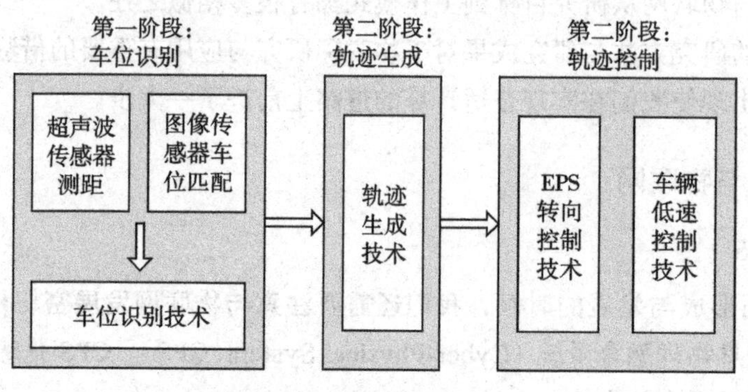

图 1-8 自动泊车的过程

（1）车位识别

自动泊车的第一阶段是车位识别阶段，它需要通过两步来完成。

第一步：利用超声波传感器实现车位识别功能（如图 1-9 所示）。

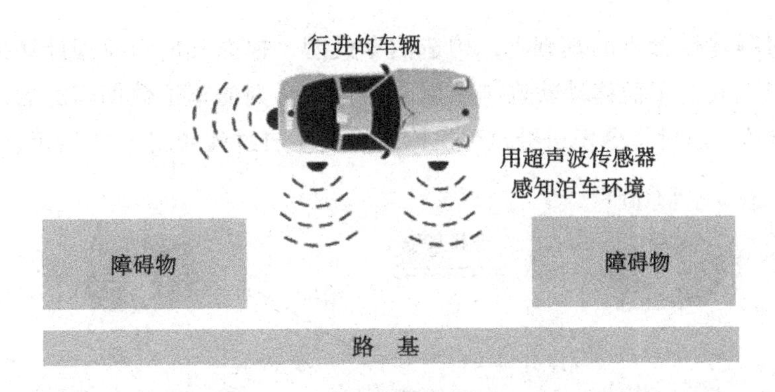

图 1-9 车位识别过程

行进中的车辆通过超声波传感器对泊车环境中的障碍物进行精确测距，从而为自动泊车系统提供确定泊车环境模型的准确数据。

当驾驶员选择“自动泊车”功能并按下“泊车”键时，超声波传感器就定期向周边发送超声波信号，同时接收反射回的信号；用计数器统计超声波发射到接收的时间差，计算出车辆与障碍物的距离。

一般情况下，提供自动泊车功能的汽车要在车的前端、后端和两侧安装至少 8 个以上的超声波传感器，以便提供车辆周边不同方位障碍物的精确距离信息，确定待选择的空闲车位是否能够满足泊车条件，从而实现车位识别功能。

第二步：利用图像传感器实现车位调节功能（如图 1-10 所示）。

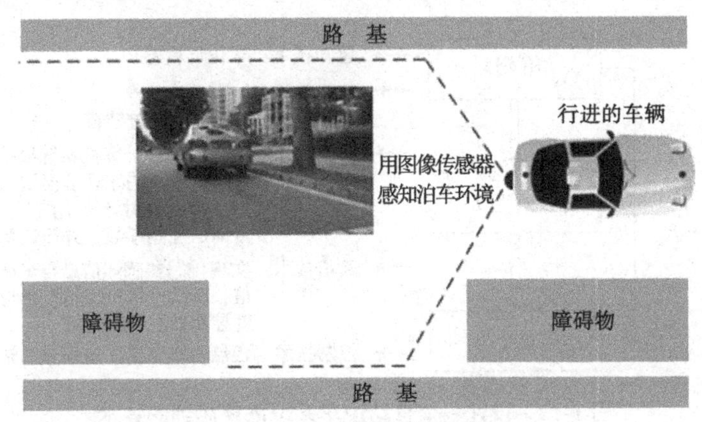

图 1-10 车位调节过程

行进中的车辆通过利用在车尾安装的广角摄像头，采集车位环境图像信息，并将环境图像信息传送到车载计算机的图像处理系统中。图像处理系统根据采集到的环境图像信息进行图像测距，并且在图像中建立一个与实际车位大小相同的虚拟车位，通过在图像中调节虚拟车位，实现虚拟车位与实际车位之间的匹配，进一步完善车位信息。

（2）轨迹生成

第二阶段是轨迹生成阶段。在这个阶段，通过建立车辆运动学模型，分析车辆在转弯过程中的运动半径与方向盘转角的关系，计算出车辆在泊车过程中可能会遇到的碰撞区域。

在对泊车过程建模分析的基础上，构造泊车模型，根据几何学原理计算出车辆在泊车过程中的轨迹。当生成的车辆移动轨迹与根据图像分析得到的车位数据匹配后，将控制车辆实时运动轨迹的转角、速度指令发送给执行机构。轨迹生成过程如图 1-11 所示。

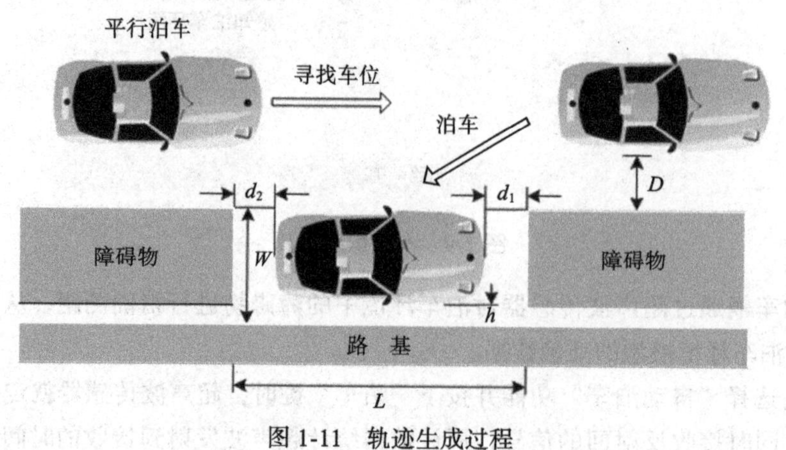

图 1-11　轨迹生成过程

（3）轨迹控制

第三阶段是轨迹控制阶段。在这个阶段，通过执行实时运动轨迹的转角、转速指令，车辆机械传动系统控制方向盘的转向角与车辆速度，进而控制车辆的泊车过程。

总结自动泊车过程，我们可以看出：设计一个自动泊车系统需要用到感知技术、计算技术、通信技术、智能技术与控制技术（如图 1-12 所示）。

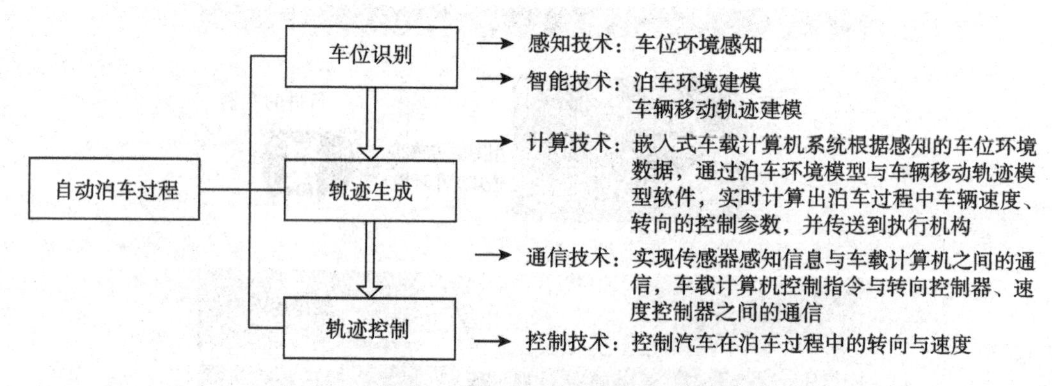

图 1-12　设计一个自动泊车系统需要用到的技术

自动泊车技术是汽车无人驾驶技术的一个重要研究方向，它是感知、计算、通信、智能与控制技术交叉融合的产物，是一种典型的信息物理融合的 CPS 系统。

2. CPS 的主要技术特征

从自动泊车这个实例中，我们可以清楚地认识到：CPS 在环境感知的基础上，形成可控、可信与可扩展的网络化智能系统，扩展新的功能，使系统具有更高的智慧。CPS 系统的主要技术特征可以总结为“感”“联”“知”“控”四个字。

- “感”是指多种传感器协同感知物理世界的状态信息。

- “联”是指连接物理世界与信息世界的各种对象，实现信息交互。
- “知”是指通过对感知信息的智能处理，正确、全面地认识物理世界。
- “控”是指根据正确的认知，确定控制策略，发出指令，指挥执行器处理物理世界的问题。

CPS 是环境感知、嵌入式计算、网络通信深度融合的系统。图 1-13 给出了 CPS 中物理世界与信息世界交互过程的示意图。

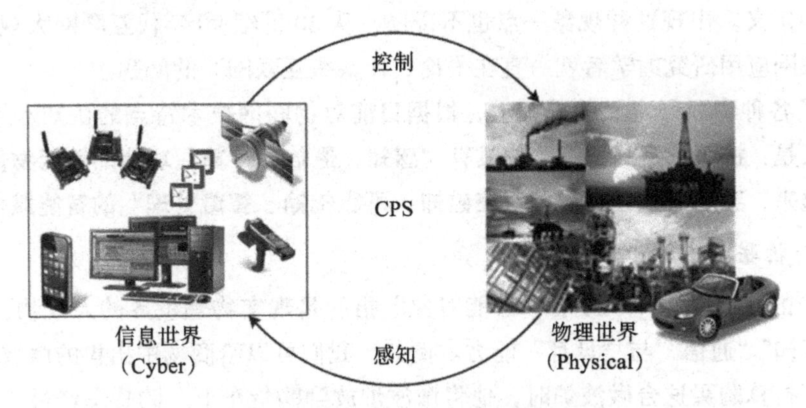

图 1-13 物理世界与信息世界的交互

3. CPS 研究与物联网之间的关系

第一，CPS 研究的目标与物联网未来的发展方向是一致的。

第二，CPS 与物联网都会催生大量的智能设备与智能系统。

第三，CPS 的理论研究与技术研究的成果，对物联网未来的发展有着重要的启示与指导作用。

在讨论了普适计算、CPS 研究之后，我们可以得出如下结论：普适计算与 CPS 作为一种全新的计算模式，跨越计算机、软件、网络与移动计算、嵌入式系统、人工智能等多个研究领域。它向我们展示了“世界万事万物，凡存在皆联网，凡联网皆计算，凡计算皆智能”的发展趋势，这也正是物联网要实现的目标。

1.3 物联网的定义和技术特征

1.3.1 物联网的定义

1. 什么是物联网

在讨论了物联网发展的社会背景与技术背景之后，我们需要进一步讨论物联网定义涵盖的内容与主要的技术特征。

物联网概念的兴起，很大程度上得益于 ITU 在 2005 年发布的互联网研究报告，但是 ITU 的研究报告并没有给出一个清晰的物联网的定义。

所有参与物联网研究的技术人员都有一个美好的愿景：将传感器或射频标签嵌入到电网、建筑物、桥梁、公路、铁路，以及我们周围的环境和各种物体之中，并且将这些物体互联成网，形成物联网，实现信息世界与物理世界的融合，使人类对客观世界具有更加全面的感知能力、更加透彻的认知能力、更加智慧的处理能力。如果说互联网、移动互联网的应用主要关注人与信息世界的融合，那么物联网将实现物理世界与信息世界的深度融合。

尽管我们可以在文章与著作中看到多种关于物联网的不同定义，但是，至今仍然没有形成一个公认的定义。出现这种现象一点也不奇怪，从 20 世纪 90 年代互联网大规模应用开始，所有从事互联网应用研究的学者就一直在争论“什么是互联网”的问题。

在比较了各种物联网定义的基础上，根据目前对物联网技术特点的认知水平，我们提出的物联网定义是：**按照约定的协议，将具有“感知、通信、计算”功能的智能物体、系统、信息资源互联起来，实现对物理世界“泛在感知、可靠传输、智慧处理”的智能服务系统。**

2. 什么是物联网中的“物”

物联网中的“智能物体”或者“智能对象”指的是现实物理世界的人或物，只是我们给它增加了“感知”“通信”与“计算”能力。例如，我们可以给商场中出售的微波炉贴上 RFID 标签。当顾客打算购买这台微波炉时，他将微波炉放到购货车上，购货车经过结算的柜台时，RFID 读写器就会通过无线信道直接读取 RFID 标签的信息，知道微波炉的型号、生产公司、价格等信息。这时，这台贴有 RFID 标签的微波炉就是物联网中的一个具有“感知”“通信”与“计算”能力的智能物体（Smart Thing）或者叫做智能对象（Smart Object）。在智能电网应用中，每一个用户家中的智能电表就是一个智能物体；每一个安装有传感器的变电器监控装置，将这台变电器也变成一个智能物体。在智能交通应用中，安装有智能传感器的汽车就是一个智能物体；在安装在交通路口的视频摄像头也是一个智能物体。在智能家居应用中，安装了光传感器的智能照明控制开关是一个智能物体，安装了传感器的冰箱也是一个智能物体。在水库安全预警、环境监测、森林生态监测、油气管道监测应用中，无线传感器网络中的每一个传感器节点都是一个智能物体。在智能医疗应用中，带有生理指标传感器的每一位老人是一个智能物体。在食品可追溯系统中，打上 RFID 耳钉的牛、一枚贴有 RFID 标签的鸡蛋也是一个智能物体。因此，在不同的物联网应用系统中，智能物体的差异可以很大，它可以是小到你用肉眼几乎看不见的物体，也可以是一个大的建筑物；它可以是固定的，也可以是移动的；它可以是有生命的，也可以是无生命的；它可以是人，也可以是动物。智能物体是对连接到物联网中的人与物的一种抽象。

图 1-14 回答了什么是物联网中“物”的问题。

1.3.2 从信息技术发展的角度认识物联网的技术特征

支撑信息技术的三个支柱是感知、通信与计算，它分别对应于电子科学、通信工程与计算机科学这三个重要的工科学科。电子科学、通信工程与计算机科学这三门学科的高度发展与交叉融合，为物联网技术的产生与发展奠定了重要的基础，形成了物联网多学科交叉的特征。

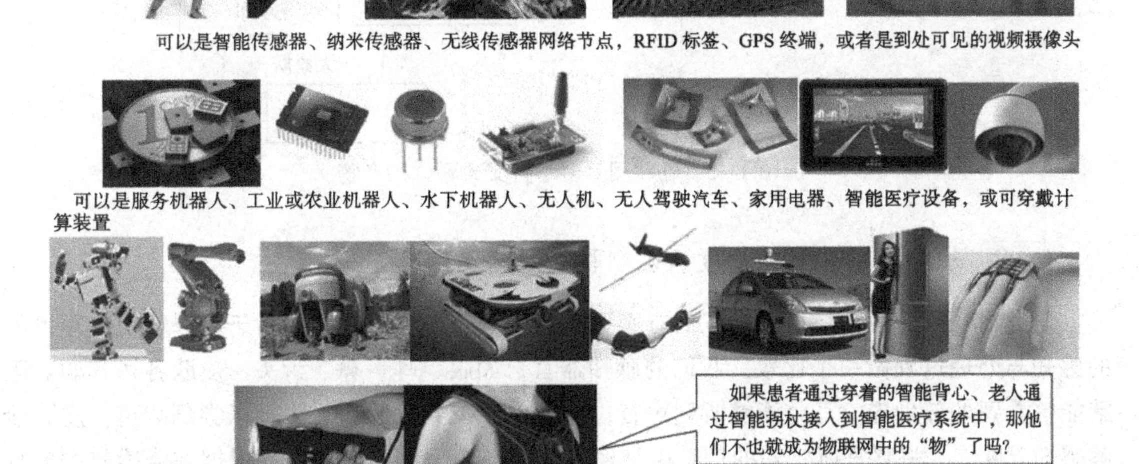

图1-14　什么是物联网中“物”

我们还可以从网络技术发展历程的角度来认识物联网的技术特征。20世纪60年代之前，计算机技术与通信技术独立发展。当计算技术与通信技术发展到一定的程度，并且社会上产生了将这两项技术交叉融合的需求时，计算机网络出现了。20世纪90年代，计算机网络最成功的应用——互联网出现。随着应用的发展，互联网“由表及里”地渗透到社会的各个方面，潜移默化地改变着人们的生活方式、工作方式与思维方式时，移动通信技术出现了突破性的发展，智能手机接入互联网促进了移动互联网的发展。在互联网、移动互联网应用快速发展的同时，感知技术、智能技术与控制技术的研究出现了重大的突破，很多有很高应用价值的技术，如云计算、大数据、嵌入式、机器智能、智能人机交互、智能机器人、可穿戴计算等开始进入应用阶段，进一步促进了物联网的发展。

回顾物联网发展的过程，我们看到：物联网与云计算、大数据、智能技术之间有着密不可分的关系。云计算促进了物联网的发展；物联网应用中产生与积累的数据是大数据主要的组成部分，为大数据研究的发展提供了重要的推动力；物联网与大数据研究又进一步对智能技术提出了强烈的应用需求，加速了智能技术应用的发展。互联网、移动互联网与物联网，以及物联网与云计算、大数据、智能技术的关系如图 1-15 所示。

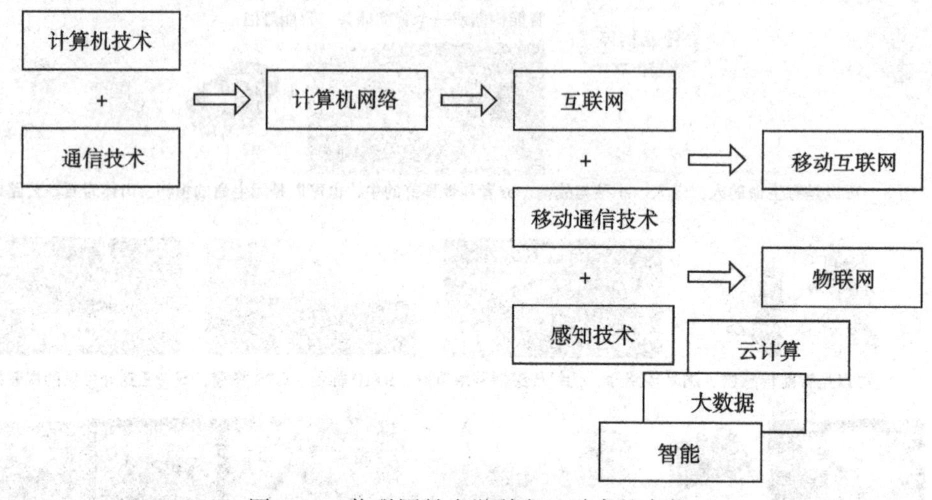

图 1-15　物联网是多学科交叉融合的产物

1.3.3　从物联网功能的角度认识物联网的结构特征

研究物联网的技术特征时，我们有必要将物联网的工作过程与人对于外部客观物理世界的感知与处理过程做一个比较。我们的感知器官，如眼、耳、鼻、舌头、皮肤各司其职。眼睛能够看到外部世界，耳朵能够听到声音，鼻子能够嗅到气味，舌头可以尝到味道，皮肤能够感知温度。人将感官所感知的信息由神经系统传递给大脑，再由大脑根据综合感知的信息和存储的知识来做出判断，从而选择处理问题的最佳方案。这对于每一个能够正常思维的人都是司空见惯的事。但是，如果将人对问题智慧处理的能力形成过程与物联网工作过程做一个比较，不难看出两者有惊人的相似之处。人的感官用来获取信息，人的神经用来传输信息，人的大脑用来处理信息，使人具有智慧处理各种问题的能力。物联网的结构如图 1-16 所示。

物联网的功能可以总结为：全面感知、可靠传输与智能计算。物联网能够实现“信息世界与物理世界”与“人 – 机 – 物”的深度融合，使人类对客观世界具有更透彻的感知能力、更全面的认知能力、更智慧的处理能力。因此，物联网可以分为三层：感知层、网络层与应用层。物联网的三层结构模型如图 1-17 所示。

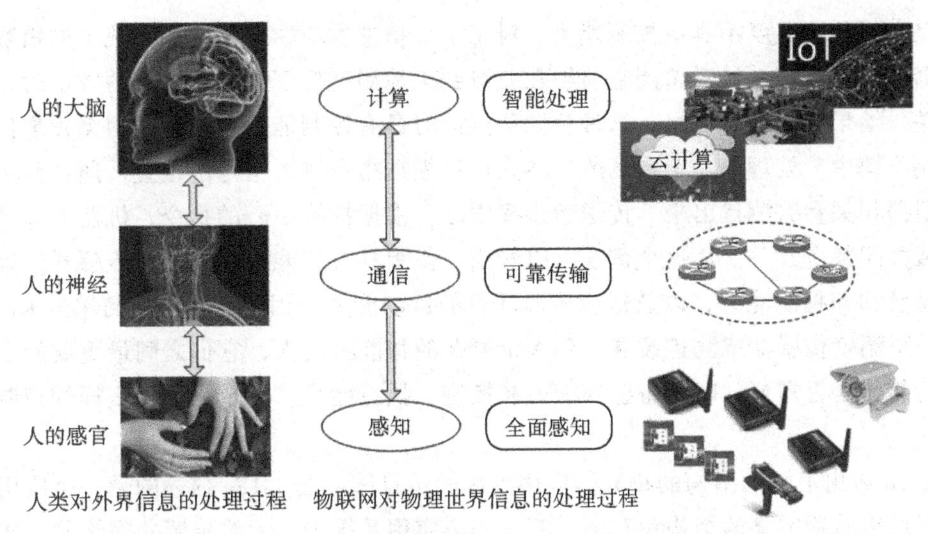

图 1-16 人和物联网处理信息过程的对比

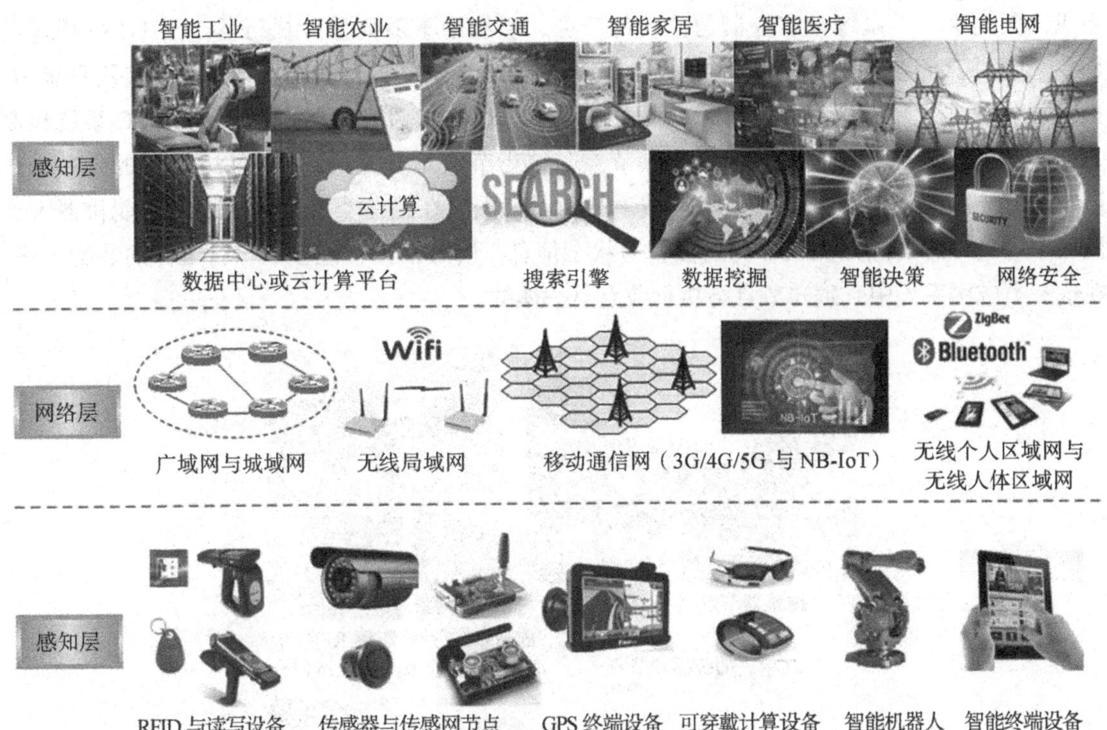

图 1-17 物联网的三层结构模型

1. *感知层*

感知层不但包括各种传感器，还包括各种执行设备与装置，因此也叫做“感知执行层”。

人们将 RFID 形容成能够让物体“开口”的技术。RFID 标签中存储了物体的信息，通过无线信道将它们存储的数据传送到 RFID 应用系统中。一般的传感器只具有感知周围环境参数的能力。例如，在环境监测系统中，温度传感器可以实时地传输它所测量到的环境温度，但是它对环境温度不具备控制能力。对于一个精准农业物联网应用系统中的植物定点浇灌传感器节点，系统设计者希望它能够在监测到土地湿度低于某一个设定的数值时，就自动打开开关，给果树或蔬菜浇水。这种感知节点同时具有控制能力。在物联网突发事件应急处理的应用系统中，处理核泄漏现场的机器人可以根据指令进入指定的位置，通过传感器将周边的核泄漏相关参数测量出来，传送给指挥中心。根据指挥中心的指令，机器人需要打开某个开关或关闭某个开关。从这个例子可以看出，作为具有智能处理能力的传感器节点，必须同时具备感知和控制能力，以及适应周边环境的运动能力。因此，从一块简单的RFID标签芯片、一个温度传感器或测控装置，到一个复杂的智能机器人，它们之间最重要的区别表现在：智能物体是否需要同时具备感知能力和控制、执行能力，以及需要什么样的控制、执行能力。

图1-18给出了不同结构的物联网应用系统的示意图。图1-18a描述的是一个应用于桥梁监控的无线传感器网络的结构示意图。在这一类应用系统中，无线传感器网络的主要功能是实时监控桥梁安全状态，及时向管理中心报告，对系统状态数据的分析、处理由专业工程师完成，因此这一类系统没有控制与执行的任务，系统中不需要设计执行器。图1-18b描述的是一个应用于高速公路收费站的RFID自动收费ETC系统结构示意图。在这一类应用系统中，车辆配备了RFID标签，ETC收费站设置有RFID读写器，执行器控制杆是受ETC系统控制的独立的设备。在这一类系统中，感知节点与执行节点是分开的。图1-18c描述的是一个应用于汽车装配线上的智能机器人与机械手结构示意图。在这一类应用系统中，智能机器人或机械手通过传感器感知加工部件的位置与状态信息，同时根据智能控制执行工件的装配工序。在这一类应用系统中，感知节点与执行节点是一体的。

传感器节点

a) 单一的传感器节点

收费站执行器 车辆RFID卡

b) RFID感应节点与执行器分离

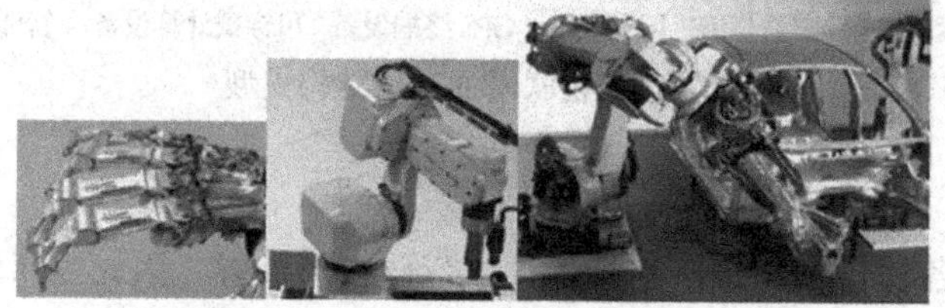

传感器与执行器一体的工业装配机器人与机械手

c) 传感器节点与执行器一体

图1-18 不同结构的感知层节点

2. 网络层

网络层又叫作网络与数据通信层。物联网网络层的功能首先是将感知设备与执行设备接入物联网，完成将感知数据传送到应用层，再将应用层的控制指令传送到执行设备的任务。

物联网应用系统多种多样，有小范围的简单应用、有中等规模的协同感知应用，也有大规模的行业性应用。小型的物联网应用系统可以是一个文物和珠宝展览大厅的安保系统、一个智能家居系统、一幢大楼的监控系统、一个仓库的物流管理系统；中等规模的物联网应用系统可以是集装箱码头和保税区物流系统、城市智能交通系统、智能医疗保健系统；大规模的物联网应用系统可以是国际民用航空运输的物联网应用系统、海运物流应用系统，也可以是国家级的智能电网、智能环保系统。不同类型的物联网应用系统使用的传感器与RFID类型、传感器与RFID标签的接入方式、数据量与数据传输方式都会有很大的差别。

网络层可以采用所有可能的有线或无线通信与网络技术，将大量的感知设备与系统中的计算机、服务器、云计算平台互联起来，组成支撑物联网应用的网络系统，实现物联网的服务功能。物联网的网络层使用的技术包括互联网中广域网、城域网与局域网技术。

由于物联网感知层大量使用移动计算方式，因此无线通信与网络技术在物联网中尤为重要。目前使用的无线通信与网络技术包括无线广域网、无线城域网、无线局域网（Wi-Fi）、无线个人区域网（蓝牙或ZigBee）与无线人体区域网。移动通信3G/4G等技术已经在物联网中广泛使用。未来5G与窄带NB-IoT将为物联网终端设备的大量接入提供更安全、便捷与高性能的通信服务。为了适应物联网应用的快速发展，世界各国都在规划和推进新一代无线通信与网络技术的研究。

3. 应用层

在云计算与高性能计算技术的支持下，应用层将利用搜索引擎、数据挖掘、智能决策对采集到的海量数据进行处理，为智能工业、智能农业、智能交通、智能医疗、智能家居、智能医疗等各行各业的应用提供服务。

1.3.4 从物联网覆盖范围的角度认识物联网的应用特征

从空间的角度，物联网将覆盖从地球的内部到表层、从基础设施到外部环境、从陆地到海洋、从地表到空间的所有部分。

从行业角度，物联网将覆盖包括工业、农业、交通、电力、物流、环保、医疗、家居、安防、军事等各行各业，以及智慧城市、政府管理、应急处置、社交服务等各个领域（如图1-19所示）。

1.3.5 从物联网工作方式认识物联网的运行特征

从物联网“泛在感知、可靠传输与智慧认知”的工作方式看，物联网的运行特征是：物联网可以在任何时候（anytime）、任何地点（anywhere）与任何一个物体（any thing）之间的通信，交换和共享信息，实现智能服务的功能（如图1-20所示）。

图 1-19　物联网的覆盖范围

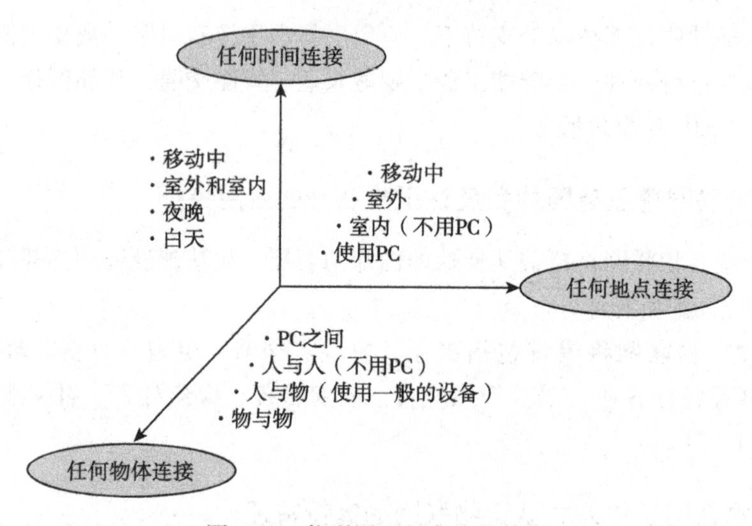

图 1-20　物联网运行方式的特点

1.4　物联网与互联网的异同点

物联网是在互联网的基础上发展起来的，在网络体系结构研究方法、网络核心技术与网络安全技术等方面可以看到两者的相通之处。互联网成功的经验、理论和方法都可以应用到物联网研究之中。但是，在学习物联网技术时，我们还需要注意物联网与互联网的不同之处。

1.4.1 物联网提供行业性、专业性与区域性的服务

互联网所提供的服务主要用于全球客户的信息交互与共享，如 E-mail、Web、搜索引擎服务，以及即时通信、网络音乐、网络视频服务、基于位置的服务。而物联网设计思路是不同的。从物联网重点发展的智能工业、智能农业、智能电网、智能交通、智能物流等九大行业的应用可以清晰地看出：物联网应用主要是面向行业、专业和区域性的（如图 1-21 所示）。

互联网提供全球性公共信息服务　　物联网提供行业性、专业性、区域性应用

图 1-21　物联网特点之一：行业性、专业性与区域性服务

1.4.2 物联网数据主要是通过自动方式生成的

互联网上传输的文本、语音、视频数据主要是通过计算机、智能手机、照相机、摄像机以人工方式生成的；而物联网的数据主要是通过传感器、RFID 标签等感知设备，以自动方式生成的（如图 1-22 所示）。

互联网数据主要是以人工方式生成的　　物联网数据主要是由传感器、RFID 等设备以自动方式生成的

图 1-22　物联网特点之二：数据主要是通过自动方式生成的

1.4.3 物联网是可反馈、可控制的闭环系统

互联网之所以能够以超常规的速度发展，得益于开放式的设计思想。只要遵守 TCP/IP 协

议，任何一个用户都可以方便地在一个或多个电子邮件系统中建立自己的邮箱；可以方便地访问世界上任何一个Web服务器，方便地搜索信息，下载歌曲、图片与视频；可以方便地加入到一个微信群，自由地发表意见。总之，互联网为我们构建了一个人与人进行信息交互与共享的信息世界。

但是有一点需要注意：在互联网中，我们一直在坚持着自主的思想，不希望有任何人、任何力量约束我们的行为与思路。例如，我想加入一个微信群就加入，不高兴就退出；我想浏览学校网站时就进去，不想浏览网站就可以随时退出。如果我们在网上搜索“物联网的定义”，也只希望搜索引擎提供一个排序的信息列表，之后我们自己来逐条审查列表中的内容，比较之后再决定看哪一篇或哪几篇文献。而对于物联网应用系统，如智能工业、智能农业、智能电网、智能医疗、智能交通、智能环保、智能安防等应用，它们通过感知、传输与智能信息处理，生成智慧处理策略，再通过控制终端设备或执行器，实现对物理世界中对象进行控制，达到智慧处理的目的。因此，互联网与物联网的重要区别是：互联网一般提供的是开环的信息服务，而物联网主要提供闭环的控制服务。典型的物联网应用系统都是“可反馈、可控制”的闭环系统。图1-23给出的城市智能交通系统的工作原理示意图很形象地描述了这一特点。

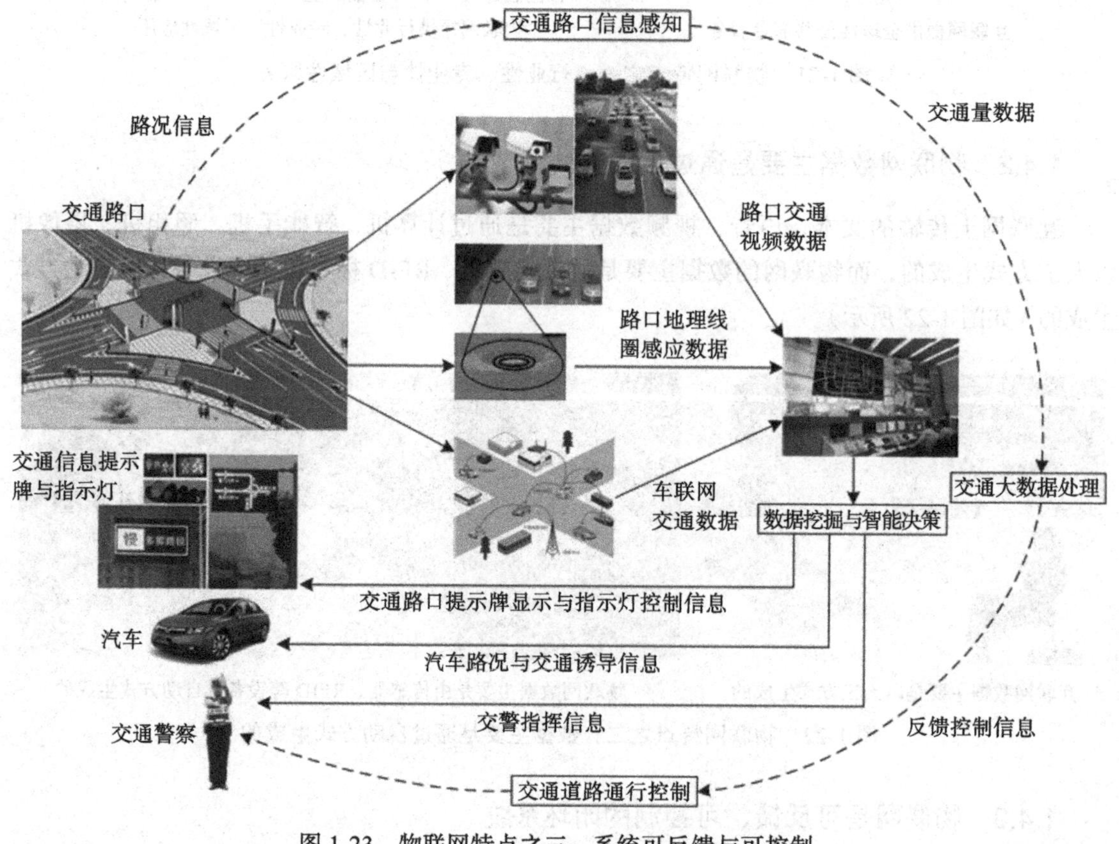

图1-23 物联网特点之三：系统可反馈与可控制

1.5 物联网产业的特点与产业链

1.5.1 物联网产业的特点

物联网产业的特点主要表现在以下几个方面。

（1）物联网产业的带动性

物联网的快速发展，预示着信息技术将会在人类社会发展中发挥更为重要的作用。物联网的出现标志着感知、通信与计算技术与产业的交叉融合，为信息产业创造出更加广阔的发展空间。物联网成为继计算机、互联网与移动通信之后的下一个产值可以达到万亿元级别的新经济增长点。物联网的发展必然要形成一个完整的产业链，并能够提供更多的就业机会。

快速增长的市场需求吸引了世界各大 IT 企业，以及我国的企业纷纷布局物联网，抢占行业发展的先机。国际物联网产业生态布局已经展开，产业链正在逐步形成。物联网发展应该是从大规模感知设备的接入入手，向物联网平台与解决方案方向延伸，以获得持续的创造价值的能力。

（2）物联网产业的渗透性

从促进工业化与信息化“两化融合”的角度，物联网具有跨学科、跨领域、跨行业、跨平台的综合优势，以及覆盖范围广、集成度高、渗透性强、创新活跃的特点，将形成支撑工业化与信息化深度融合的综合技术与产业体系。

从物联网发展的系统性与层次性的角度，物联网应用可以分为：单元级、系统级、系统之系统级三个层次。物联网可以小到一个智能部件、一个智能产品，大到整个智能工厂、智能物流、智能电网；物联网应用将从单一部件、单一设备、单一环节、单一场景的局部小系统，不断向大系统、局系统演变；从部门级向企业级、产业链与产业生态演变；从数据流闭环体系向复杂大系统演变。物联网将融合互联网与移动互联网技术、智能技术、大数据与云计算、新能源与新材料，促进新技术与传统产业的创新融合，从而产生巨大的辐射和带动作用，带动产品、模式与业态的创新，进而促进整个国民经济的发展。

物联网作为创新平台，将渗透到各行各业、社会生活的各个方面。预计到 2020 年，接入物联网的设备数量将达到 500 亿个。麦肯锡预测，到 2025 年，全球物联网产业规模可以达到 3.9～11.1 万亿美元。Kearney 预测，到 2020 年，物联网通过提高生产力将带来 1.9 万亿美元的经济效益，降低生产成本 1770 亿美元。

（3）物联网产业的集成创新性

我们可以通过一个例子来说明物联网产业的集成创新性。美国曾掀起一场浩大的市政照明 LED 改造潮，路灯 LED 改造看似与电信运营商没有什么关系，但是美国智能路灯公司 Sensity System 将 LED 与物联网技术融合在一起，为街道、机场、购物中心等提供智能 LED 解决方案，创新性地推出了全新的光感网络的概念与服务。这项工程是在 LED 灯具中嵌入传感器，使其除了具有照明功能，还能成为物联网的一个感知节点，可以检测市政 LED 路灯位置和覆盖范围内的温度、湿度、光照强度、地震活动、辐射、风速、空气质量，甚至检测是否有停车位等。按照这种设计思路，数以万计的传感节点通过电信运营商提供的窄带物联网（NB-IoT）与5G网络，连接成分布在城市各个位置的大型物联网系统，能够对整个城市核心区、交通干道，以及大型文化体育场馆、商场、公园、校园形成全覆盖。随着大量节点将感知的城市环境数据汇聚到云计算平台，物联网应用系统通过数据挖掘、大数据与深度学习方法，对城市社会、经济、安全、交通、环境与应急指挥等城市管理数据进行处理，将一个光感物联网系统转变为一个融合云计算、大数据、智能技术的智能物联网平台，为智慧城市提供服务。

综合各种物联网应用系统的特点，我们可以看到：物联网产业具有融合云计算、大数据、智能、控制，以及机器学习与深度学习、虚拟现实与增强现实、智能硬件与软件、可穿戴技术与智能机器人等各种新技术，跨各行各业与各个领域的集成创新性特点。这也正体现出物联网产业的巨大魅力。

1.5.2 物联网的产业链结构

物联网产业能够形成从上游“产品制造”、中游的“系统集成与软件开发”到下游的“应用服务”的完整产业链。图1-24给出了物联网产业链结构示意图。

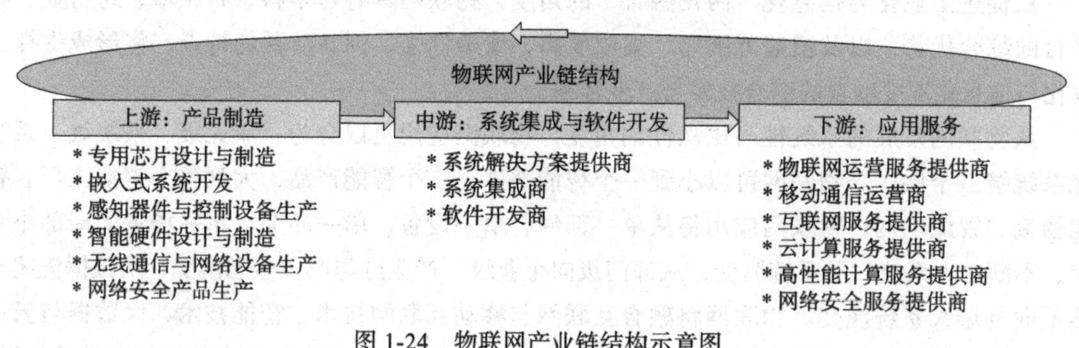

图1-24 物联网产业链结构示意图

（1）上游的“产品制造”产业

物联网上游的“产品制造”产业包括：专用芯片设计与制造、嵌入式系统开发、感知器件与控制设备生产、智能硬件设计与制造、无线通信与网络设备生产、网络安全产品生产。

（2）中游的“系统集成与软件开发”产业

中游的“系统集成与软件开发”产业包括：系统解决方案提供商、系统集成商与软件开发商。

（3）下游的“应用服务”产业

下游的“服务”产业包括：物联网运营服务提供商、移动通信运营商、互联网服务提供商、云计算服务提供商、高性能计算服务提供商与网络安全服务提供商。

随着物联网应用的发展，社会将对物联网产业不断提出新的需求，使得物联网产业形成从上游的“产品制造”产业、中游的“系统集成与软件开发”产业，到下游的“应用服务”产业之间相互依存、相互影响、相互促进的良性循环的关系。

1.5.3 物联网与“互联网+”的关系

要深入研究物联网技术与产业发展环境、特点，就需要对物联网与“互联网+”的内涵加以系统地分析和比较。我们可以从以下两个角度认识物联网与“互联网+”的关系。

1. 从互联网思维的角度认识物联网与“互联网+”的关系

随着互联网的大规模应用，互联网对社会与经济发展的影响日益凸显。人们试图从认识论的层面去诠释互联网和各行各业跨界融合的基本规律和思维方式，“互联网思维”的概念呼之欲出。企业家、经济学家与计算机科学家都从各自的角度对“互联网思维”的概念做出了解释，提出了不同的看法。同时，随着互联网技术与应用的发展，人们对互联网重要性的认识不断深化，互联网思维的内涵也在不断地变化。目前大家比较认同的看法是：互联网思维是在“互联网+”、物联网、云计算、大数据、智能技术的支撑下，对传统产业的市场、客户、产品、生产、服务、价值链进行重新审视、改造、升级，乃至重建行业生态的思维方式。从信息技术对社会发展影响的角度，我们可以用十六个字来表述“互联网思维”的内涵，那就是“跨界、融合，转型、升级，开放、共享，创新、创业”。

因此，我们可以将“互联网+”表述为：以互联网与信息技术为平台，促进互联网与传统产业的深度融合，创造新的行业生态。“互联网+”涵盖的领域大致可以分为四个部分：制造业、现代服务业、政府管理、社会公共服务。

理解“互联网+”的概念需要注意以下几个问题：

（1）“互联网+”不能简单地看作“互联网及其应用”

纵观计算机网络的发展历程，它经历了从互联网、移动互联网到物联网的三个重要的发展阶段。计算机与通信技术的高度发展与深度融合形成了计算机网络，互联网是计算机网络最成功的应用。互联网与移动通信网在技术与业务上的高度融合，形成了移动互联网；互联网、移动互联网与感知、控制、数据、智能技术的融合形成了物联网。从技术发展的角度，我们可以清楚地看到“从互联网、移动互联网到物联网”这样一个自然地传承与演进的过程，三者在应用领域与功能上有所不同，但是从核心技术、设计思路上呈现出传承、发展的关系，形成了一个不可分割的有机整体。随着技术的发展，网络应用的范围在不断扩大，在各行各业应用的深度也不断增加，涵盖的内容更加丰富，产生的影响更加深远。所以，“互联网+”不能简单地看作“互联网及其应用”，而是涵盖了互联网、移动互联网与物联网应用的丰富内容。

（2）“互联网+”不是简单的“互联网+××行业=互联网××行业”

“互联网+”是执行我国政府在“九五”规划中提出的“用先进的信息技术与互联网技术改造传统产业”方针的具体体现，贯彻了坚定不移地走“信息化与工业化两化融合”道路的发展理念。“互联网+”不是颠覆传统产业，而是通过先进的互联网、物联网、信息技术与各行各业的“跨界、融合、创新”，改变企业与社会发展模式。要实现“互联网+”就必然要“跨界”；“跨界”才能实现“互联网”与行业的“融合”，进而推动行业的“创新、转型和升级”。“互联网+传统行业”体现出互联网“信息世界”与企业“现实世界”的融合。“互联网+”不是互联网技术与传统行业的技术、业务简单叠加的物理反应，而是改革传统产业的发展形态，创造新业态、重构产业链，改造传统产业发展模式的“化学反应”。“互联网 +”将给传统产业注入新的活力，创造新的盈利模式。因此，我们需要从更加宏观的互联网思维的高度认识“互联网 +”的丰富内涵，以及“互联网 +”与物联网技术的关系。

2. 从国家发展战略的角度认识物联网与“互联网 +”的关系

“互联网 +”是我国政府从国家战略层面对产业与经济发展思路的一种高度凝练的表述。“互联网 +”发展计划希望推动互联网、移动互联网、物联网、云计算、大数据、智能技术与现代制造业以及各行各业的结合，促进电子商务、现代制造业与互联网金融的健康发展。

国务院 2015 年 7 月发布了《关于积极推进“互联网 +”行动的指导意见》(以下简称为《指导意见》)，明确未来三到十年的发展目标。《指导意见》针对转型升级任务迫切、融合创新特点明显、人民群众最关心的领域，提出了 11 个具体行动计划，涵盖了制造业、农业、金融、能源等具体产业，涉及环境、养老、医疗等与百姓生活息息相关的多个方面。

《指导意见》提出：到 2018 年，互联网与经济社会各领域的融合发展进一步深化，基于互联网的新业态成为新的经济增长动力，互联网支撑大众创业、万众创新的作用进一步增强，互联网成为提供公共服务的重要手段，网络经济与实体经济协同互动的发展格局基本形成。到 2025 年，网络化、智能化、服务化、协同化的“互联网 +”产业生态体系基本完善，“互联网 +”新经济形态初步形成，“互联网 +”成为经济社会创新发展的重要驱动力量。

因此，从以上讨论中可以清晰地看出物联网与“互联网 +”的关系主要表现在三个方面：

第一，“互联网 +”是对我国社会与经济发展思路高度凝练的表述，它涵盖着互联网、移动互联网与物联网与各行各业、社会各个层面“跨界融合”的丰富内容。

第二，物联网是支撑“互联网 +”发展的核心技术之一。

第三，推进“互联网 +”《指导意见》的实施，将为物联网产业开辟更加广阔的发展空间。

本章小结

1）物联网的发展具有深厚的社会与技术发展背景。全球信息化为物联网的发展提供了原动力；信息学科三大支柱——计算、通信和感知的融合，为物联网的发展奠定了理论基础；普适计算与信息物理融合系统（CPS）的研究为物联网技术研究和产业发展指出了方向。

2）物联网向我们描述了世界上的万事万物，在任何时间、任何地点都可以方便地实现“人 – 机 – 物”融合的发展前景。物联网将推动计算、通信、感知、智能、数据科学与社会各行各业在更广范围、更深层次的交叉融合。

3）物联网是我国战略性新兴产业的重要组成部分，是未来科技竞争的制高点。物联网不仅与国民经济与社会发展息息相关，与提高人民生活水平密不可分，也是我国创新驱动发展战略的重要体现。

习题

一、单选题

1. ITU 的研究报告《The Internet of Things》发表于（　　）。

   A. 1995 年　　B. 2000 年　　C. 2005 年　　D. 2010 年

2. 以下关于智慧地球特点的描述中，错误的是（　　）。

   A. 将大量传感器嵌入和装备到基础设施与制造业中

   B. 捕捉运行过程中的各种信息

   C. 通过计算机分析、处理和发出指令

   D. 以物联网取代互联网

3. 以下关于普适计算特点的描述中，错误的是（　　）。

   A. 核心是“以人为本”

   B. 重点放在网络安全上

   C. 强调“无处不在”与“不可见”

   D. 体现出信息空间与物理空间的融合

4. 以下关于 CPS 特点的描述中，错误的是（　　）。

   A. “感”是指多感知器协同感知物理世界的状态信息

   B. “联”是指连接物理世界与信息世界的各种对象，实现信息交互

   C. “知”是指通过对感知信息的智能处理，正确、全面地认知物理世界

   D. “控”是指根据正确认知，确定策略，发出指令，指挥传感器控制物理世界

5. 以下不属于物联网三层结构模型的是（　　）。

   A. 感知层　　B. 网络层　　C. 控制层　　D. 应用层

6. 以下关于物联网智能物体的描述中，错误的是（　　）。

   A. 可以是微小的物体，也可以是大的建筑物

   B. 可以是有生命的，也可以是无生命的

   C. 必须具有通信与计算能力

   D. 必须具有控制能力

7. 以下关于物联网与互联网区别的描述中，错误的是（　　）。

   A. 互联网提供信息共享与信息交互服务

   B. 互联网数据主要是通过自动方式获取的

   C. 物联网提供行业性、专业性、区域性服务

   D. 物联网是可反馈、可控制的闭环系统

8. 以下关于物联网与“互联网＋”的关系的描述中，错误的是（　　）。

   A. “互联网＋”可以理解为“互联网及其应用”

   B. “互联网＋”是国家战略层面对产业与经济发展思路的一种高度凝练的表述

   C. “互联网＋”涵盖着互联网、移动互联网与物联网“跨界融合”的丰富内容

D. “互联网 +” 覆盖制造业、现代服务业、政府管理、社会公共服务四个主要的领域

二、思考题

1. 请举出一个具有普适计算技术特征的应用示例。
2. 请举出一个具有 CPS 技术特征的应用示例。
3. 请结合物联网的应用，解释为什么物联网提供的是行业性、专业性、区域性的服务。
4. 请结合物联网的应用，说出你对物联网三层结构模型的理解。
5. 请结合物联网的应用，举出一种常用反馈控制的物联网应用系统的实例。

第 2 章 物联网感知层技术

物联网由感知层、网络层与应用层组成。感知层是物联网工作的基础。本章将从 RFID、传感器与传感网、位置信息与位置感知技术，以及智能感知设备的设计与实现入手，对物联网感知层的关键技术进行系统的介绍。

本章学习要求

- 了解物联网感知层的基本概念。
- 理解基于 RFID 标签的自动识别技术的特点。
- 理解传感器与无线传感器网络技术的特点。
- 理解位置信息与位置感知技术的特点。
- 了解物联网智能感知设备与嵌入式技术的基本概念。

2.1 RFID 与自动识别技术

2.1.1 自动识别技术

在早期的信息系统中，相当大的一部分数据是通过人工方式输入到计算机系统中的。由于数据量庞大，数据输入的劳动强度大，人工输入的误差率高，严重地影响到生产与管理的效率。

在生产、销售全球化的背景下，数据的快速采集与自动识别成为销售、仓库、物流、交通、防伪、票据与身份识别应用发展的瓶颈。基于条码、磁卡、IC 卡、RFID 的数据采集与自动识别技术的研究就是在这样的背景下产生和发展起来的。图 2-1 给出了数据自动识别技术的发展过程。

2.1.2 条码技术

1. 条码的基本概念

对于条码，读者一定很熟悉，你读的这本书的封底就印有条码。当你到书店买书，或者到超市购物，售货员只需要用条码阅读器在物品的条码上扫一下，商店 POS 收款机上就会立即显示物品的名称、

单价等信息。目前，条码已经出现了几十种不同的码制，即不同的码型、编码与应用标准。典型的一维条码与二维条码如图 2-2 所示。

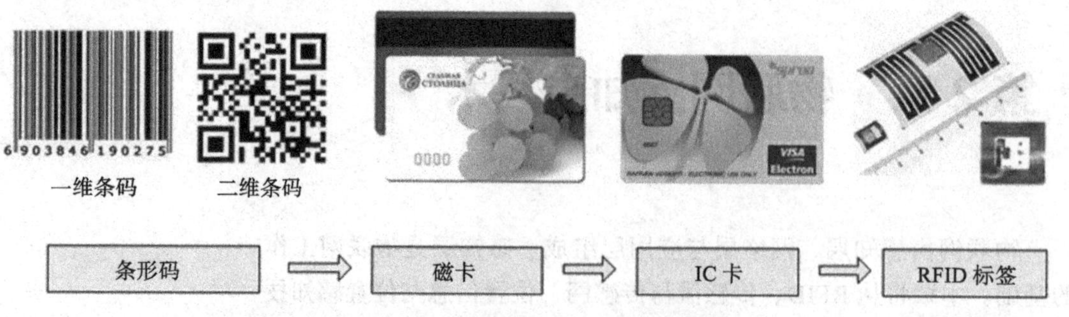

图 2-1　数据自动识别技术发展过程

图 2-2　典型的一维条码与二维条码

2. 一维条码

条码用不同宽度的条（bar）与空（space）组成的符号形式来表示数字或字母。读取条码时，条码阅读器发射的光线被黑色的“条”所吸收，没有发射；白色的“空”将阅读器发射的光线发射回来。阅读器将接收到的光线转化成电信号，并将电信号解码还原出条码所表示的字符或数据传送给计算机。

一维条码只是在一个方向（一般是水平方向）表达信息，而在垂直方向不表达任何信息。一维条码的优点是编码规则简单，它是用一系列不同宽度的条与空组成，因此又称为一维线性条码。条码阅读器造价较低。但它的缺点是：数据容量较小，一般只能包含字母和数字；条码尺寸相对较大，空间利用率较低；条码一旦出现损坏将被拒读；条码阅读器扫描条码时对条码的距离与角度有一定的要求。

3. 二维条码

二维条码是用 X、Y 二维方向的某种特定的几何图形，按一定规律在平面分布的黑白相间的图形上记录数字与字符信息。二维条码一般简称为二维码。

二维码主要有以下特点：

（1）高密度编码，信息容量大

例如，典型的 QR Code 标准的二维码的面积相当于信用卡的 2/3（$76\times25\text{mm}^2$），但可以表示多达 4296 个字母或 7089 个数字字符，比一维条码的信息容量高很多倍。其中，“QR”是“快速反应”的意思。

（2）编码范围广

二维码可以用来表示数字、文字、照片、声音、签字、指纹、掌纹等信息，还可以表示多种语言文字，以及图像信息。

（3）容错能力强

二维码因破损、折叠、污染等引起局部损坏，但破损面积不超过50%时，软件可以根据容错算法正确地恢复出丢失的信息。

（4）纠错能力强

由于二维码使用了纠错算法，因此读码的误码率低于千万分之一。

（5）保密性好

二维码具有多重防伪特性，可以采用密码防伪、软件加密，以及利用所包含的指纹、照片等信息进行防伪，因此具有极强的保密和防伪性能。

（6）成本低

二维码标签易于打印和粘贴，造价低廉，持久耐用。2009年12月，我国铁道部对火车票进行了升级改版。新版火车票最明显的变化将是车票下方的一维条码变成二维防伪条码，使火车票的防伪功能更强。乘客在进站口检票时，用二维码识读设备对客票上二维码进行识读，系统即可自动辨别车票的真伪，并将相应信息存入系统中。

移动互联网中手机电子商务的应用，使得二维码线下与线上应用都得到了快速发展，已广泛应用于购物、电子门票、电子名片、产品防伪、身份认证、网上支付等领域。目前，90%以上的一次性消费的票据，如电影票、音乐会门票、旅游景区门票，都使用了二维码。手机二维码扫码支付已经广泛用于地铁、公交车、出租车、餐馆、学校食堂、无人超市、网购、税务、银行，以及网站登录、身份认证与网上支付等场合，日常很多购物场景下也使用了二维码扫码支付。扫码支付与刷脸支付为广大用户的生活带来了极大的方便，已经成为网上支付的一道亮丽风景线。

食品与药品安全应用已经成为广大群众关注的焦点问题，而手机二维码技术在这方面提供了一个很好的解决方案。如图2-3所示，当奶粉出厂时，奶粉罐上有生产厂家打印上的防伪二维码标识。同时，这个防伪二维码标识也会通过互联网传送到防伪查询中心。客户在买奶粉时，可以用手机拍码软件拍下二维码图形，二维码的图形就被传送到防伪查询中心。防伪查询中心可以快速将比对的结果通过手机回送给客户，客户就可以迅速地辨别奶粉的真伪，并且知道奶粉的生产日期、保质期等信息。将二维码标识用于名烟、名酒商品的防伪上，也可以取得很好的效果。利用二维码技术，客户可以放心地购买合格的商品。

尽管条码已经广泛应用于人们生活的各个方面，但是条码的应用也会受到一定的限制。比如，条码扫描器、手机的镜头必须能够“看到”“清晰”的条码图形。这里的“看到”是指阅读器、手机的镜头与条码之间不能有物体的遮挡，必须是“可视”的；“清晰”是指条码图形没有被污渍遮挡，条码图形完整，也没有折叠或破损。显然，这两个条件限制了条码的应用范围。因此，在有遮挡的“不可视”情况下也能够自动读出数据的磁卡、IC卡与RFID标签技术也就应运而生。

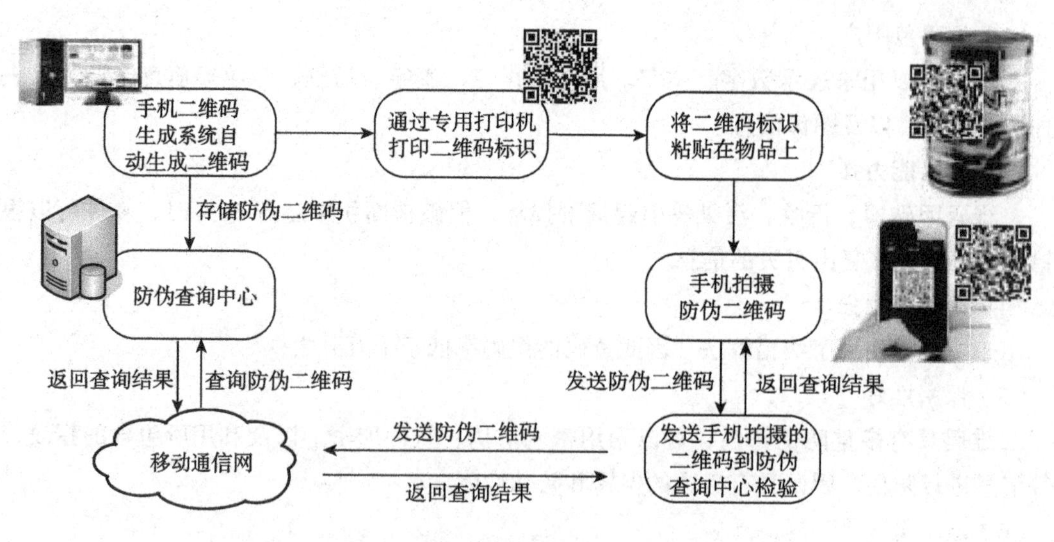

图 2-3　二维条码产品防伪应用示意图

2.1.3　RFID 标签的概念

1. 什么是 RFID 标签

随着经济全球化、生产自动化的高速发展，在现代物流、智能仓库、大型港口集装箱自动装卸、海关与保税区自动通关等应用场景中，传统的条码、磁卡、IC 卡技术已经不能够满足新的应用需求。例如，在天津滨海新区保税区，如果我们仍然使用条码技术，那么当从海运码头卸下的大批集装箱通过海关装载到火车、货车时，无论增加多少条通道和多少位海关工作人员，也不可能实现进出口货物的快速通关，必然造成货物的堆积和延误。解决大批货物快速通关的关键是保证通关货物信息的快速数据采集、自动识别与处理。当一辆装载着集装箱的货物通过关口的时候，RFID 读写器可以自动地“读出”贴在每一个集装箱、每一件物品上 RFID 标签的信息，海关工作人员面前的计算机就能够立即获得准确的进出口货物的名称、数量、放出地、目的地、货主等报关信息，进而根据这些信息来决定是否放行或检查。

目前，RFID 已广泛应用于制造、销售、物流、交通、医疗、安全与军事等各种领域，可以实行全球范围的各种产品、物资流动过程中的动态、快速、准确地识别与管理，因此已经引起了世界各国政府与产业界的广泛关注，并得到广泛应用。

2. RFID 标签的基本结构

RFID 又称为“射频标签”或“电子标签”（tag），是利用无线射频信号空间耦合的方式来实现无接触的标签信息自动传输与识别的技术。RFID 最早出现于 20 世纪 80 年代，首先由欧洲一些行业和公司将这项技术用于库存产品统计与跟踪、目标定位与身份认证。由于集成电路设计与制造技术不断发展，RFID 芯片向着小型化、高性能、低价格的方向发展，使得 RFID 逐步为产业界所认知。2011 年生产的全世界最小的 RFID 芯片面积仅有 0.0026 平方毫米，看上去就像微粒一样，可以嵌入在一张纸内。图 2-4a 给出了体积仅与普通米粒大小相当、用玻璃管封装的动物或人体植入式 RFID 标签，图 2-4b 给出了很薄的透明塑料封装的粘贴式 RFID 标签，图 2-4c 给出了纸介质封装的粘贴式 RFID 标签照片。

a) 玻璃管封装的植入式 RFID　b) 透明塑料封装的粘贴式 RFID　c) 纸介质封装的粘贴式 RFID

图 2-4　不同外形的 RFID 标签

图 2-5a 给出了 RFID 标签的内部结构示意图，图 2-5b 是 RFID 标签结构组成单元示意图。从图中可以看出，RFID 标签由存储数据的 RFID 芯片、天线与电路组成。

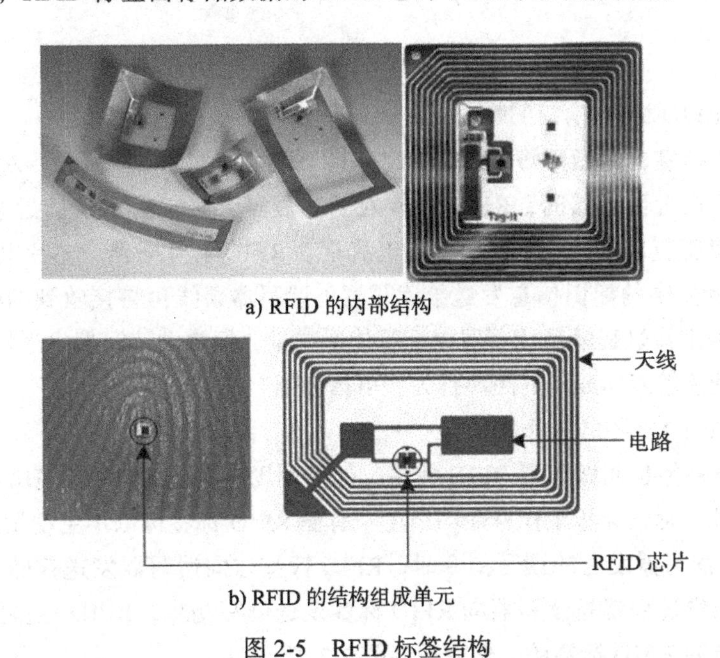

a) RFID 的内部结构

b) RFID 的结构组成单元

图 2-5　RFID 标签结构

3. RFID 的基本工作原理

我们在高中物理课中学习过法拉第电磁感应定律，该定律指出：交变的电场产生交变的磁场，交变的磁场又能产生交变的电场。RFID 就是利用无线射频信号交变电磁场的空间耦合方式自动传输标签芯片存储的信息的。

在电磁感应中存在着近场效应。当导体与电磁场的辐射源的距离在一个波长之内时，导体会受到近场电磁感应的作用。在近场范围内，由于电磁耦合的作用，电流沿着磁场方向流动，电磁场辐射源的近场能量被转移到导体。如果辐射源的频率为915MHz，那么对应的波长大约为33厘米。导体与辐射源的距离大于一个波长时，近场效应就无效了。在一个波长之外的自由空间中，无线电波向外传播，能量的衰减与距离的平方成反比。

RFID标签的工作原理如图2-6所示。由于无源RFID标签与有源RFID标签的工作方式不同，因此RFID的标签工作原理分为以下三种情况进行讨论。

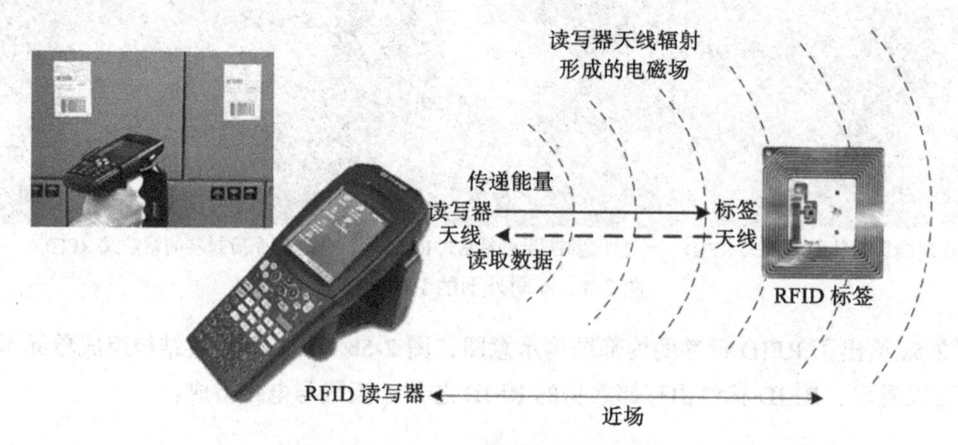

图2-6 无源RFID标签的工作原理

（1）被动式RFID标签工作原理

被动式RFID标签也叫做无源RFID标签，其工作原理如图2-6所示。对于无源RFID标签，当RFID标签接近读写器时，RFID标签处于读写器天线辐射形成的近场范围内。RFID标签天线通过电磁感应产生感应电流，感应电流驱动RFID芯片电路。芯片电路通过RFID标签天线将存储在标签中的标识信息发送给读写器，读写器天线再将接收到的标识信息发送给主机。无源标签的工作过程就是读写器向标签传递能量，标签向读写器发送标签信息的过程。读写器与标签之间能够双向通信的距离称为“可读范围”或“作用范围”。

（2）主动式RFID标签的工作原理

主动式RFID标签也叫做有源RFID标签。处于远场的有源RFID标签由内部配置的电池供电。从节约能源、延长标签工作寿命的角度，有源RFID标签可以不主动发送信息。当有源RFID标签接收到读写器发送的读写指令时，RFID标签才向读写器发送存储的标识信息。有源RFID标签的工作过程就是读写器向RFID标签发送读写指令，RFID标签向读写器发送标识信息的过程。有源RFID标签的工作原理如图2-7所示。

（3）半主动RFID标签

无源RFID标签体积小、重量轻、价格低、使用寿命长，但是读写距离短、存储数据较少，工作过程中容易受到周围电磁场的干扰，一般用于商场货物、身份识别卡等运行环境比较好的应用。有源RFID标签需要内置电池，标签的读写距离较远、存储数据较多、受到周围电磁场的干扰相对较小，但是RFID标签的体积比较大、比较重、价格较高、维护成本较高，一般用于高价值物品的跟踪上。在比较了两种基本RFID标签优缺点的基础上，人们自然会想到是不是能够将两者的优点结合起来，设计一种半主动式RFID标签。

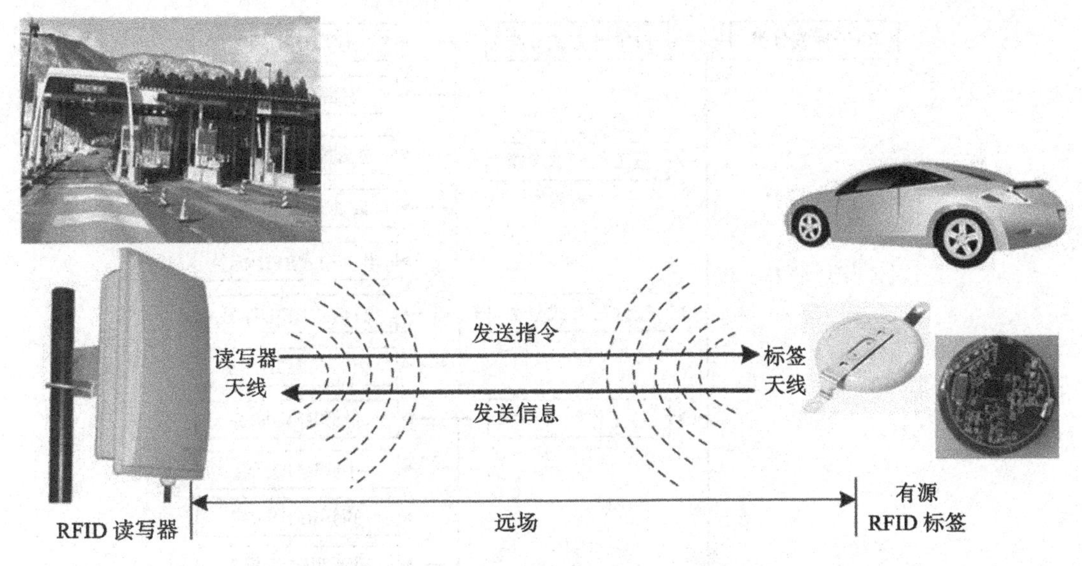

图2-7 有源RFID标签的工作原理

半主动式RFID标签继承了无源RFID标签体积小、重量轻、价格低、使用寿命长的优点，在没有读写器访问的时候，内置的电池只为芯片内很少的电路供电。只有在读写器访问时，内置电池向RFID芯片供电，以增加标签的读写距离，提高通信的可靠性。半主动式RFID标签一般用在可重复使用的集装箱和物品的跟踪上。

2.1.4 RFID标签的分类

根据RFID标签的供电方式、工作方式等不同，RFID标签可以分为6种基本的类型。图2-8给出了RFID标签的分类结构。

1. 按标签供电方式进行分类

按标签供电方式进行分类，RFID标签可以分为无源RFID标签和有源RFID标签两类。图2-9给出了无源RFID标签与有源RFID标签比较的示意图。无源RFID内部没有电池，有源RFID标签内部有内置电池。

由于无源RFID标签内不含电池，它的能量要从RFID读写器获取。当无源RFID标签靠近RFID读写器时，无源RFID标签的天线将接收到的电磁波能量转化成电能，激活RFID标签中的芯片，并将RFID芯片中的数据发送到RFID读写器。无源RFID标签的优点是体积小、重量轻、成本低、寿命长，可以制作成薄片或挂扣等不同形状，并应用于不同的环境。但是，无源RFID标签由于没有内部电源，因此无源RFID标签与RFID读写器之间的距离受到限制，一般要求功率较大的RFID读写器。

有源RFID标签由内部电池提供能量，因此作用距离远，有源RFID标签与RFID读写器之间的距离可以达到几十米，甚至可以达到上百米。有源RFID标签的缺点是体积大、成本高，使用时间受到电池寿命的限制。

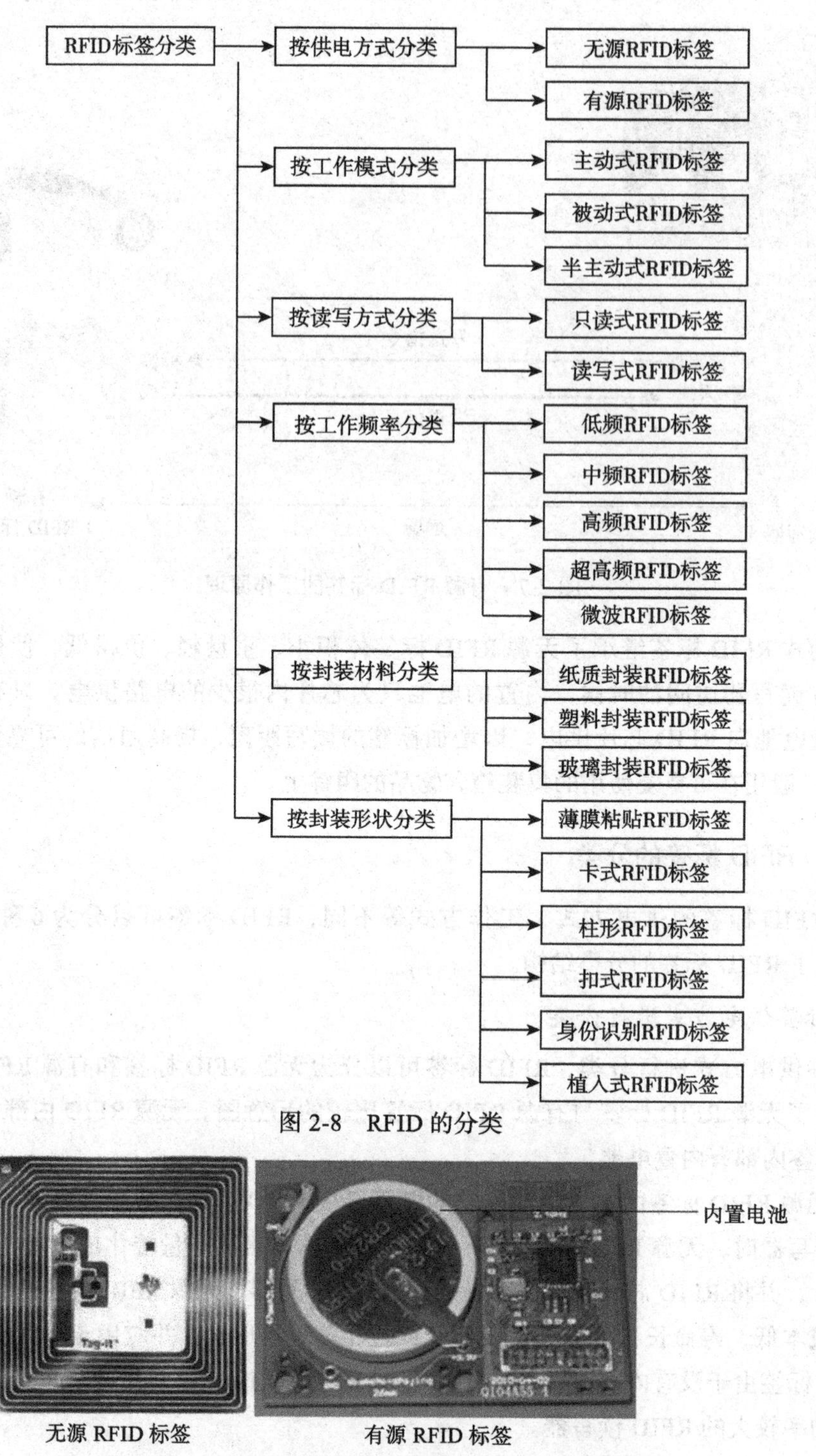

图 2-8　RFID 的分类

图 2-9　无源 RFID 标签与有源 RFID 标签的比较

2. 按标签工作模式进行分类

按标签工作模式进行分类，RFID 标签可以分为主动式、被动式与半主动式三类。

主动式 RFID 标签依靠自身的能量主动向 RFID 读写器发送数据。

被动式 RFID 标签从 RFID 读写器发送的电磁波中获取能量，激活后才能够向 RFID 读写器发送数据。

半主动式 RFID 标签自身的能量只提供给 RFID 标签中的电路使用，并不主动向 RFID 读写器发送数据。当它接收到 RFID 读写器发送的电磁波而被激活之后，才向 RFID 读写器发送数据。

3. 按标签读写方式进行分类

按标签读写方式进行分类，RFID 标签可以分为只读式与读写式两类。

只读式 RFID 标签的内容在读写器识别过程中只可读出不可写入。

读写式 RFID 标签的内容在识别过程中可以被读写器读出，也可以被读写器写入。读写式 RFID 标签内部使用的是随机存取存储器（RAM）或可擦可编程只读存储器（EEROM）。

4. 按标签工作频率进行分类

根据国际无线电频率管理的规定，为了防止不同无线通信系统之间相互干扰，使用无线信道开展通信业务必须要向政府主管部门申请，免予申请的专用的工业、科学与医药（Industrial Scientific Medical，ISM）频段包括：902～928MHz 的低频段、2.6～2.685GHz 的中高频段与 5.725～5.825GHz 的超高频与微波段。RFID 标签使用的是 ISM 频段。按照 RFID 标签工作频率进行分类，可以分为低频、中高频、超高频与微波四类。由于 RFID 工作频率的选取会直接影响芯片设计、天线设计、工作模式、作用距离、读写器安装要求，因此，了解不同工作频率 RFID 标签的工作特点，对于 RFID 应用系统的设计是十分重要的。

低频 RFID 标签典型的工作频率为 125～134.2kHz。低频 RFID 标签一般为无源标签。标签的工作能量通过电感耦合方式，从读写器耦合线圈的辐射近场中获得，读写距离一般小于 1 米。低频 RFID 标签芯片造价低、省电，适合近距离、低传输速率、数据量较小，如门禁、考勤、电子计费、电子钱包、停车场收费管理等应用。低频 RFID 标签的工作频率较低，可以穿透水、有机组织和木材，适用于动物识别。外形上，低频 RFID 标签可以做成耳钉式、项圈式、药丸式或注射式，用于牛、猪、信鸽等动物标识。

中高频 RFID 标签典型的工作频率为 13.56MHz，其工作原理与低频 RFID 标签基本相同，为无源 RFID 标签。标签的工作能量通过电感耦合方式，从读写器耦合线圈的辐射近场中获得，读写距离一般小于 1 米。高频 RFID 标签可以做成卡式结构，典型的应用有电子身份识别、电子车票，以及校园卡和门禁系统的身份识别卡。我国第二代身份证内嵌有符合 ISO/IEC14443B 标准、工作频率为 13.56MHz 的 RFID 芯片。

超高频与微波段 RFID 标签通常被称为微波标签。微波标签可以分为无源标签与有源标签两类。无源微波标签的工作频率主要为 902～928MHz；有源微波标签工作频率为 2.45～5.8GHz。微波标签工作在读写器天线辐射的远场区域。

由于超高频与微波段电磁波的一个重要特点是视距传输，超高频与微波段无线电波绕射能力较弱，发送天线与接收天线之间不能有物体阻挡。因此，用于超高频与微波段 RFID 标签的读写器天线被设计为定向天线，只有在天线定向波束范围内的电子标签可以被读写。读写器天线辐射场为无源标签提供能量，无源标签的工作距离大于 1 米，典型值为 4～7 米。读写器天线向有源标签发送读写指令，有源标签向读写器发送标签存储的标识信息。有源标签的最大工作距离可以超过百米。微波标签一般用于远距离识别与对快速移动物体的识别上。例如，近距离通信与工业控制领域、物流领域、铁路运输识别与管理，以及高速公路的不停车电子收费（ETC）系统。

5. 按封装材料进行分类

按封装材料进行分类，RFID 标签可以分为纸质封装 RFID 标签、塑料封装 RFID 标签与玻璃封装 RFID 标签三类。

纸质封装 RFID 标签一般由面层、芯片与天线电路层、胶层与底层组成。纸质封装 RFID 标签价格便宜，一般具有可粘贴功能，可以直接粘贴在被标识的物体上。图 2-10 给出了纸质封装 RFID 标签的结构示意图。

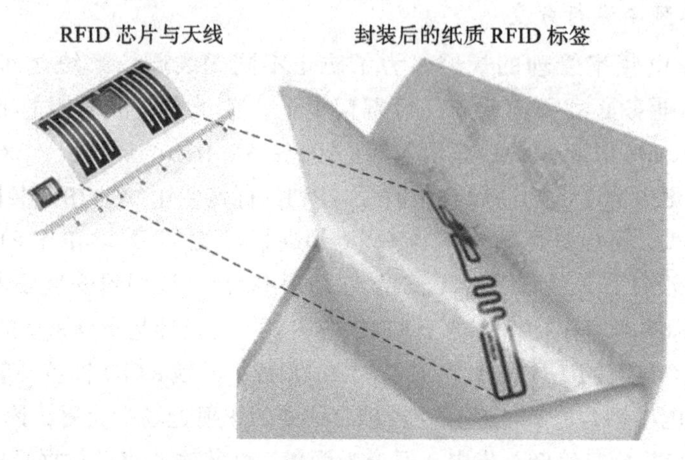

图 2-10　纸质封装 RFID 标签的结构

塑料封装 RFID 标签采用特定的工艺与塑料基材，将芯片与天线封装成不同外形的标签。封装 RFID 标签的塑料可以采用不同的颜色，封装材料一般都能够耐高温。塑料封装 RFID 标签的外形如图 2-11 所示。

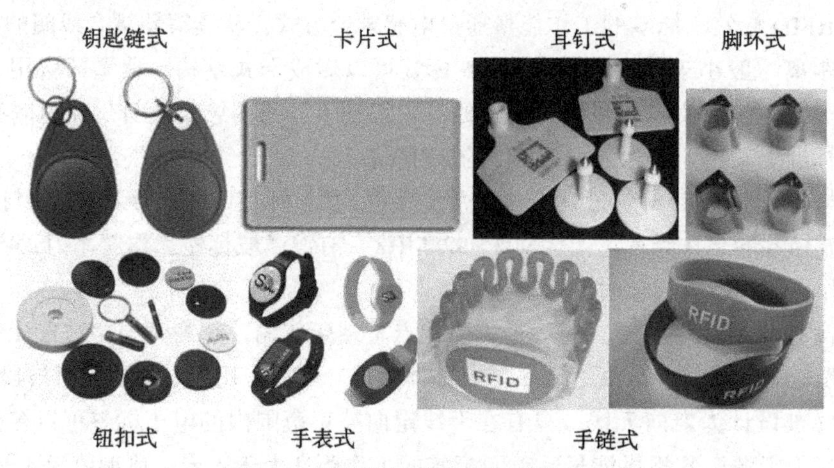

图 2-11　塑料封装 RFID 标签的外形

玻璃封装RFID标签是将芯片与天线封装在不同形状的玻璃容器内形成的。玻璃封装RFID标签可以植入动物体内，用于动物的识别与跟踪，以及珍贵鱼类、狗、猫等宠物管理，也可用于枪械、头盔、酒瓶、模具、珠宝或钥匙链的标识。图2-12给出了用于动物识别的玻璃封装RFID标签与植入的工具。

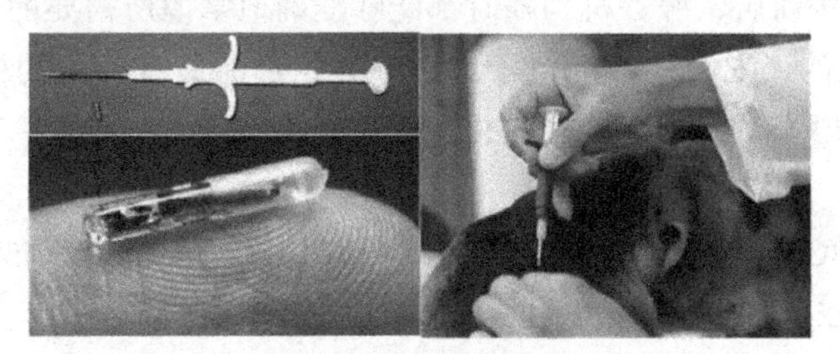

图2-12　玻璃封装RFID标签与植入的工具

未来，RFID标签会直接在制作过程中就镶嵌到服装、手机、计算机、移动存储器、家电、书籍、药瓶、手术器械上。

6. 按标签封装的形状进行分类

人们可以根据实际应用的需要，设计出各种外形与结构的RFID标签。RFID标签根据应用场合、成本与环境等因素的影响，可以封装成以下几种主要的外形：

- 粘贴在标识物上的薄膜型的自粘贴式标签。
- 可以让用户携带、类似于信用卡的卡式标签。
- 可以封装成能够固定在车辆或集装箱上的柱型标签。
- 可以封装在塑料扣中，用于动物耳标的扣式标签。
- 可以封装在钥匙扣中，用于用户随身携带的身份标识标签。
- 可以封装在玻璃管中，用于人或动物的植入式标签。

图2-13给出了适合不同应用需要的RFID标签外形照片。

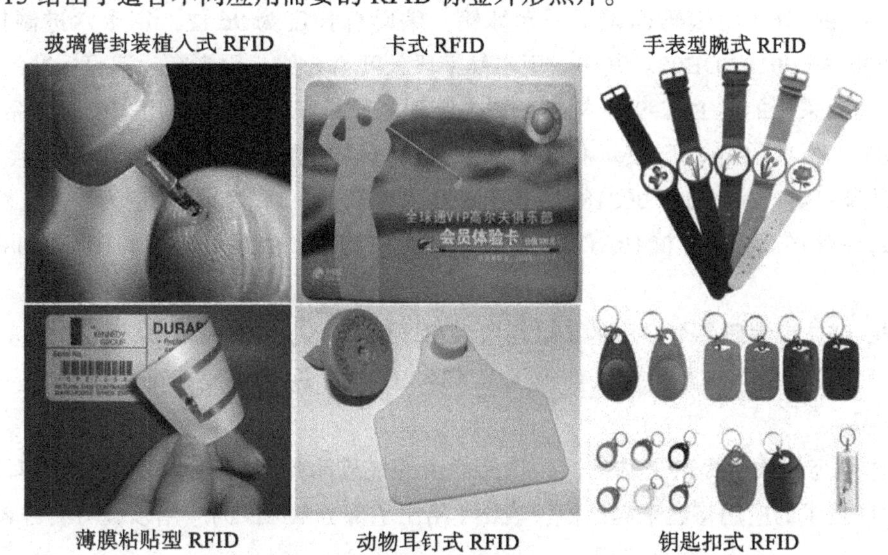

图2-13　适合不同应用需要的RFID标签

2.1.5 RFID 标签的编码标准

要使每一件产品的信息在生产加工、市场流通、客户购买与售后服务过程中，都能够被准确地记录下来，并且通过物联网基础设施在世界范围内快速地传输，使得世界各地的生产企业、流通渠道、销售商店、服务机构随时都能够准确地掌握所需要的产品信息，就必须形成全球统一的、标准的、唯一的产品电子编码标准。目前最有影响的标准包括 EPC Global RFID 标准、UID RFID 标准与 ISO/IEC RFID 标准。下面简单介绍一下 EPC Global RFID 标准。

2004 年 6 月，EPCglobal 公布了第一个全球产品电子代码 EPC 标准，并在部分应用领域进行了测试。目前正在研究和推广第二代（GEN2）EPC 标准。

EPC 码由四个数字字段组成：版本号、域名管理、对象分类与序列号，其中版本号表示产品编码所采用的 EPC 版本，从版本号可以知道编码的长度；域名管理标识生产厂商；对象分类标识产品类型；序列号标识每一件产品。

按照编码的长度，EPC 编码分为三种：64 位、96 位与 256 位，即 EPC-64、EPC-96 与 EPC-256。目前已经公布的编码标准有 EPC-64 I、EPC-64 II、EPC-64 III、EPC-96 I 与 EPC-256 I、EPC-256 II 与 EPC-256 III 等。

EPC 编码的特点之一是编码空间大，可以实现对单品的标识。为了让读者形象地认识 EPC 编码，我们可以以 EPC-96 为例来说明这个问题。图 2-14 给出了符合 EPC-96 I 型编码标准的各字段结构与意义的示意图。

EPC码	01	0010A80	00018F	0010ADB08
EPC码结构	版本号（8位）	域名管理（28位）	对象分类（24位）	序列号（36位）

图 2-14 EPC-96 I 型编码标准字段结构与意义

假设用 EPC-96 I 型编码标识了一台冰箱，编码总长度为 96 位，用十六进制标识为 01 0010A80 00018F 0010ADB08。其中，版本号字段长度为 8 位，用来表示编码标准的版本，如“01”表示编码采用的是 EPC-96 I 标准；域名管理字段长度为 28 位，用来表示产品是由哪个厂家生产的，如“0010A80”表示我国某一家家用电器制造商；对象分类字段长度为 24 位，用来表示是哪一类产品，如“00018F”表示产品为冰箱；序列号字段长度为 36 位，可以唯一地标识出每一件产品，如“0010ADB08”表示该生产商生产的编号为“0010ADB08”的那台冰箱。

从 EPC-96 I 型编码各个字段的长度可以看出，EPC-96 I 型编码可以标识出 2.68 亿个不同的生产厂商，可以为每一个生产厂商提供 1. 68×107 类产品的编码，可以标识每一类产品的 687 亿件产品。

ECP 体系为物联网提供了基础性的物品标识的规范体系与代码空间。随着物联网研究的深入，RFID 技术的应用将越来越广泛，表 2-1 给出了部分 RFID 的应用领域与项目名称。

表 2-1 部分 RFID 的应用领域与项目

应用领域	具体应用
物流供应	信息采集、货物跟踪、仓储管理、运输调度、集装箱管理、航空与铁路行李管理
商品零售	商品进货、快速结账、销售统计、库存管理、商品调度
工业生产	供应链管理、生产过程控制、质量跟踪、库存管理、危险品管理、固定资产管理，矿工井下定位
医疗健康	病人身份识别、手术器材管理、药品管理、病历管理、住院病人位置识别
身份识别	身份证等各种证件、门禁管理、酒店门锁、图书管理、涉密文件管理、体育与文艺演出入场券、大型会议代表证
食品管理	水果、蔬菜、食品保鲜管理
动物识别	农场与畜牧场牲畜及宠物识别与管理
防伪保护	贵重商品与烟酒、药品防伪识别与票据防伪、产品防伪识别
交通管理	城市交通一卡通收费、高速不停车收费、停车位管理、车辆防盗、停车收费、遥控开门、危险品运输、自动加油、机动车电子牌照自动识别、列车监控、航空电子机票、机场导航、旅客跟踪、旅客行李管理
军事应用	弹药、枪支、物资、人员、运输与军事物流
社会应用	气水电收费、球赛与音乐会门票管理、危险区域监控、机场旅客位置跟踪
校园应用	图书馆馆藏书籍管理、图书借书管理、图书排序检查、图书快速盘点、学生身份管理、学生宿舍管理

为了推广 EPC 技术，2003 年 11 月，欧洲物品编码协会（EAN）与美国统一商品编码委员会（UCC）在 Auto-ID 的 EPC 研究成果的基础上，决定成立一个全球性的非盈利组织——产品电子代码中心 EPCglobal，并在美国、英国、日本、韩国、中国、澳大利亚、瑞士建立了七个实验室，用于统一管理和实施 EPC 标准推广工作，建立起可以在全球任何地点、任何时间自动识别任何物品的开放的产品标准化识别体系。欧、美、日等国家全力推动 EPC 的应用。2004 年 1 月，我国的 EPC 管理机构 EPCglobal China 正式成立。我国也正在加快研发自己的 RFID 标签编码标准与技术体系。

2.2 传感器与无线传感器网络

2.2.1 感知的基本概念

感知技术作为信息获取的重要手段，与通信技术、计算机技术共同构成了信息技术的三大支柱。我国四大发明之一的指南针标志着我国古代人已开始应用感知技术。

传感器是物联网感知层的主要器件，是物联网及时、准确获取外部物理世界信息的重要手段。由传感器与无线通信网络结合形成的无线传感器网络技术为物联网提供了重要的感知手段。

1. 人的感知能力

眼、耳、鼻、舌、皮肤是人类感知外部物理世界的重要感官。我们可以通过手接触物体来感知物体是热是凉；用手提起一个物体来判断它的大概重量；用眼睛快速地从教室的很多学生中找出某人；用舌头尝出食物的酸甜苦辣；用鼻子闻出各种气味。人类是通过视觉、味觉、听觉、嗅觉、触觉五大感官来感知周围的环境，这是人类认识世界的基本途径。人类具有非常智慧的感知能力。我们可以综合视觉、味觉、听觉、嗅觉、触觉等多种手段感知的信息，来判断我们周边的环境，比如是否发生了火灾、污染或交通堵塞。然而，仅仅依靠人的基本感知能力是远远不够的。随着人类对外部世界的改造，对未知领域与空间的拓展，人类需要的信息来源、种类、数量、精度不断增加，对信息获取的手段也提出了更高的要求，而传感器是能够满足人类对各种信息感知需求的主要工具。最早的传感器出现在1861年。可以说，传感器是实现信息感知、自动检测和自动控制的首要环节，也是人类五官的进一步延伸。

2. 传感器的基本概念

传感器（sensor）是由敏感元件和转换元件组成的一种检测装置，能感知被测量信息，并能将感知和检测到的信息按一定规律变换成为电信号（电压、电流、频率或相位）输出，以满足感知信息的传输、处理、存储、显示、记录和控制的要求。图2-15给出了以声传感器为例的传感器结构示意图，我们常用的麦克风就是一种声传感器。

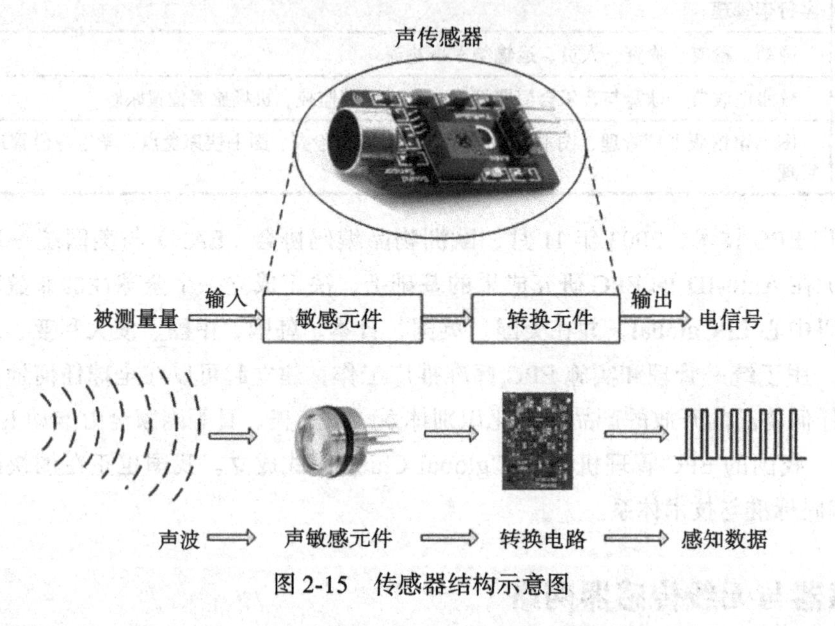

图2-15 传感器结构示意图

当声波传播到声敏感元件时，声敏感元件将声音信号转换为电信号，输入到转换电路。转换电路将微弱的电信号放大、整形后，输出与被测量的声波频率与强度相对应的感知数据。

3. 传感器的分类

传感器有多种分类方法，包括根据传感器功能分类、根据传感器工作原理分类、根据传感器感知的对象分类，以及根据传感器的应用领域分类等。

如果我们从功能角度将传感器与人的五大感觉器官对比，那么对应于视觉的是光敏传感器，对应于听觉的是声敏传感器，对应于嗅觉的是气敏传感器，对应于味觉的是化学传感器与生物传感器，对应于触觉的是压敏、温敏、流体传感器。这种分类方法非常直观。

根据传感器的工作原理，可将其分为物理传感器、化学传感器两大类，生物传感器属于一类特殊的化学传感器。

表2-2给出了常用的物理传感器与化学传感器分类。

表2-2　常用物理传感器与化学传感器的分类

物理传感器	力传感器	压力传感器、力矩传感器、速度传感器、加速度传感器、流量传感器、位移传感器、位置传感器、密度传感器、硬度传感器、黏度传感器
	热传感器	温度传感器、热流传感器、热导率传感器
	声传感器	声压传感器、噪声传感器、超声波传感器、声表面波传感器
	光传感器	可见光传感器、红外线传感器、紫外线传感器、图像传感器、光纤传感器、分布式光纤传感系统
	电传感器	电流传感器、电压传感器、电场强度传感器
	磁传感器	磁场强度传感器、磁通量传感器
	射线传感器	X射线传感器、γ射线传感器、β射线传感器、辐射剂量传感器
化学传感器		离子传感器、气体传感器、湿度传感器、生物传感器

（1）物理传感器

物理传感器的工作原理是利用力、热、声、光、电、磁、射线等物理效应，将被测信号量的微小变化转换成电信号。根据传感器检测的物理参数类型的不同，物理传感器可以进一步分为力传感器、热传感器、声传感器、光传感器、电传感器、磁传感器与射线传感器7类。

1）**力传感器**。根据测量的物理量不同，力传感器可以分为压力传感器、力矩传感器、速度传感器、加速度传感器、流量传感器、位移传感器、位置传感器、密度传感器、硬度传感器、黏度传感器等。图2-16中给出了几种不同封装、体积、结构与用途的力传感器。

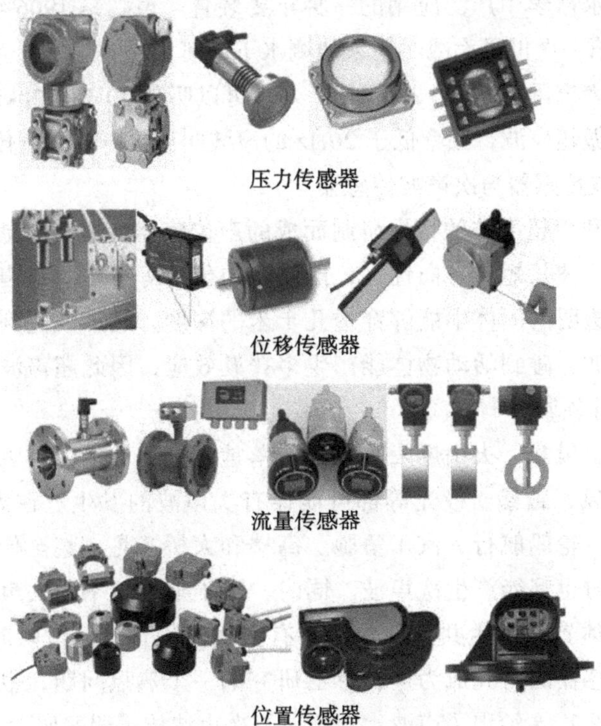

图2-16　不同用途的力传感器

2）**热传感器**。在人类生活与生产中，最常用到的是温度与热量的测量。能够感受到温度和热量，并转换成输出信号的传感器叫做热传感器或温度传感器。热传感器可以分为温度传感器、热流传感器、热导率传感器。按测量方式，热传感器可以分为接触式和非接触式热传感器。接触式热传感器的检测部分与被测对象有良好的接触，又称温度计。温度计通过传导或对流达到热平衡，从而使其示值能直接表示被测对象的温度。非接触式热传感器的敏感元件与被测对象互不接触。非接触式的测量方法主要用于运动物体、小目标，以及热容量小或温度变化迅速环境中。辐射测温法包括光学高温计的亮度法、辐射高温计的辐射法，以及比色温度计的比色法。非接触法可以用于冶金中的钢带轧制温度、轧辊温度、锻件温度，以及各种熔融金属在冶炼炉或坩埚中温度的测量。图 2-17 给出了不同类型和用途的热传感器照片。

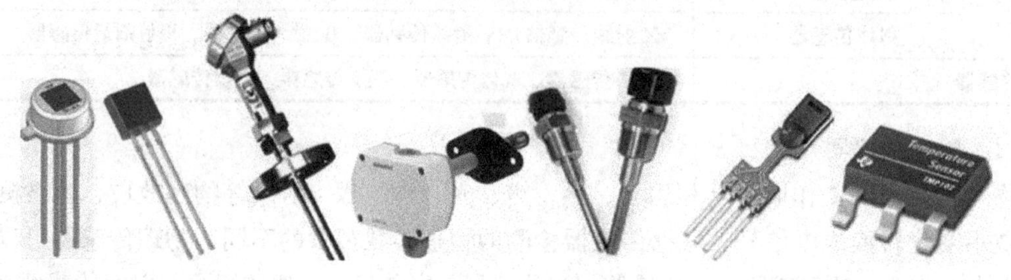

图 2-17　热传感器

3）**声传感器**。声传感器是一个古老的话题，人们熟悉的声呐就是典型的声传感器。声呐是英文缩写“SONAR”的音译，是一种利用声波在水下的传播特性，通过声敏感元件完成水下声探测的设备，是水声学中广泛应用的一种重要装置。声呐是 1906 年由英国海军发明的，最初用于侦测冰山，第一次世界大战时用来侦测水下潜艇。

人说话的语音频率范围在 300～3400Hz，人耳可以听到 20Hz～20kHz 的音频信号。频率高于 20kHz 的声波叫做超声波，频率低于 20Hz 的声波叫做次声波。声传感器又可以进一步分为声波传感器、超声波传感器与次声波传感器。

超声波传感器是利用超声波的特性研制而成的声传感器。超声波是振动频率高于声波的机械波，具有频率高、波长短、方向性好，能够定向传播等特点。超声波对液体、固体的穿透能力，尤其是在不透明的固体中能够穿透几十米的深度。超声波碰到杂质或分界面会产生显著反射形成反射回波，碰到活动物体能产生多普勒效应，因此超声波传感器广泛应用于工业、国防、生物医学等领域。

在自然界中，海上风暴、火山爆发、大陨石落地、海啸、电闪雷鸣、波浪击岸、水中漩涡、空中湍流、龙卷风、磁暴、极光等都可能伴有次声波的发生。在人类活动中，核爆炸、导弹飞行、火炮发射、轮船航行、汽车争驰、高楼和大桥摇晃，甚至像鼓风机、搅拌机、扩音喇叭等在发声的同时也都能产生次声波。同时，由于某些频率的次声波和人体器官的振动频率相近，容易和人体器官产生共振，对人体有很强的伤害性，危险时可致人死亡。因此，近年来关于次声波传感器的研究成为声传感器研究的一个热点问题，也是物联网环境感知研究的一个重要课题。图 2-18 给出了声波、超声波与次声波传感器的照片。

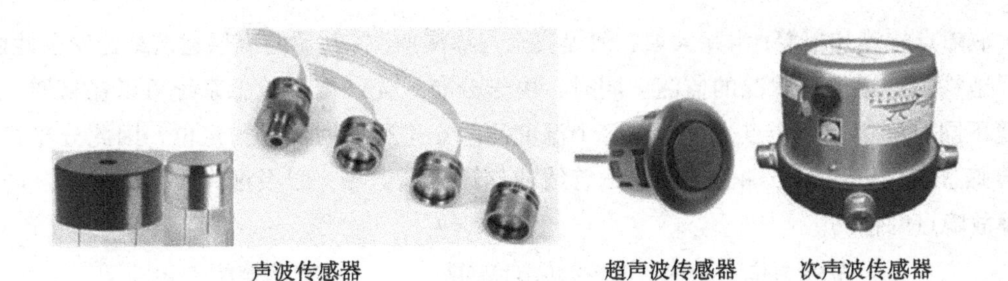

图 2-18 声传感器

4）**光传感器**。光传感器是当前传感器技术研究的活跃领域之一。光传感器有很多种类型，按照光源的频段可以分为可见光传感器、红外线传感器、紫外线传感器。目前常用的光传感器主要有图像传感器与光纤传感器。

无论是在公路上开车、在商场购物，还是在机场候机，随处都可以看到摄像头。摄像头是图像传感器的重要组成部分，图像传感器是能感受光学图像信息并转换成可用输出信号的传感器。目前，图像传感器已经广泛应用于智能工业、智能农业、智能安防、智能交通、智能家居、智能环保等各个领域。图 2-19 给出了各种形式摄像头的照片，如无线监控摄像头、半球车载摄像头、IP 网络摄像头、红外夜视摄像头、小型与微型摄像头。

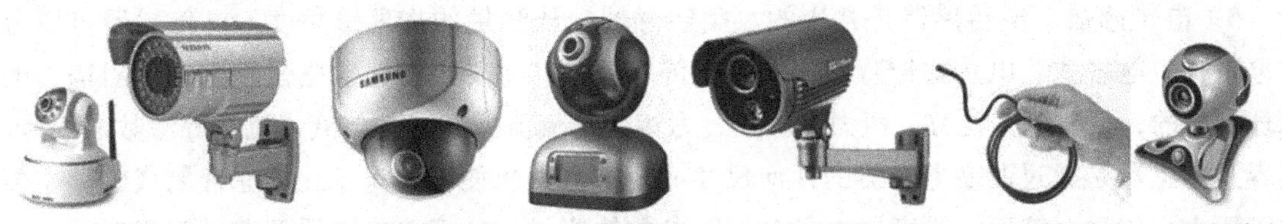

图 2-19 各种形式的摄像头

由于光纤传感器工作在非电的状态，具有重量轻、体积小、低成本、抗干扰等优点，因此光纤传感器在精度高、远距离、网络化、危险环境的感知与测量中越来越受到重视。社会需求进一步推动了光纤传感器技术的快速发展。激光是 20 世纪 60 年代初发展起来的一项新技术，它标志着人们掌握和利用光波进入了一个新的阶段。随着磁光效应的发现，可以利用光的偏振状态来实现传感器的功能。当一束偏振光通过介质时，若在光束传播方向存在一个外磁场，那么光通过偏振面将旋转一个角度，在特定的试验装置下，偏转的角度和输出的光强成正比。通过输出光照射激光二极管就可以获得数字化的光强度数据。光纤传感器作为一种重要的工业传感器，目前已经广泛应用于工业控制机器人、搬运机器人、焊接机器人、装配机器人与控制系统的自动实时测量。同时，光纤传感器可以用于磁、声、压力、温度、加速度、陀螺、位移、液面、转矩、光声、电流和应变等物理量的测量与传感，以及光纤陀螺、光纤水听器等应用中。不同的光纤传感器如图 2-20 所示。

分布式光纤传感系统利用光纤作为传感敏感元件和传输信号介质，探测出沿着光纤不同位置的温度和应变的变化，实现分布式、自动、实时、连续、精确的测量。分布式光纤传感系统应用领域包括：智能电网的电力电缆表面温度检测、事故点定位；发电厂和变电站的温度监测、故障点检测和报警；水库大坝、河堤安全与渗漏监测；桥梁与高层建筑结构安全性监测；公路、地铁、隧道地质状况的监测。同时，由于分布式光纤温度传感系统可以在易燃、易爆的环境下同时测量上万个点，可以对每个温度测量点进行实时测量与定位，因此分布式光纤温度传感系统可以用于石油天然气输送管线或储罐泄漏监测，以及油库、油管、油罐的温度监测及故障点的检测。

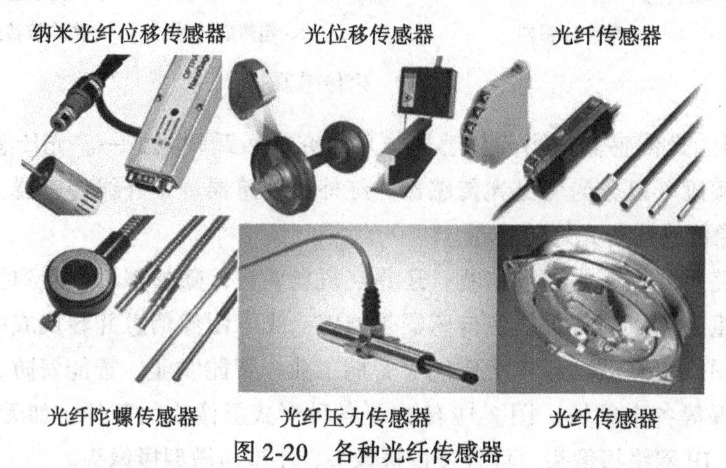

图 2-20　各种光纤传感器

5）**电传感器**。电传感器是常用的一类传感器。从测量的物理量角度，电传感器可以分为电阻式、电容式、电感式传感器。电阻式传感器是利用变阻器将非电量转换成电阻信号的原理制成的，主要用于位移、压力、应变、力矩、气流流速、液面与液体流量等参数的测量。电容式传感器是通过改变电容器的几何尺寸或介质参数来使电容量变化的原理制成的，主要用于压力、位移、液面、厚度、水分含量等参数的测量。电感式传感器是通过改变电感磁路的几何尺寸或磁体位置，来使电感或互感量变化的原理制成的，主要用于压力、位移、力、振动、加速度等参数的测量。

6）**磁传感器**。磁传感器是一种古老的传感器，指南针就是磁传感器的最早的一种应用。现代的磁传感器要将磁信号转化成为电信号输出。应用最早的磁电式传感器在工业控制领域做出了重要的贡献，但是目前已经被高性能磁敏感材料的新型磁传感器所替代。在电磁效应的传感器中，磁旋转传感器是重要的一种。磁旋转传感器主要由半导体磁阻元件、永久磁铁、固定器、外壳等几个部分组成。典型结构是将一对磁阻元件安装在一个永磁体上，元件的输入输出端子接到固定器上，然后安装在金属盒中，再用工程塑料密封，形成密闭结构，这样的结构就具有良好的可靠性。磁旋转传感器在工厂自动化系统中有广泛的应用，如机床伺服电机的转动检测、工厂自动化的机器人臂的定位、液压冲程的检测，以及工厂自动化设备位置检测、旋转编码器的检测单元、各种旋转的检测单元。

磁旋转传感器在家用电器中也有很大的应用空间。在录音机的换向机构中，可用磁阻元件来检测磁带的终点。大多数家用录像机具有的变速、高速重放功能，以及洗衣机中的电机的正反转和高低速旋转功能都是通过伺服旋转传感器来实现检测和控制的。磁旋转传感器可用于检测翻盖手机与笔记本电脑等的开关状态，也可以用作电源及照明灯开关。图 2-21 给出了磁传感器示意图。

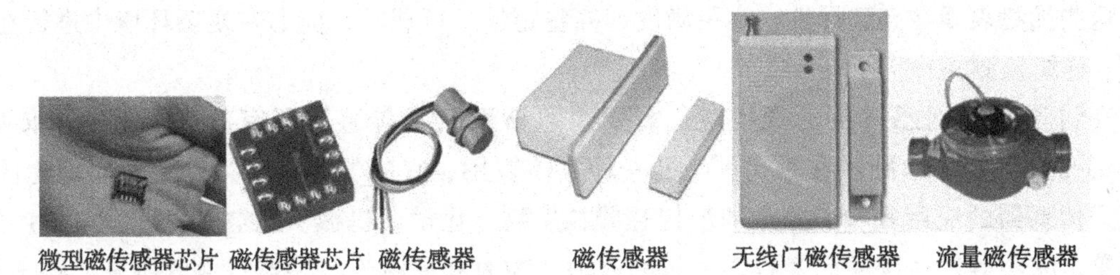

图 2-21　磁传感器

7）**射线传感器**。射线传感器是将射线强度转换成可输出的电信号的传感器。射线传感器可以分为X射线传感器、γ射线传感器、β射线传感器、辐射剂量传感器。对射线传感器的研究已经持续了很长时间，目前射线传感器已经在环境保护、医疗卫生、科学研究与安全保护领域广泛使用。

（2）化学传感器

化学传感器是可以将化学吸附、电化学反应过程中被测信号的微小变化转换成电信号的一类传感器。按传感方式的不同，化学传感器可分为接触式与非接触式两类。按结构形式的不同，化学传感器可以分为分离型与组装一体化两类。按检测对象的不同，化学传感器可以分为三类：气体传感器、湿度传感器、离子传感器。

1）**气体传感器**。气体传感器的传感元件多为氧化物半导体，有时在其中加入微量贵金属作增敏剂，增加对气体的活化作用。气体传感器又分为半导体、固体电解质、接触燃烧式、晶体振荡式和电化学式气体传感器。

2）**湿度传感器**。湿度传感器是测定水气含量的传感器。湿度传感器可以进一步分为电解质式、高分子式、陶瓷式和半导体式湿度传感器。

3）**离子传感器**。离子传感器是根据感应膜对某种离子具有选择性响应的原理设计的一类化学传感器。感应膜主要有玻璃膜、溶有活性物质的液体膜，以及高分子膜。

化学传感器在矿产资源的探测、气象观测和遥测、工业自动化、医学诊断和实时监测、生物工程、农产品储藏和环境保护等领域有着重要的应用。目前，已经制成了血压传感器、心音传感器、体温传感器、呼吸传感器、血流传感器、脉搏传感器与体电传感器，用于监测人的生理参数，直接为保障人类的健康服务。

（3）生物传感器

生物传感器是一类特殊的化学传感器。实际上，目前生物传感器研究的类型已经远远超出了我们对传统传感器的认知程度。

生物传感器是由生物敏感元件和信号传导器组成。生物敏感元件可以是生物体、组织、细胞、酶、核酸或有机物分子。不同的生物元件对于光强度、热量、声强度、压力有不同的感应特性。例如，对于光敏感的生物元件能够将它感受到的光强度转换成与之成比例的电信号，对于热敏感的生物元件能够将它感受到的热量转换成与之成比例的电信号，对于声敏感的生物元件能够将它感受到的声强度转换成与之成比例的电信号。

生物传感器应用的是生物机理，与传统的化学传感器和分析设备相比具有不可比拟的优势，这些优势表现在高选择性、高灵敏度、高稳定性、低成本，能够在复杂环境中进行在线、快速、连续监测。

在讨论物联网感知技术发展时，需要注意新型纳米传感器研究的进展。纳米传感器（Nanosensor）是纳米技术在感知领域的一种具体应用，它的发展丰富了传感器的理论体系，拓宽了传感器的应用领域。鉴于纳米传感器在生物、化学、机械、航空、军事领域的广阔应用前景，欧美等发达国家已经投入大量的人力、物力开展纳米传感器技术的研发。科学界将纳米传感器与航空航天、电子信息等作为战略高科技技术。目前，纳米传感器已经进入全面发展阶段，纳米传感器的发展将引发传感器领域的革命性变化。

2.2.2 无线传感器与智能传感器

传感器的广泛应用推动了传感器技术的快速发展，无线传感器与智能传感器的应用为无线传感器网络的研究开阔了思路，奠定了技术基础。

1. 无线传感器

无线传感器在战场侦察中的应用已经有几十年的历史。早在20世纪60年代，美军就曾用“热带树”无人值守传感器来完成侦察任务。由于胡志明小道处于热带雨林之中，常年阴雨绵绵，美军使用卫星与航空侦察手段都难以奏效，因此不得不改用地面传感器技术。“热带树”的无人值守传感器实际上是一个由震动传感器与声传感器组成的系统，它被飞机空投到被观测的地区，插在地上，仅露出伪装成树枝的无线天线。当人或车辆在它附近经过时，无人值守传感器就能够探测到目标发出的声音与震动信号，并立即通过无线信道向指挥部报告。指挥部对获得的信息进行处理，再决定如何处置。由于“热带树”的无人值守传感器应用的成果，促使很多国家纷纷研制无人值守地面传感器（Unattended Ground Sensors，UGS）系统。图2-22给出了UGS的无线传感器外形与系统应用示意图。

图2-22 UGS无线传感器与系统应用示意图

在UGS项目之后，美军又研制了远程战场监控传感器系统（Remotely Monitored Battlefield Sensors System，REMBASS）。REMBASS使用了远程监测传感器，由人工放置在被观测区域。传感器记录被检测对象活动所引起的地面震动、声响、红外与磁场等物理量变化，经过本地节点进行预处理或直接发送到传感器监控设备。传感器监控设备对接收的信号进行解码、分类、统计、分析，形成被检测对象活动的完整记录。

无人值守地面传感器系统的研究开传感器与无线通信技术交叉融合的先河，远程战场监控传感器系统在军事领域展现出的重要应用价值，也为无线传感器网络研究奠定了实验基础。

2. 智能传感器

从茫茫的太空到浩瀚的海洋，从复杂的工程系统到每一个家庭，从宇宙飞船到我们手中的智能手机，传感器无处不在。传感器已经广泛应用于工业生产、农业生产、环境保护、资源调查、医学诊断、生物工程、宇宙开发、海洋探测、文物保护等领域。强烈的社会需求促进了传感器技术研究的快速发展，现代传感器技术正在向着智能化、微型化与网络化的方向发展。

智能传感器（Intelligent Sensor）是通过嵌入式技术将传感器与微处理器集成为一体，使其成为具有环境感知、数据处理、智能控制与数据通信功能的智能数据终端设备。智能传感器作为传感网的感知终端，其技术水平直接决定了传感网的整体性能。与传统传感器相比，智能传感器具有以下几个显著的特点。

1）自学习、自诊断与自补偿能力。

智能传感器具有较强的计算能力，能够对采集的数据进行预处理，剔除错误或重复数据，进行数据的归并与融合；采用智能技术与软件，通过自学习，从而调整传感器的工作模式，重新标定传感器的线性度，以适应所处的实际感知环境，提高测量精度与可信度；能够采用自补偿算法，调整针对传感器温度漂移的非线性补偿方法；能够根据自诊断算法，发现外部环境与内部电路引起的不稳定因素，采用自修复方法改进传感器的工作可靠性；在设备非正常断电时进行数据保护，或在故障出现之前报警。

2）复合感知能力。

通过集成多种传感器，使得智能传感器具有对物体与外部环境的物理量、化学量或生物量有复合感知能力，可以综合感知压力、温度、湿度、声强等参数，帮助人类全面地感知和研究环境的变化规律。

3）灵活的通信能力。

网络化是传感器发展的必然趋势，这就要求智能传感器具有灵活的通信能力，能够提供适应互联网、无线个人区域网、移动通信网、无线局域网通信的标准接口，具有接入无线自组网通信环境的能力。

随着芯片设计与制作能力的提高，出现了很多微型传感器、微型执行器、微型设备，并且在航空、航天、汽车、生物医学、环境监控、军事等领域中得到广泛应用。图2-23给出了几种典型的微型智能传感器与微型设备。

显然，无线传感器的应用为无线传感器网络的研究拓展了思路，智能传感器研究为无线传感器网络的应用发展奠定了坚实的基础。

2.2.3 无线传感器网络

了解了无线传感器网络之后，我们对无线传感器网络的产生与发展也就容易理解了。

图 2-23 微型智能传感器与微型设备

1. 无线分组网

1972 年，美国国防部高级研究计划署（DARPA）在世界上第一个分组交换网 ARPANET 的研究基础上，开展了军用无线分组网（Packet Radio Network，PRNET）的研究。PRNET 的研究目标是将分组交换技术与无线通信技术结合起来，构成能够在战场环境中应用的新型无线分组网络。无线分组网的研究成果为无线自组网的发展奠定了基础。

2. 无线自组网

IEEE 将无线自组网定义为一种特殊的自组织、对等、多跳、无线移动网络（Mobile Ad hoc NETwork，MANET），它是在无线分组网的基础上发展起来的。研究无线自组网的动机其实很简单。在美国军事应用的"未来战士"项目的研究中，如果多个头盔中带有无线网络节点的单兵之间的通信，仍然要借助传统互联网的路由器的话，那么在战场上对于只要找到无线路由器的位置并把路由器破坏掉，整个网络就会崩溃。这时，即使配置了再好设备的单兵也无法与上级通信，变成一群"无头苍蝇"。针对这个问题，设计者提出另一种思路：让每一个单兵头盔上的计算装置既能够计算，又能够作为路由器，参与无线自主组网与转发数据。那么，无论士兵之间的相互位置如何改变，他们头盔中的无线自组网节点天线都能够快速地接收到邻近节点的无线信号，节点的路由模块可以根据当时的相邻节点位置，启动路由算法，自动调整节点之间的通信关系，动态地形成新的网络拓扑结构。这种无线网络就叫做无线自组网。无线自组网的基本工作原理如图 2-24 所示。

无线自组网的英文名称为 Ad hoc Network 或 Self-organizing Network。1991 年 5 月，IEEE 正式采用"Ad hoc 网络"这个术语。Ad hoc 这个词来源于拉丁语，它在英语中的含义是"for the specific purpose only"，即"专门为某个特定目的、即兴的、事先未准备的"意思。IEEE 将"Ad hoc 网络"定义为一种特殊的自组织、对等、多跳、无线移动网络。

无线自组网（Ad hoc）采用的是一种不需要基站的对等结构移动通信方式。Ad hoc 网络中的所有联网设备可以在移动过程中动态组网。例如，一组坦克、装甲运兵车、军舰、飞机之间以及一个战斗集体的战士头盔计算设备之间，都可以在移动过程中组成 Ad hoc 网络，传达命令，用文字、语音、图像与视频方式交换战场信息。在民用领域，一组行进在高速公路上的汽车之间可以动态组成一个车载Ad hoc网络，提高行车速度与主动安全性；在展览会、学术会议、应急指挥现场的一群工作人员可以不依赖基站和路由器，快速将计算机、PDA或其他数字终端设备组成一个临时的Ad hoc网络。Ad hoc网络是一种不需要建立基站的无线移动网络，是一种可以在任何地点、任何时刻迅速构建的移动自组织网络。

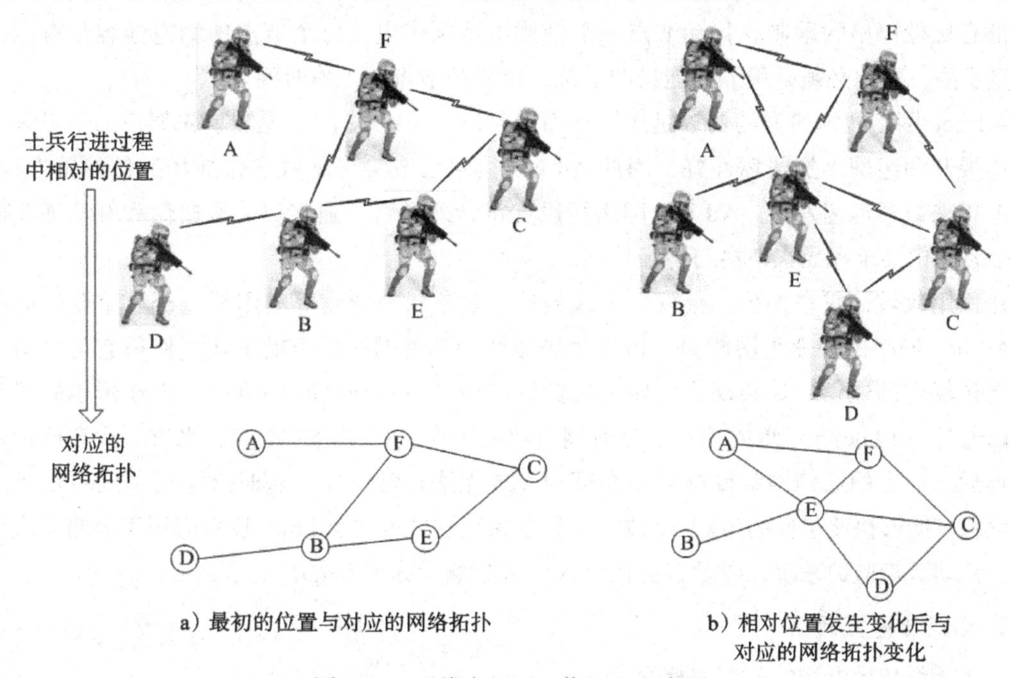

图2-24　无线自组网工作原理示意图

Ad hoc网络具有以下几个主要特点：

（1）自组织与独立组网

Ad hoc网络可以不需要任何预先架设的基站等通信设施，所有节点通过分布式算法来协调每个节点各自的行为，可以快速、自主和独立地组网。

（2）无中心控制节点

Ad hoc网络是一种对等结构的网络，网络中的所有节点地位平等，没有专门用于分组路由、转发的路由器。节点可以随时加入或离开网络，任何一个节点出现故障都不会影响整个网络系统的工作。

（3）多跳路由

由于节点受到无线发射功率的限制，因此每个节点的覆盖范围有限。在有效发射功率之外的节点之间通信，必须通过中间节点的转发来完成。Ad hoc网络没有专用的路由器，所以分组转发由节点之间按照路由协议来协同完成。

（4）动态拓扑

由于Ad hoc网络允许节点在任何时间以任意速度和方向移动，同时节点受所在地理位置、无线通信信道发射功率、天线覆盖范围、信道之间干扰，以及节点电池能量消耗等因素的影响，使得节点之间的通信关系不断变化，从而造成Ad hoc网络的拓扑的动态改变。因此，要保证 Ad hoc 网络正常工作，就必须研究特殊的路由协议与实现机制，以适应无线网络拓扑的动态改变。

（5）能量限制

由于移动节点必须具有携带方便、轻便、灵活的特点，因此在 CPU、内存与整体外部尺寸上都有比较严格的限制。移动节点一般使用电池来供电，每个节点中的电池容量有限，节点能量受限，因此必须采用节约能量的措施，以延长节点的工作时间。

Ad hoc 网络技术研究的初衷是应用于军事领域。Ad hoc 网络无需事先架设通信设施，可以快速展开和组网，抗毁坏性好，因此 Ad hoc 网络已成为未来数字化战场通信的首选技术，并在近年来得到迅速发展。Ad hoc 网络可以支持野外联络、独立战斗群通信和舰队战斗群通信、临时通信要求和无人侦察与情报传输。

在民用领域，它在办公、会议、个人通信、紧急状态通信等应用领域都有重要的应用前景。Ad hoc 网络的快速组网能力，可以免去布线和部署网络设备的工作，使得它可以用于临时性工作场合的通信，如会议、庆典、展览等应用。在室外临时环境中，工作团体的所有成员可以通过 Ad hoc 方式组成的一个临时网络协同工作。在发生了地震、水灾、火灾或遭受其他灾难后，固定的通信网络设施可能全部损毁或无法正常工作，这时就需要用到不依赖固定网络设施、能够快速组网的 Ad hoc 技术。科学家正在开展将 Ad hoc 技术应用于公路无人驾驶汽车、移动医疗监护系统，以及智能机器人、可穿戴计算等系统中。

3. 无线传感器网络

（1）无线传感器网络的基本概念

无线传感器网络（Wireless Sensor Network，WSN）的研究开始于 20 世纪 90 年代末期。随着无线自组网技术日趋成熟，无线通信、微电子、传感器技术也得到快速发展。在军事领域，提出了如何将无线自组网与传感器技术结合起来的研究课题，这就是无线传感器网络的研究。无线传感器网络通常被简称为传感网，其工作原理如图 2-25 所示。

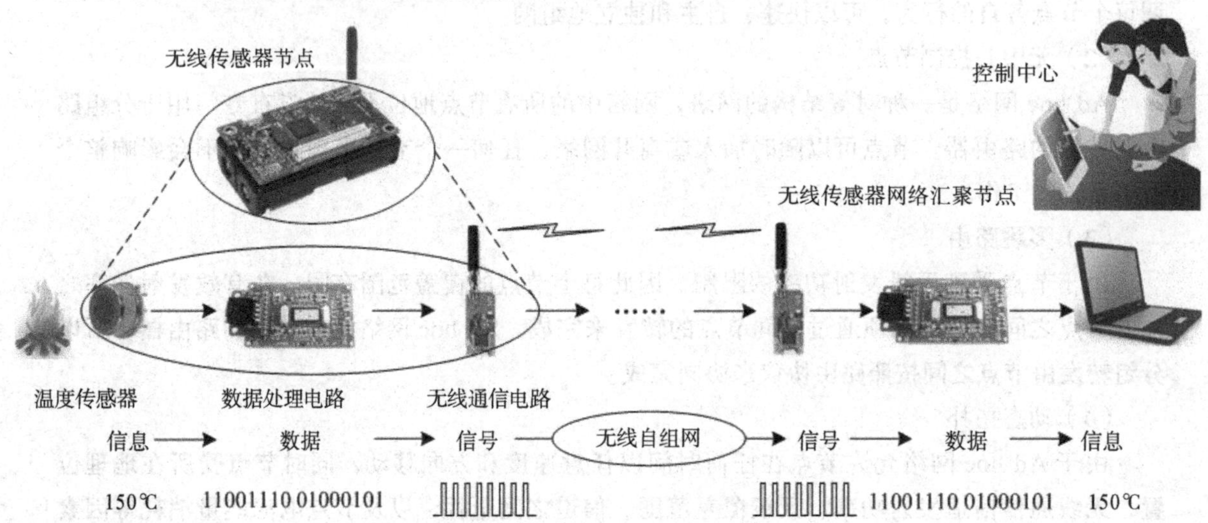

图 2-25　无线传感器网络的工作原理

如果要设计一个用于监测有大量易燃物的化工企业的防火预警无线传感器网络，那么可以在无线传感器网络节点安装温度传感器。分布在厂区不同敏感位置的传感器节点自动组成了一个无线自组网，任何一个被监测设备出现温度异常，温度数据就会被立即传送到控制中心。如图2-25所示，当一个被监测设备的温度突然上升到150℃时，传感器节点会将被感知的“信息”转化成“数据”——“11001110 01000101”；数据处理电路随之将这组数据转化成可以通过无线通信电路发送的数字“信号”。这组数字信号经过多个节点转发之后到达汇聚节点。汇聚节点将接收到的所有数据信号汇总后，传送给控制中心。控制中心从“信号”中读出“数据”；从“数据”中提取“信息”。控制中心将综合多个节点传送来的“信息”，进而判断是否发生火情，以及哪个位置出现火情。

从上面的例子可以看出，无线传感器网络在工业、农业、环保、安防、医疗、交通等领域有着广泛的应用前景。同时，无线传感器网络可以在不需要预先布线或设置基站的条件下，对敌方兵力和装备、战场环境实现实时监视，可以用于战场评估、对核攻击与生化攻击的监测和搜索。因此，无线传感器网络一经出现立即引起了学术界与产业界的高度重视，被评价为“21世纪最有影响的21项技术之一”和“改变世界的十大技术之首”。世界各国相继启动了多项关于无线传感器网络的研究计划。

（2）无线传感器网络节点的研究

组建无线传感器网络的基础是研究出微型、节能与可靠的无线传感器网络节点。在无线传感器网络节点的研究中，最著名的是美国加州大学伯克利分校的智能尘埃（Smart Dust）研究项目。智能尘埃是形容传感器节点的体积非常之小。在这里，“尘埃”已经成为了“无线传感器网络节点”的同义词。

在2001年的Intel发展论坛上，主会场的800个座位下都放置了一个“伯克利尘埃”(Berkley mote)。在会议上，主持人请听众从座位底下取出这些“尘埃”，打开“尘埃”的开关，这些“尘埃”就自动地组成了一个多跳的无线传感器网络，会场的显示屏上实时地显示出网络的拓扑。当部分听众取出“尘埃”的电池时，剩余的“尘埃”又很快重新组成了新的无线自组网。这个演示向现场听众形象地介绍了无线传感器网络的概念，也引起了学术界与产业界极大的兴趣。

智能尘埃项目研究的目标是希望通过智能传感器技术，增强微型机器人的环境感知与智慧处理能力。研究的任务是开发一系列低功耗、自组织、可重构的无线传感器节点。图2-26给出了近年来智能尘埃装置发展过程的示意图。

（3）无线传感器网络的基本结构

无线传感器网络由3种节点组成：无线传感器节点、汇聚节点和管理节点。大量无线传感器节点随机部署在监测区域内，这些节点通过自组织方式构成Ad hoc网络。传感器节点监测的数据通过相邻的节点转发，经过多跳路由后到达汇聚节点，经过汇聚节点整理后的数据通过互联网或卫星通信网络传输到管理节点。管理节点计算机收集和分析感知数据、发布监测指令与任务，用可视化的方式显示数据分析的结果。图2-27给出了无线传感器网络的结构与工作过程示意图。

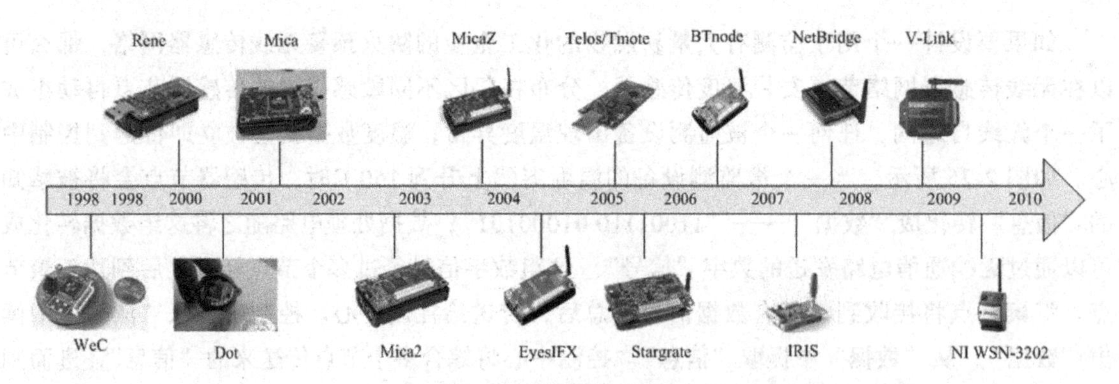

图 2-26 智能尘埃节点发展过程的示意图

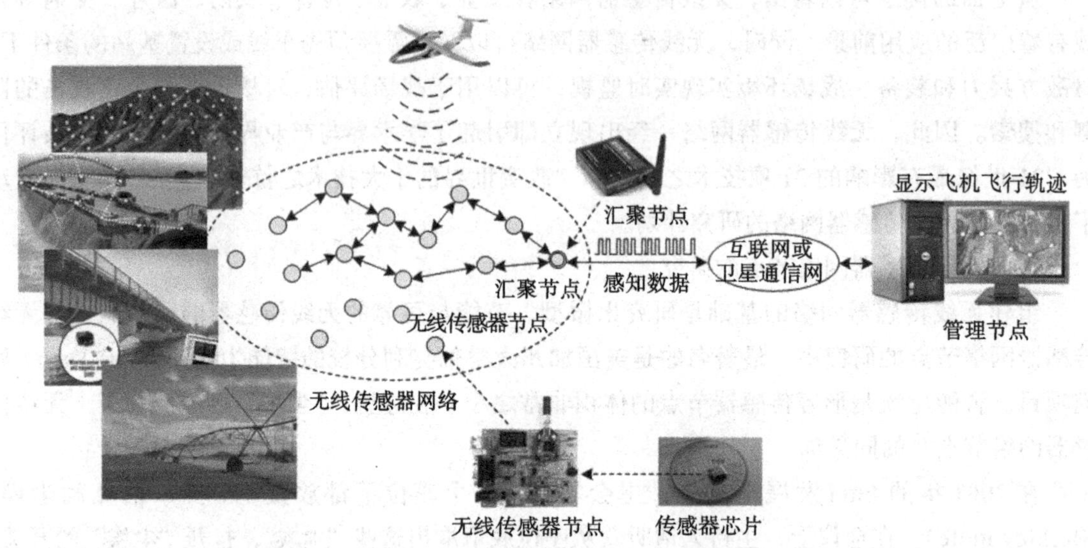

图 2-27 无线传感器网络结构与工作过程示意图

无线传感器网络节点通常是一个微型的嵌入式系统，它的处理能力、存储能力和通信能力相对较弱。从网络功能上看，每个传感器节点兼有感知终端和路由器的双重功能，除了进行本地信息收集和数据处理之外，还要对其他节点发送来的数据进行存储、转发。由于无线传感器节点必须是小型和低成本的，传感器节点只能通过自身携带的能量有限的电池（钮扣电池或干电池）供电，因此节点的寿命直接受电池能量的限制。由于野外环境与条件的限制，电池充电与更换都很困难，这就直接影响到无线传感器网络的生存时间。因此，如何节约传感器节点耗能、延长无线传感器网络生存时间成为一个重点的研究问题。

（4）无线传感器网络的特点

无线传感器网络的特点主要表现在以下几个方面。

1）网络规模大。

无线传感器网络的规模大小是与它的应用要求直接相关的。例如，如果将它应用于原始森林防火和环境监测，必须部署大量传感器，节点数量可能达到成千上万，甚至更多。同时，这些节点必须分布在被检测的地理区域的不同位置。因此，大型无线传感器网络的节点多、分布的地理范围广。

2）灵活的自组织能力。

在无线传感器网络的实际应用中，传感器节点的位置不能预先精确设定，节点之间的相互邻居关系预先也不知道，传感器节点通常被放置在没有电力基础设施的地方。例如，通过飞机在面积广阔的原始森林中播撒大量传感器节点，或随意放置到人类不可到达的区域，或者是危险的区域。这就要求传感器节点具有自组织能力，能够自动进行配置和管理，通过路由和拓扑控制机制，自动形成能够转发感知数据的多跳无线自组网。因此，无线传感器网络必须具备灵活的组网能力。

3）拓扑结构的动态变化。

限制传感器节点的主要因素是节点携带的电源能量有限。在使用过程中，可能有部分节点因为能量耗尽，或受周边环境的影响不能与周边节点通信而失效，这就需要随时增加一些新的节点来替代失效节点。传感器节点数量的动态增减与相对位置的改变，必然会带来网络拓扑的动态变化。这就要求无线传感器网络系统具有动态系统重构的能力。

4）以数据为中心。

传统的计算机网络在设计时关心节点的位置，设计工作的重心是考虑如何设计出最佳的拓扑构型，将分布在不同地理位置的节点互联起来；如何分配网络地址，使用户可以方便地识别节点，找到最佳的数据传输路径。而在无线传感器网络的设计中，无线传感器网络是一种自组织的网络，网络拓扑有可能随时变化，设计者并不关心网络拓扑是什么样的，更关心的是接收到的传感器节点感知数据能够告诉我们什么样的信息，例如被观测的区域有没有兵力调动、有没有坦克通过。因此，无线传感器网络是以数据为中心的网络（Data-centric Network）。

无线传感器网络在物联网智能工业、智能农业、智能电网、智能交通、智能医疗、智能家居与智能安防中都有着广泛的应用前景。目前，无线传感器网络的研究已经从基础研究阶段向应用研究阶段发展，研究的领域正在向水下无线传感器网络、地下无线传感器网络、多媒体无线传感器网络、无线人体传感器网络、无线传感器与执行器网络与纳米无线传感器网络方向扩展。

2.3 位置感知技术

2.3.1 位置信息与位置感知的概念

1. 位置信息的概念

位置是物联网中各种信息的重要属性之一，缺少位置的感知信息是没有使用价值的。位置服务是采用定位技术，确定智能物体当前的地理位置，利用地理信息系统技术与移动通信技术，为物联网中的智能物体提供与其位置相关的信息的服务。获取位置信息的技术叫做位置信息感知技术。

要理解位置信息在物联网中的作用，需要注意以下几个问题：

（1）位置信息是各种物联网应用系统能够实现服务功能的基础

在日常生活中，80% 的信息与位置有关，隐藏在各种物联网系统自动服务功能背后的是位置信息。例如，通过 RFID 或传感器技术实现的生产过程控制系统中，只有确切地得知装配的零部件是否到达规定的位置，才能够决定是否应该进行下一步装配动作。供应链物流系统必须通过 GPS 系统才能确切地掌握配送货物的货车当前所处的地理位置，进而控制整个物流过程有序地运行。当游客游览景区时，自动讲解设备只有感知到游客当前所在的位置，才能够选择适当的解说词，指导游客选择游览路线并讲解景点风光。车载 GPS 装置只有实时地测量到汽车所处的位置，才能够计算出汽车到达目的地的路径，向驾驶员提示行走的路线。因此，位置信息是支持物联网各种应用的基础。

（2）位置信息涵盖了空间、时间与对象三要素

位置信息不仅仅是空间信息，它还包含着三个要素：所在的地理位置、处于该地理位置的时间，以及处于该地理位置的人或物。例如，用于煤矿井下工人定位与识别的无线传感器网络需要随时掌握哪位矿工下井、什么时间在什么地理位置的信息。用于老年病患者健康状态监控的无线传感器网络需要及时采集被监控对象的血压、脉搏等生理参数，在发病时立即确定患者当时所在的地理位置，及时采取急救措施。用于森林环境监控的无线传感器网络需要通过连续的监测，在某一个传感器节点反馈的温度数值异常时，能够参考周边传感器在同一时间感知的温度，来判断是传感器出现故障还是出现了火警。如果出现火警，则需要根据同一时间、不同位置传感器感知的温度来计算出起火点的地理位置。因此，位置信息应该涵盖空间、时间与对象三要素。

（3）通过定位技术获取位置信息是物联网应用系统研究的一个重要问题

在很多情况下，缺少位置信息，感知系统与感知功能将失去意义。例如，在目标跟踪与突发事件检测应用中，如果无线传感器网络的节点不能够提供自身的位置信息，那么它提供的声音、压力、光强度、磁场强度、化学物质的浓度与运动物体的加速度等信息也就没有价值了，必须将感知信息与对应的位置信息绑定之后才有意义。

2. 位置信息感知与位置服务

移动互联网、智能手机与 GPS 技术的应用带动了基于位置的服务（Location Based Service，LBS）的发展。基于位置的服务也叫做移动定位服务（Mobile Position Service，MPS），通常简称为位置服务。位置服务是通过电信移动运营商的 GSM 网、CDMA 网、4G/5G 或 GPS 获取移动数字终端设备的位置信息，在地理信息系统（GIS）平台的支持下，为用户提供的一种增值服务。位置服务的两大功能是确定用户位置，提供适合用户的服务。

随着智能手机、Pad 等移动智能数字终端设备的发展，通过智能移动终端设备对网络地图搜索的设备数量已经超过通过传统的 PC 对网络地图访问的数量，LBS 开始在移动互联网中迅速流行开来。很多网络地图服务提供商在提供地理位置搜索服务的同时，提供导航、生活信息的搜索，并且借助强大的地图数据支持，实现更为精准的定位和服务。人们在智能手机中寻求更多的客户端应用，这给 LBS 的商业应用带来新的发展机遇，也是信息服务业一种新的

服务模式与经济增长点。而物联网应用对于位置信息的依赖程度高于移动互联网，因此可以预见：位置服务将成为物联网应用的一个重要的产业增长点。图 2-28 给出了位置信息与位置服务的概念示意图。从图中可以看出，支持位置服务的技术包括智能手机、移动通信网、GPS 定位、地理信息系统与网络地图、搜索引擎，由位置服务网站、合作的商店与餐饮业网站组成的位置服务平台，以及将互联网与移动通信网互联的异构网络互联技术。

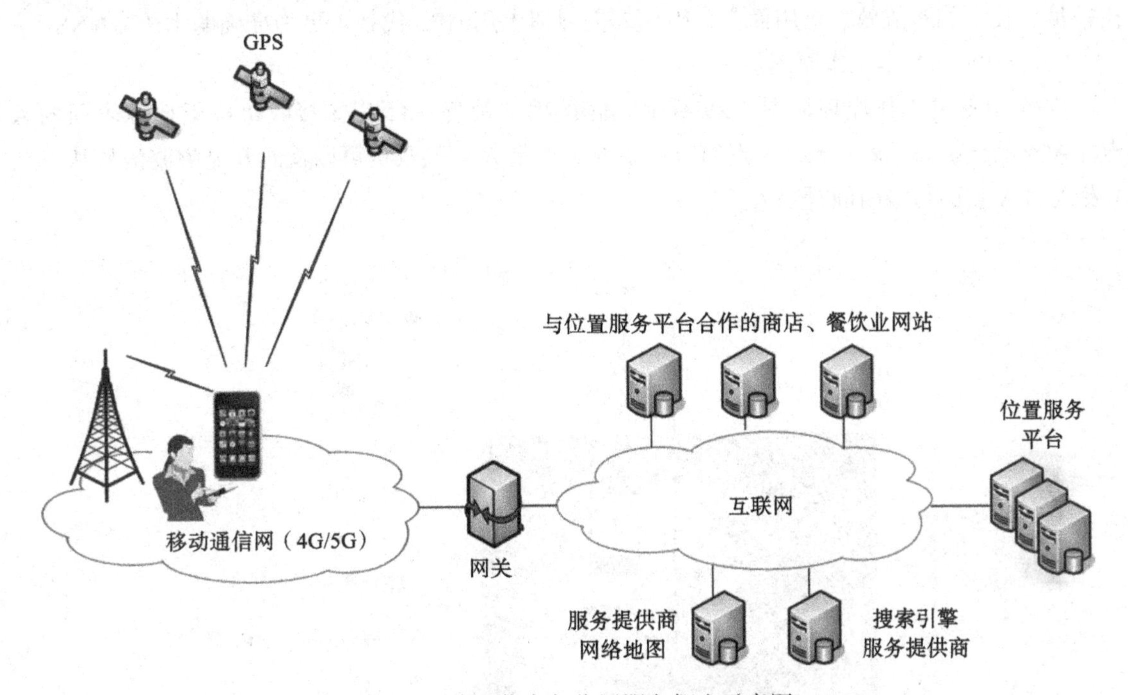

图 2-28　位置信息与位置服务概念示意图

随着移动计算与智能手机定位、网络地图的结合，使得位置服务成为继短信之后，移动互联网与移动通信产业新的应用增长点。IT 研究与顾问咨询公司 Gartner 在 2011 年评出未来十大最值得关注的手机应用程序是：位置服务、社交网络、移动搜索、移动电子商务、手机支付、环境感知服务、物体识别、移动即时通信、移动电子邮箱、移动视频。这些应用都需要使用位置服务功能。位置信息、定位技术与位置服务将是物联网的应用基础。

2.3.2　定位系统与定位技术

1. GPS 定位技术

（1）GPS 的基本概念

GPS 是目前世界上最常用卫星定位系统。它将卫星定位和导航技术与现代通信技术相结合，全时空、全天候、高精度、连续、实时地提供导航、定位和授时服务，在空间定位技术方面引起了革命性的变化。

为了满足导航应用的需要，1973 年 4 月，美国国防部提出了第一代卫星导航与定位系统的研究计划，正式启动了 GPS 应用的研究。1995 年，美国正式宣布 GPS 进入全面运行阶段。

美国 GPS 从研发到使用大致经历了 20 年，耗资几百亿美元，GPS 卫星已经历了 5 代。

准确地说，全球导航卫星系统（Global Navigation Satellite System，GNSS）泛指所有的卫星导航系统。目前，全球导航卫星系统包括四大系统，即美国的全球定位系统（Global Positioning System，GPS）、俄罗斯的格洛纳斯（GLONASS）卫星定位系统、欧洲的伽利略（Galileo）卫星定位系统，以及中国的北斗（BeiDou）卫星导航系统。由于美国的 GPS 发展得比较早、技术相对成熟、应用面广，因此人们习惯上用 GPS 代替了更为准确的术语 GNNS。

（2）GPS 的基本工作原理

GPS 的基本工作原理如图 2-29 所示。假设用户带着一台 GPS 接收机位于地球表面的 A 点。A 点的坐标是（x, y, z），A 点距卫星 1 的距离是 R_1。接收机可以检测到电磁波信号从卫星 1 发送到 A 点的传输时间是 Δt_1。

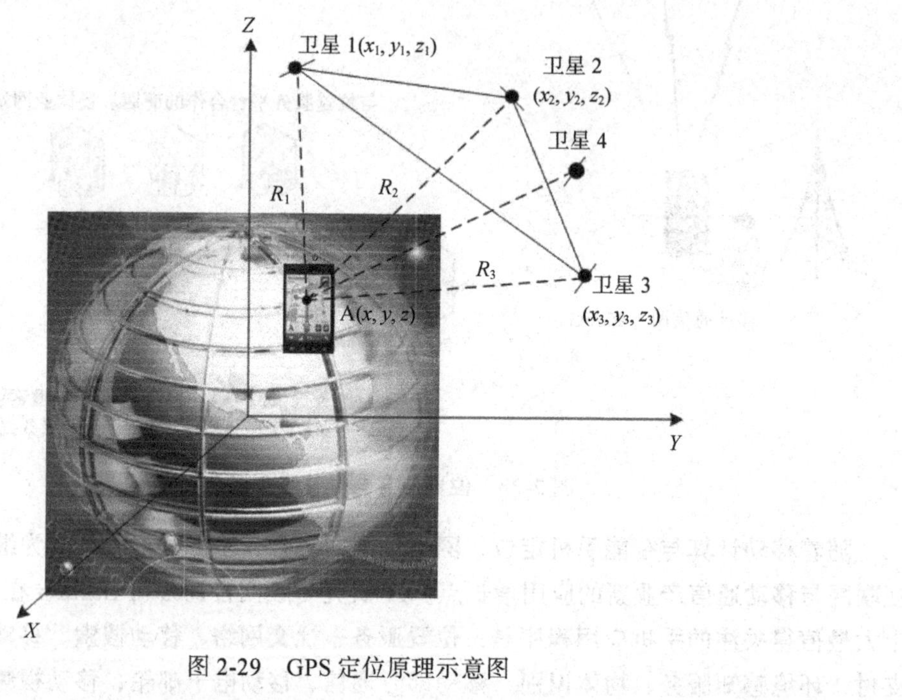

图 2-29　GPS 定位原理示意图

已知电磁波在自由空间的传输速度 $C=1\times10^8$m/s。那么，卫星 1 与 A 点的距离 $R_1=C\times\Delta t_1$。

根据立体几何的知识，已知卫星 1 的坐标是（x_1, y_1, z_1），那么距离 R_1 值与 A 点坐标、卫星 1 的坐标关系为：

$$R_1=\sqrt{(x_1-x)^2+(y_1-y)^2+(z_1-z)^2}$$

如果接收机同时能够接收到卫星 2 与卫星 3 的信号，确定 A 点与 3 颗卫星的距离分别为 R_2、R_3。那么我们就可以推出与 R_2、R_3 对应的 A 点的坐标与卫星 2、卫星 3 坐标的方程分别为：

$$R_2=\sqrt{(x_2-x)^2+(y_2-y)^2+(z_2-z)^2}$$
$$R_3=\sqrt{(x_3-x)^2+(y_3-y)^2+(z_3-z)^2}$$

从3个方程中求解出3个未知数，即A点的坐标（x, y, z），应该是可行的。计算出A点的坐标之后，结合电子地图，就可以确定A点在地图上的位置。

如果在下一秒测量出下一个新坐标的值，接收机就可以计算出用户的运动速度与方向。

如果输入一个目的地址，接收机就可以为用户推荐路线，或者为汽车导航。

实际上，GPS定位的计算过程是很复杂的，需要考虑到很多修正量。我们这里只解释了基本的工作原理。

我们在前面讨论接收机位置求解过程时已经做了一个假设，即我们使用的GPS接收机的时钟与卫星的时钟没有误差，时钟频率是相同的。这样，我们就可以根据卫星发射的电磁波信号在自由空间传播的时间 Δt_1 与光速 C 计算出距离 R_1。

在实际应用中，卫星系统的时钟与GPS接收机的时钟肯定存在误差，计算出的 Δt 就有误差，由此计算出来的卫星与接收机的之间的距离 R，以及计算出的接收机坐标必须有误差。

为了解决这个问题，接收机需要找到第四颗卫星。通过第四颗卫星计算出接收机时钟与卫星系统时钟的误差，从而修正计算出的卫星信号在空间传播时间 Δt 值来提高定位精度。也就是说，如果接收机能够同时能够接收到四颗GPS卫星信号，就可以完成定位的任务了。

（3）北斗卫星导航系统

卫星导航系统是一个国家重要的空间信息基础设施，关乎国家安全。汽车、飞机、轮船的行驶离不开卫星导航系统的定位与导航，甚至连国家电网的运行、调度的时钟同步，都离不开卫星导航系统的授时功能，更不要说军事作战了。因此，一个主权国家如果过度地依赖另一个国家的卫星定位系统，那么在出现战争时，就有可能因GPS系统关闭/停止服务、输入错误的位置与时间信息，而导致作战失败与社会的混乱。

我国政府高度重视卫星导航系统的建设，一直在努力探索和发展拥有自主知识产权的卫星导航系统。2000年初步建成了北斗导航试验系统（BeiDou Navigation Satellite System，BDS），使我国成为继美、俄之后，世界上第三个拥有自主卫星导航系统的国家。

北斗卫星导航系统将由5颗静止轨道卫星和30颗非静止轨道卫星组成，计划2020年左右覆盖全球。北斗卫星导航系统的四大功能是：定位、导航、授时与通信。

目前，北斗卫星导航系统的主要技术参数为：

- 定位精度可以达到10m。
- 测速精度可以达到0.2m/s。
- 时间同步精度可以达到10ns。
- 用户终端具有双向短报文通信能力，一次可以传送40～60个汉字短报文。
- 系统的最大用户数是540 000户/小时。

北斗卫星导航系统已成功应用于测绘、电信、水利、渔业、交通运输、森林防火、减灾救灾和公共安全等领域。特别是在2008年北京奥运会、汶川抗震救灾中发挥了重要作用。未来，北斗卫星导航系统将在个人位置与导航服务、气象应用、道路交通、铁路运输、海运和水运、航空运输、应急救援、智能农业、智能物流、智能环保、智能电网等领域发挥重要的作用，为我国物联网应用的发展奠定坚实的基础。

2. 辅助定位技术

GPS 作为全球定位系统在位置服务领域起到了主导的作用，但是 GPS 也有它的缺点。缺点之一是 GPS 接收机从开机到进入稳定工作状态大约需要 3～5 分钟；二是室内环境下，GPS 接收机不能稳定地接收，或者根本接收不到卫星信号；三是一些简单的定位应用因为造价或体积的限制，无法配置 GPS 接收模块。因此，有必要研究其他一些辅助的定位技术。

（1）移动基站定位

我们首先想到的一定是利用移动通信网的基站进行定位的方法。移动通信网采用小区制的蜂窝结构，每个小区有一个基站。每一个基站 i 的坐标为（X_i，Y_i），它覆盖的范围有限，假设范围半径为 500 米，如果将基站 i 的坐标（X_i，Y_i）视为接入该基站的移动终端设备坐标，那么其最大误差是 500 米。这种定位方法叫做单基站定位。单基站定位对某些精度要求不高的场合比较有用。例如，游客在景区走失时，我们根据游客手机在景区多个移动通信基站登录的时间和坐标，就可以判断他在走失之前最后出现的大致位置。图 2-30 给出了单基站定位的原理示意图。

单基站定位方法简单，但是精度比较差，因此人们开始研究利用相邻的几个基站（至少 3 个基站）的多基站定位方法（如图 2-31 所示）。多基站定位通常是利用移动终端设备信号到达不同基站信号的时间差，结合基站的坐标列出方程，求解移动终端设备的相对位置的方法。多基站定位与 GPS 定位的原理相似，只是用基站替代了卫星。

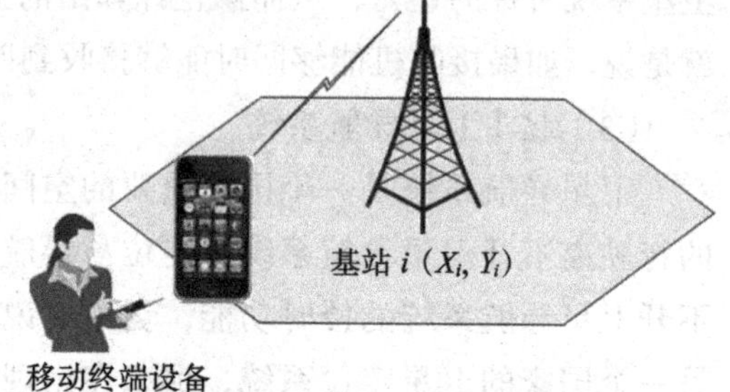

图 2-30　单基站定位原理

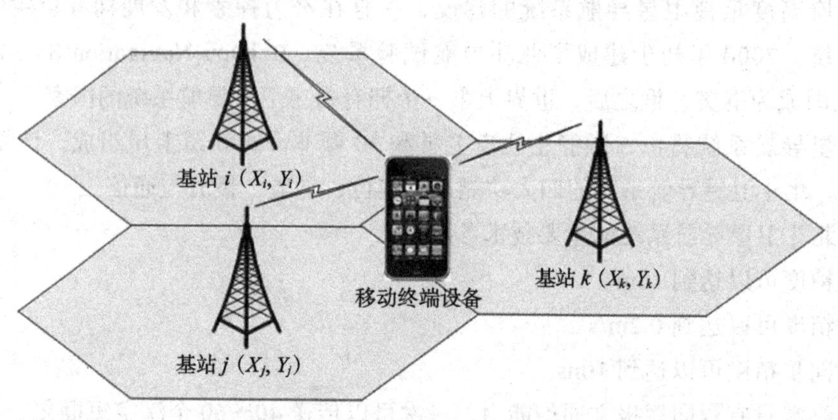

图 2-31　多基站定位方法示意图

无线信号传播的环境影响非常复杂，测量信号传播时间差由于受到信号反射多径效应，以及基站时钟精度的影响，精度较低。移动终端设备要测量信号传播的时间差，必须增加相应的测量电路，进而势必要增加终端设备的复杂度和成本。同时，在基站比较少的区域，如果移动终端设备只能接收到两个基站的信号，那么就可以根据两个基站天线测出的手机发送信号的入射角度与基站坐标计算出移动终端的位置，这种方法叫做基于入射角度的定位方法。

这种定位方法需要基站增加造价昂贵的高精度天线阵列设备，因此这种方法的应用受到很大的限制。多基站定位方法的精度尽管高于单基站定位，但是也只能用于定位精度较低的简单应用场景。

（2）A-GPS 技术

在利用 GPS 定位时，GPS 接收机必须看到 3 颗以上的 GPS 卫星，接收机与卫星之间也不能有建筑物、树木的遮挡，这就造成在建筑物密集的城区、树林及建筑物内部存在 GPS 信号接收的盲区。同时，GPS 在开机之后的 3～5 分钟才能够正常接收到 GPS 卫星信号。在某些场景下，如警车、消防车出发时需要立即获得位置信息。针对这类需求，一种融 GPS 高精度定位与移动通信网高密集覆盖特点的辅助 GPS 定位（Assisted GPS，A-GPS）技术应运而生。A-GPS 技术可以将开机寻找 GPS 卫星的时间减少到 5～10 秒，理想情况下误差在 10 米以内。

A-GPS 工作原理是：在 A-GPS 手机没有捕捉到 GPS 卫星信号之前，首先将移动终端设备的基站地址通过移动通信网传输到 A-GPS 系统中的位置服务器。位置服务器根据移动终端设备的当前位置，将与该位置相关的 GPS 辅助信息（GPS 卫星的方位与位俯仰角数据）传送到移动终端设备，移动终端设备根据卫星的方位与位俯仰角数据立即寻找到 GPS 卫星信号。手机在接收到 GPS 初始信号后，计算出移动终端设备到卫星的伪距（受到各种 GPS 误差影响的距离数据），然后将这个数据传送回位置服务器。位置服务器根据传送的 GPS 伪距信息，结合其他定位手段计算出手机更为精确和动态的位置数据。位置服务器实时地将该移动终端设备的位置信息传送到移动终端设备，以获得更为及时和更高精度的服务。图 2-32 给出了 A-GPS 的工作原理示意图。

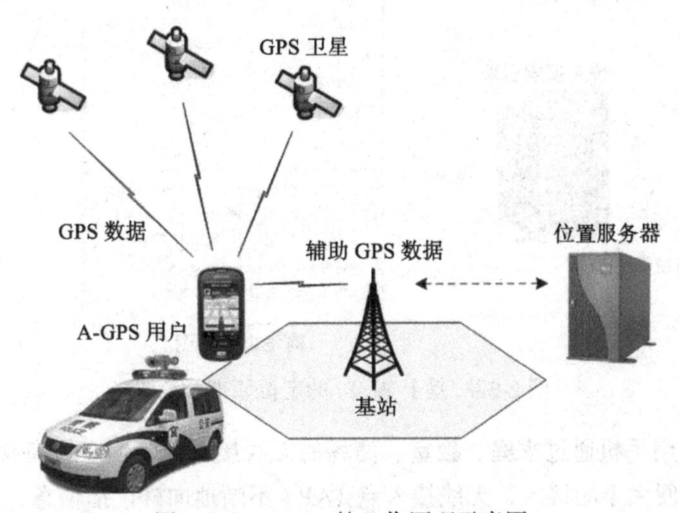

图 2-32　A-GPS 的工作原理示意图

A-GPS 技术适用于具有特殊要求的车辆，如警车、运钞车、救护车、消防车、危险品运输车辆的车辆跟踪与导航。

（3）基于 Wi-Fi 的定位技术

GPS 与 A-GPS 可以满足室外定位与位置服务的需求，而室内定位也一直是研究人员非常关注的研究课题。随之智能医疗、智能家居、智能安防等物联网应用的发展，室内定位技术的重要性也凸显出来。随着智慧城市与无线城市规划的实施，基于无线局域网 Wi-Fi 的室内定位技术逐渐成为研究的热点。图 2-33 给出了基于无线局域网 Wi-Fi 的定位原理示意图。

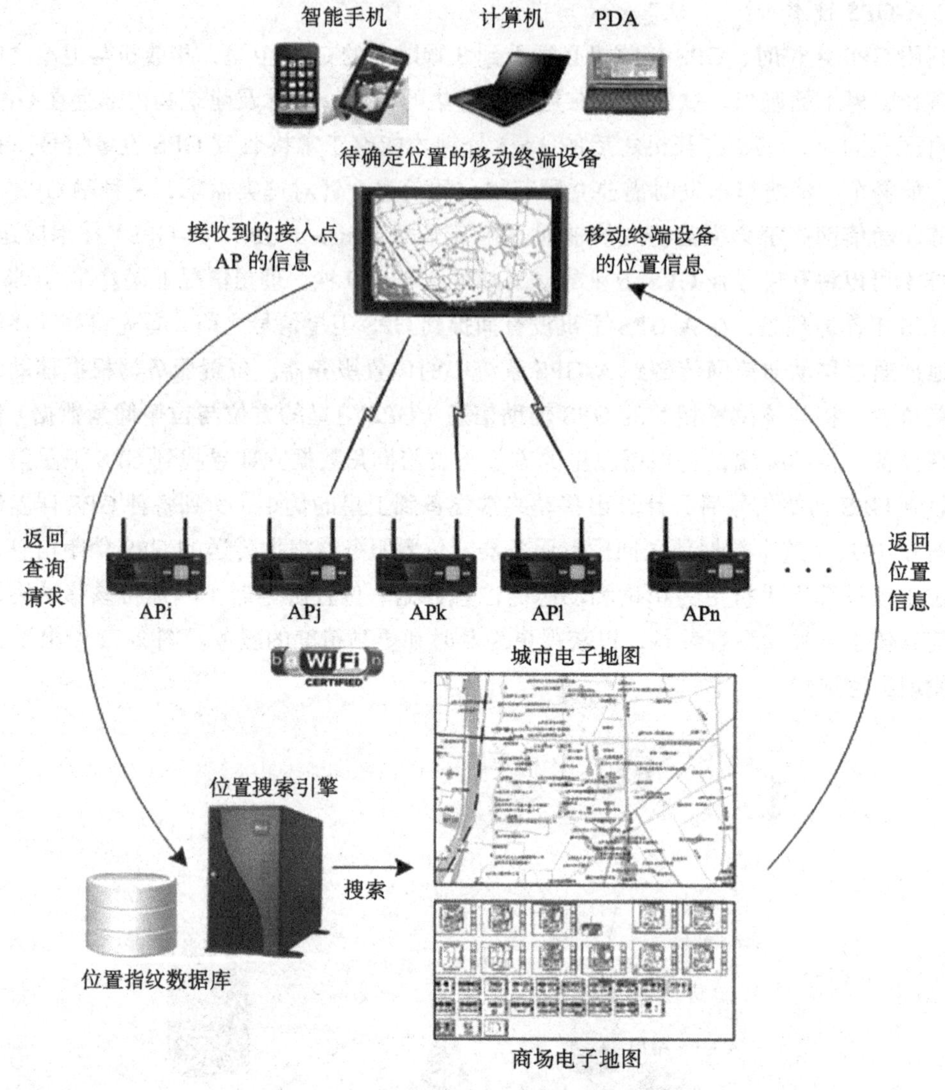

图 2-33 基于 Wi-Fi 的定位原理示意图

我们每天都在用手机通过家庭、教室、商场的无线接入点（AP）设备接入 Wi-Fi，然后访问互联网。为了方便大家的接入，无线接入点（AP）不断地向外广播信息，让准备接入的节点网卡能够及时发现它。无线接入点广播的信息包含着它的 MAC 地址，而每一个 AP 的 MAC 地址在全球都是唯一的。例如，当我们打开笔记本计算机时，注意一下“连接无线网络状态列表”，就会发现笔记本计算机同时会检测到多台 AP 设备的信号，即使有些 AP 设备需要密码才能登录，但也会在你的网络列表中出现。有些无线网络位置比较远，信号很弱，不适合连接，但是它们同样会出现在“网络状态列表”中。由于每一个 AP 的 MAC 地址在全球都是唯一的，因此可以将 AP 的 MAC 地址与它的位置信息看成是表示这个 AP 的“位置指纹”信息。

研究人员提出这样一个设想：能不能用一个位置搜索引擎服务器的位置指纹数据库来记录一个地区，甚至是全球的各个 AP 接入点的位置指纹信息。这样，当一个移动终端设备的网卡接收到一个或几个 AP 信号时，就可以根据这些 AP 接入点的 MAC 地址从位置指纹数据库中搜索到终端的大致位置，然后通过接收信号的强度来计算出该终端的精确位置。这种方法也称为“ Wi-Fi 位置指纹定位方法”。目前，这种定位方法已经开始应用于智能工业、智能医疗、智能安防，以及商场、医院、博物馆、仓库等场合。

（4）基于 RFID 的定位技术

从 RFID 基本工作原理的角度，我们可以看出：RFID 标签通过与标签读写器的数据交互，可以将存储在 RFID 标签中有关物品的信息自动传送到计算机中，同时 RFID 标签与 RFID 标签读写器交互的过程也记录下带着 RFID 标签的物体的位置。例如，在 RFID 应用于供应链管理的生产过程控制、质量跟踪、库存管理、固定资产管理时，RFID 应用系统一直要记录物品的位置信息。在物流管理应用中，RFID 标签在采购、入库、库存管理、出库、配送运输的整个过程中，一直要记录和分析物品的位置信息。在医院管理的应用中，从药品、医疗器械、医用废弃物等物的管理，以及患者、医护人员管理都涉及通过 RFID 记录来分析物品与人的位置信息问题。

当带有 RFID 身份标识的工作人员通过门禁时，门禁就是一个 RFID 读写器。通过门禁的记录，我们可以分析一位工作人员在什么时候，通过公司哪个入口进入公司的。对人员工作区域有特殊要求和限制的单位，可以在办公大楼的各个位置安装 RFID 读写器。这时，读写器可以记录工作人员在不同区域进出时间、位置，从而查看是否违反了相关规定。目前，这种定位方法已经成功地应用到幼儿园幼儿管理和医院新生儿管理、博物馆与旅游景区对到达不同区域的游客播放不同解说词的服务、机场乘客导航与服务，以及监狱服刑人员管理。总之，凡是应用 RFID 技术的应用领域，在自动感知物品信息的同时，还可以从中提取物品的位置信息。

（5）无线传感器网络定位技术

在环境监测应用中，人们需要知道采集的环境信息所对应的具体区域位置。一旦监测到异常事件发生，人们关心的一个重要问题就是事件发生的位置。例如，森林火灾现场位置、战场上敌方车辆运动的区域、天然气管道泄漏的具体地点等信息都是决策者进一步采取措施和做出决策的依据之一。定位信息除用来报告事件发生的地点外，还可以用于目标跟踪，实时监视目标的行动路线，预测目标的前进轨迹。

无线传感器的覆盖方式分为两类：确定部署与随机部署。在一些应用领域，如高层建筑、桥梁安全性监测项目中，无线传感器节点部署在预先设计好的位置。一般应用多采用随机部署方式。因为无线传感器网络的工作条件一般都很恶劣，传感器节点通常以随机播撒的方式部署，节点之间以自组织方式互联成网。随机部署的传感器节点无法事先知道自身位置，传感器节点必须能够在部署后实时地进行定位。目前定位方法主要有基于距离的定位方法、基于距离差的定位方法，以及基于信号特征的定位方法。

2.4 智能感知设备与嵌入式技术

2.4.1 嵌入式技术的基本概念

物联网为我们描述了一个物理世界被广泛嵌入了各种感知与控制智能设备的场景，它们能够全面地感知环境信息，智慧地为人类提供各种便捷的服务。嵌入式技术是开发物联网智能感知设备的重要手段。

嵌入式系统（Embedded System）也称作嵌入式计算机系统（Embedded Computer System），它是一种专用的计算机系统。由于嵌入式系统需要针对某些特定的应用，因此研发人员要根据应用的具体需求来剪裁计算机的硬件与软件，从而适应对计算机功能、可靠性、成本、体积、功耗的要求。

无线传感器节点、RFID标签与标签读写器，智能手机与智能家电，各种物联网智能终端设备，以及智能机器人与可穿戴设备都属于嵌入式系统研究的范畴。嵌入式系统的基本概念与设计、实现方法，是物联网工程专业的学生必须掌握的重要知识与技能之一。

为了帮助读者理解嵌入式系统“面向特定应用”“裁剪计算机的硬件与软件”及“专用计算机系统”的特点，我们以每天都在使用的智能手机与个人计算机为例，从硬件结构、操作系统、应用软件与外设等方面加以比较。图2-34给出了智能手机组成结构的示意图。

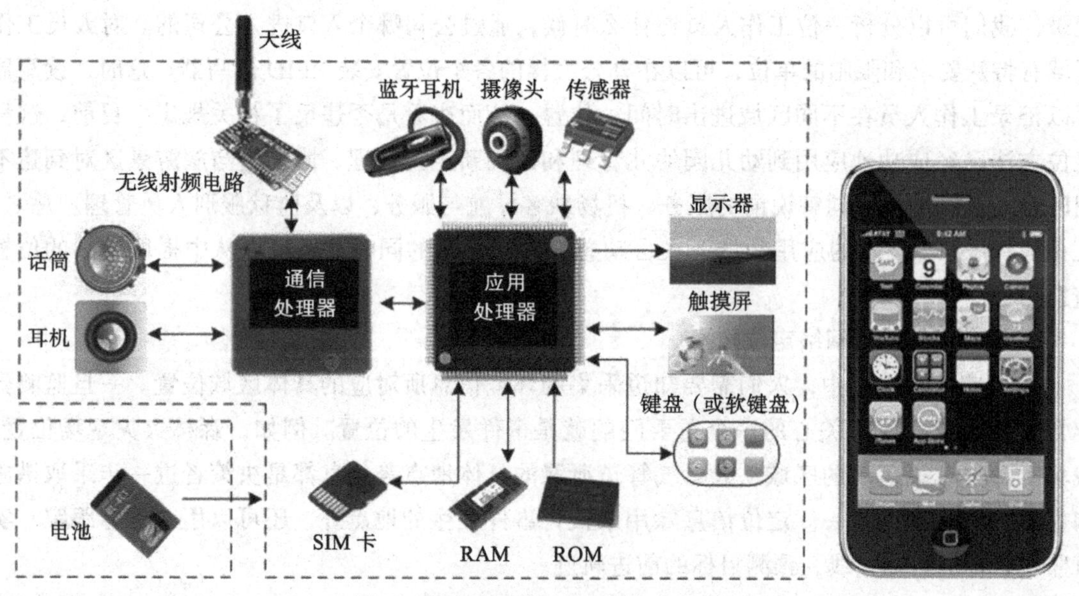

图2-34 智能手机组成结构示意图

1. 硬件的比较

我们也可以从计算机体系结构的角度画出智能手机的硬件逻辑结构，如图2-35所示。

我们可以从CPU、存储器、显示器与外设等方面对智能手机与个人计算机的硬件加以比较。

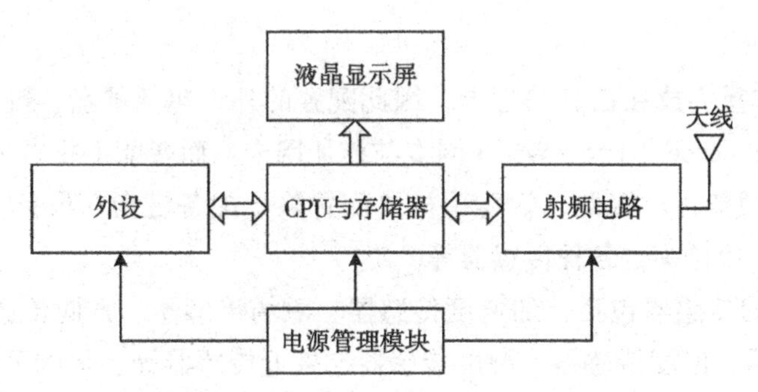

图 2-35 智能手机的硬件逻辑结构示意图

（1）CPU

智能手机的所有操作都是在 CPU 与操作系统的控制下实现的，这一点与传统的 PC 是相同的。但是手机的基本功能是通信，它除了有与传统的 CPU 功能类似的应用处理器之外，还需要增加通信处理器，因此智能手机的 CPU 是由应用处理器与通信处理器芯片组成。对于应用处理器而言，耳机、话筒、摄像头、传感器、键盘与显示屏都是外设。通信处理器控制着无线射频电路与天线的语音信号的发送与接收过程。

（2）存储器

和传统的 PC 类似，手机存储器也分为只读存储器（ROM）和随机读写存储器（RAM）。根据手机对存储器的容量、读写速度、体积与耗电等方面的要求，手机中的 ROM 基本上都是使用闪存（Flash ROM）。RAM 基本上都是使用同步动态随机读写存储器（SDRAM）。

与传统的 PC 相比，手机的 RAM 相当于 PC 的内存条，用于暂时存放手机 CPU 中运算的数据，以及 CPU 与存储器交换的数据。手机的所有程序都是在内存中运行的，手机关闭时 RAM 中的数据自动消失。因此，RAM 的大小对手机性能的影响很大。

手机 ROM 相当于 PC 安装操作系统的系统盘。ROM 一部分用来安装手机的操作系统，一部分用来存储用户文件。手机关机时，ROM 中的数据不会丢失。

手机中的闪存相当于 PC 的硬盘，用来存储 MP3、MP4、电影、图片等用户数据。

为了实现对手机用户的有效管理，手机需要内置一块用于识别用户的 SIM 卡，它存储了用户在办理入网手续时写入的有关个人信息。SIM 卡的信息分为两类。一类是由 SIM 卡生产商与网络运营商写入的信息，如网络鉴权与加密数据、用户号码、呼叫限制等；另一类是由用户在使用过程中自行写入的数据，如其他用户的电话号码、SIM 卡的密码 PIN 等。

（3）显示器

与 PC 显示器对应的是手机显示屏。手机的显示屏一般采用薄膜晶体管（TFT）液晶显示屏。手机显示屏的分辨率使用行、列点阵形式表示。假设有两个手机，一个使用 3 英寸显示屏，另一个使用 5 英寸显示屏，如果分辨率都是 640×480，那么由于这些像素均匀地分布在屏幕上，显然 3 英寸显示屏单位面积分布的像素肯定比 5 英寸显示屏多，3 英寸显示屏的像素点阵更加密集，因此图像显示的效果会更加细腻、清晰。因此从硬件结构看，技术人员在设计智能手机时，需要根据实际应用需求对计算机硬件与软件进行适当的“裁剪”。

（4）外设

由于PC的工作重心放在信息处理上，因此配置的外设包括硬盘、键盘、鼠标、扫描仪，从联网的角度配置Ethernet网卡、Wi-Fi网卡与蓝牙网卡。而智能手机首先是通信设备，同时具有一定的信息处理能力。因此，智能手机要配置除了配备键盘、鼠标、LCD触摸屏之外，还需要耳机、话筒、摄像头、各种传感器等。

智能手机配置的传感器包括：加速度传感器、磁场传感器、方向传感器、陀螺仪、光线传感器、气压传感器、温度传感器、湿度传感器与接近传感器等。智能手机利用气压传感器、温度传感器、湿度传感器可以方便地实现环境感知；利用磁场传感器、加速度传感器、方向传感器、陀螺仪可以方便地实现对手机运动方向与速度的感知；利用距离传感器可以方便地实现对手机位置的发现、查询、更新与地图定位。

智能手机在移动过程中要同时完成通信、智能服务与信息处理等多重任务，而智能手机的电池耗电决定着手机使用的时间，因此如何减少手机的耗电成为设计中必须解决的困难问题。手机的设计者千方百计地去思考如何节约电能。例如，利用接近传感器发现使用者是不是在接听电话。如果判断出使用者将手机贴近耳朵接听电话，那他就不可能看屏幕，这时手机操作系统就立即关闭屏幕，以节约电能。因此，智能手机中必须有一个电源管理模块，优化电池为手机的各个功能模块供电，以及充电的过程。当手机没有处于使用状态时，电源管理模块让手机处于节能的“待机”状态。而一般用于办公环境的PC，可以通过220V电源供电，因此它在节能方面的要求就比用于移动通信的手机宽松得多。

（5）通信功能

目前，PC通常都配置了接入有线网络的Ethernet网卡、接入Wi-Fi的无线网卡，以及与鼠标、键盘、耳机等外设在近距离进行无线通信的蓝牙网卡。笔记本计算机一般不需要配置接入移动通信网4G/5G网卡。

智能手机的基本功能是移动通信，因此它必然要有功能强大的通信处理器芯片，以及能够接入4G/5G基站的射频电路与天线，同时它需要配置接入Wi-Fi的无线网卡，以及与外设近距离通信的蓝牙网卡或近场通信（NFC）网卡，但是不需要配置Ethernet网卡。智能手机的硬件设计受到电能、体积、重量的限制，包括网卡在内的各种外设的驱动程序必须在手机操作系统上重新开发。

2. 软件的比较

（1）操作系统

由于智能手机实际上是一种具有发射与接收功能的微型计算机（这是智能手机与PC最大的不同），因此研究人员一定要专门研发适用于手机硬件结构与功能需求的专用操作系统。这正体现出嵌入式系统是“面向特定应用”的计算机系统的特点。

智能手机的操作系统主要有微软的Windows Mobile、诺基亚等公司共同研发的手机操作系统Symbian（塞班系统）、苹果公司推出的iOS操作系统，以及由Google公司推出的Android操作系统。在各种手机操作系统上开发应用软件是比较容易的，这一点在Android操作系统上表现得更为突出。

在网络功能的实现上，Android操作系统遵循TCP/IP协议体系，采用支持Web应用的HTTP协议来传送数据。Android操作系统的底层提供了支持低功耗的蓝牙协议与Wi-Fi协议的驱动程序，使得Android手机可以很方便地与使用蓝牙协议或Wi-Fi协议的移动设备互联。同时，Android操作系统提供了支持多种传感器的应用程序接口（API），支持的传感器包括：加速度传感器、磁场传感器、方向传感器、陀螺仪、光线传感器、气压传感器、温度传感器、湿度传感器与接近传感器等。利用Android操作系统提供的API，可以方便地实现环境感知、移动感知与位置感知与地图定位，以及语音识别、手势识别、基于位置服务与多媒体应用功能。

目前，除了智能手机之外，很多智能机器人、无人驾驶汽车、无人机、可穿戴计算设备与物联网智能终端设备等智能硬件、也是基于Android操作系统开发的。

（2）应用程序

随着智能手机iPhone的问世，智能手机的第三方应用程序APP（Application）以及APP销售的商业模式，逐渐被移动互联网用户所接受。手机APP从游戏、基于位置的服务、即时通信，逐渐发展到手机购物、网上支付与社交网络等多种类型。近年来，手机APP的数量与应用规模呈爆炸性发展的趋势，形成了继PC应用程序之后更大的市场规模与移动互联网重要的盈利点。

嵌入式技术的发展促进了智能手机功能的演变，智能手机的大规模应用又为嵌入式技术的发展提供了强大的推动力。现在，移动通信已成为智能手机的基本功能，除此之外，智能手机也已经成为移动上网、移动购物、网上支付与社交网络最主要的终端设备，甚至逐步取代了人们随身携带的名片、登机牌、钱包、公交卡、照相机、摄像机、录音机、GPS定位与导航设备。正因为智能手机应用范围的不断扩大，促使嵌入式技术研究人员不断地改进智能手机的电池性能、快速充电方法，以及柔性显示屏、数据加密与安全认证技术。

从以上的分析中，我们可以得出以下几点结论：

第一，智能手机的硬件与软件充分地体现出嵌入式系统“以应用为中心”“裁剪计算机硬软件”的特点，是一种对功能、体积、功耗、可靠性与成本有严格要求的“专用计算机系统”。

第二，作为物联网重要组成部分的RFID标签与读写器、无线传感器网络节点、智能机器人、无人驾驶汽车、无人机与可穿戴计算设备，以及智能工业、智能农业、智能交通、智能医疗等各种智能感知与执行设备，从结构、原理上都与智能手机有很多相似之处，它们都属于嵌入式计算设备与装置。

第三，从产品与产业的角度，嵌入式计算设备与装置也是智能硬件的重要组成部分。物联网智能硬件的研究将促进嵌入式芯片、操作系统、软件编程与智能技术的发展。智能硬件的研究将涉及机器智能、机器学习、人机交互、虚拟现实与增强现实，以及大数据、云计算等领域，体现出多学科、多领域交叉融合的特点。

2.4.2 物联网智能硬件

1. 智能硬件的基本概念

2012年6月，谷歌智能眼镜的问世将人们的注意力吸引到可穿戴计算设备与智能智件的应用上来。之后出现了大量可穿戴计算与智能硬件产品，既有小型的智能手环、智能手表、智能衣、智能鞋、智能水杯，也有大型的智能机器人、无人机、无人驾驶汽车等。它们的共性特点是：实现了“互联网＋传感器＋计算＋通信＋智能＋控制＋大数据＋云计算”等多项技术的融合，其核心是智能技术。

这类产品的出现标志着硬件技术向着更加智能化、交互方式更加人性化，以及向“云＋端”融合方向发展的趋势，划出了传统的智能设备、可穿戴计算设备与新一代智能硬件的界限，预示着智能硬件（Intelligent Hardware）将成为物联网产业发展的新热点。

2016 年 9 月，我国政府在《智能硬件产业创新发展专项行动（2016—2018 年）》中明确了我国将重点发展的五类智能硬件产品：智能穿戴设备、智能车载设备、智能医疗健康设备、智能服务机器人、工业级智能硬件设备。同时明确了重点研究的六项关键技术：低功耗轻量级底层软硬件技术、虚拟现实 / 增强现实技术、高性能智能感知技术、高精度运动与姿态控制技术、低功耗广域智能物联技术、云＋端一体化协同技术。

智能硬件的技术水平取决于智能技术应用的深度，支撑它的是集成电路、嵌入式、大数据与云计算技术。智能硬件已经从民用的可穿戴计算设备，延伸到物联网智能工业、智能农业、智能医疗、智能家居、智能交通等领域。

物联网智能设备的研究与应用推动了智能硬件产业的发展；智能硬件产业的发展又将为物联网应用的快速拓展奠定坚实的基础。

2. 人工智能在物联网智能硬件中的应用

（1）人工智能的基本概念

人工智能（Artificial Intelligence，AI）学科诞生于 1956 年。经过几十年的发展，人工智能技术不仅改变了人们的日常生活，也改变了生产方式与管理方式，已经渗透到人类社会生活的各个方面。

2016 年 3 月 9 日至 15 日，阿尔法狗（AlphaGo）与围棋九段李世石的“世纪大战”引起了极大关注，阿尔法狗以 4:1 的成绩完胜李世石，再一次将人们的眼光引向了人工智能。从科学的角度来说，人工智能是研究、开发用于模拟、延伸和扩展人的智能的理论、方法、技术应用系统的一门科学。人工智能研究的目标是让机器具有像人类一样的思考能力与识别事物、处理事物的能力。从这个角度看，我们可以将人工智能分为“人工”与“智能”两个部分。“人工”比较好理解，即“让机器按照人预先安排好的方向运作”。但是，“智能”的概念却让科学家们争论了好几十年。实际上，由于我们对人类自身“智能”的理解非常有限，因此，很难回答什么是智能？有没有超越人类的智能？更加难以准确地描述“智能”这个概念。

（2）人工智能研究的基本内容

人工智能研究的内容大致包括四个方面：智能感知、智能推理、智能学习与智能行动。

- **智能感知**

人类接受的外界信息中，80% 以上来自于视觉，10% 左右来自听觉。当我们使用计算机来处理人脸视觉信息时，图像传感器传送来的是一帧一帧用 0、1 表示的灰度数值；用计算机来处理人的语音信息时，音频传感器传送来的是一组用 0、1 表示的声音强度数据。要从图像传感器与语音传感器的信息中识别出这个人是谁、他在说什么，就必须开展计算机视觉与自然语言理解的研究。这些都属于智能感知的研究范畴。语音识别是让计算机“听懂”人的话，并且用文字或语音合成方式进行应答。文字识别是让计算机“看懂”文字或符号，并且用文字进行应答。图像处理是要计算机对描述景物的图像或视频进行类似于人的视觉感知与处理。目前，语音识别、文字识别与图像处理研究都取得了很大的进展，大量应用于机器翻译、人脸识别，以及智能手机、智能机器人与可穿戴设备之中。

- **智能推理**

智能推理研究包括机器博弈、机器证明、专家系统与搜索技术。

机器博弈就是让计算机学会人类的思考过程，能够像人一样下棋。早在20世纪60年代，就出现了西洋跳棋和国际象棋的软件，并达到了大师级的水平。1997年出现的“深蓝”国际象棋系统与2016年出现的阿尔法狗（AlphaGo）围棋软件，再一次证明机器博弈研究已经发展到一个很高的阶段。

机器证明是把人证明数学定理和日常生活中的演绎推理变成一系列能在计算机上自动实现的符号演算的过程和技术。1976年，美国伊利诺伊大学的数学家在两台不同的计算机上用了1200个小时，做了100亿次判断，终于完成了数学界存在了100多年的“四色定理”证明的难题。

专家系统是人工智能中最重要，也是最活跃的一个应用领域，它实现了人工智能从理论研究走向实际应用、从一般推理策略探讨转向运用专门知识的重大突破。专家系统是一个智能计算机程序系统，该系统存储着包含大量特定领域专家知识的知识库，并且具有类似于专家解决实际问题的推理机制，能够利用人类专家的知识和解决问题的方法，模拟人类专家来处理该领域问题。同时，专家系统应该具有自学习能力。将专家系统与大数据技术结合起来，是当前研究的一个热点问题。目前，专家系统已经广泛应用于智能医疗、智能工业、智能农业、智能环保与智能安防等领域。

- **智能学习**

学习是人类智能的主要标志与获取知识的基本手段。机器学习研究计算机如何模拟或实现人类的学习行为，以获取新的知识与技能，不断提高自身能力的方法。自动知识获取成为机器学习应用研究的目标。

一提到“学习”，我们首先会联想到读书、上课、做作业。上课时，我们跟着老师一步步地学习属于“有监督”的学习；课后做作业的任务需要自己完成，属于“无监督”的学习。平时做的课后练习题是我们学习系统的“训练数据集”，而考试题属于“测试数据集”。学习好的同学因为平时训练好，所以考试成绩好。学习差的同学则因为平时训练不够，考试成绩自然会差。如果抽象表述学习的过程，那么学习是一个不断发现自身错误并改正错误的迭代过程。

人是如此，机器学习也是如此。为了让机器自动学习，我们同样要准备三份数据：训练集（作为机器学习的样例）、验证集（用于评估机器学习阶段的效果）、测试集（用于学习结束后评估实战的效果）。机器学习系统在图像识别、语音识别、机器人、人机交互，以及无人机、无人驾驶汽车、智能眼镜等应用中，越来越多地使用了一类叫做深度学习的技术。目前，深度学习已经成为智能科学研究的热点，并且将在物联网中有很广泛的应用。

- **智能行动**

智能行动研究的领域主要包括：智能调度与指挥、智能控制、机器人学等。如何根据外界的条件，确定最佳的调度或组合是人类一直关注的问题。大到物流配送路径的优化调度，小到机器人行动的路径规划和控制，以及智能交通、机场的空中交通管制、军事指挥等应用都存在着智能调度与指挥、智能控制问题。机器人学是一个涉及计算机科学、人工智能方法、智能控制、精密机械、信息传感技术、生物工程的交叉学科。机器人学的研究将大大推动智能技术的发展，成为支撑物联网发展的关键技术之一。

3. 人机交互的基本概念

从目前可穿戴计算设备的应用推广经验看，智能硬件从设计之初就必须高度重视用户体验，而用户体验的入口就在人机交互方式上。“应用创新”是物联网发展的核心，“用户体验”是物联网应用设计的灵魂。物联网的用户接入方式的多样性和应用环境的差异性，决定了物联网智能硬件在人机交互方式上的特殊性。因此，一个成功的物联网智能硬件设计必须根据不同物联网应用系统需求与用户接入方式，认真解决好物联网智能硬件的人机交互问题。很多人机交互的奇思妙想甚至会成就物联网在某一个领域的应用。

（1）人机交互研究的重要性

人机交互研究的是计算机系统与计算机用户之间的交互关系问题，作为一个重要的研究领域一直受到计算机界与计算机厂家的高度关注。学术界将人机交互建模研究列为信息技术中与软件、计算机并列的六项关键技术之一。

人机交互方式主要有文字交互、语音交互、基于视觉的交互。人机交互需要研究的问题实际上很复杂。例如，在基于视觉的交互中，研究人员需要解决的问题如图 2-36 所示。

图 2-36　视觉交互中需要解决的问题

从这些研究问题可以看出，人机交互的研究不可能只靠计算机与软件去解决，它涉及人工智能、心理学与行为学等诸多复杂的问题，属于交叉学科研究的范畴。

个人计算机和智能手机已经与人们须臾不可分离，之所以男女老少都能接受个人计算机与智能手机，首先要归功于个人计算机和智能手机便捷、友好的人机交互方式。个人计算机操作系统的人机交互功能是决定计算机系统是否友好的重要因素。传统意义下，个人计算机的人机交互功能主要是通过键盘、鼠标、屏幕实现的。人机交互的主要作用是理解并执行通过人机交互设备传送的用户命令，控制计算机的运行，并将结果通过显示器显示出来。为了让人与计算机的交互过程更简洁、更有效和更友善，计算机科学家一直在开展语音识别、文字识别、图像识别、行为模式识别等技术的研究。

（2）物联网智能硬件人机交互的特点

随着物联网应用的深入，传统的键盘、鼠标输入方法，以及屏幕文字、图形交互方式已经不能适合移动环境、便携式物联网终端设备的应用需求。在可穿戴计算设备的研制中，人们发现：在嘈杂环境中，语音输入的识别率会大大下降，同时在很多场合对手机和移动终端设备发出控制命令的做法会使人很尴尬。因此，在物联网环境下，必须摒弃传统的人机交互方式，研发新的人机交互方法。物联网智能硬件人机交互的特点如图2-37所示。

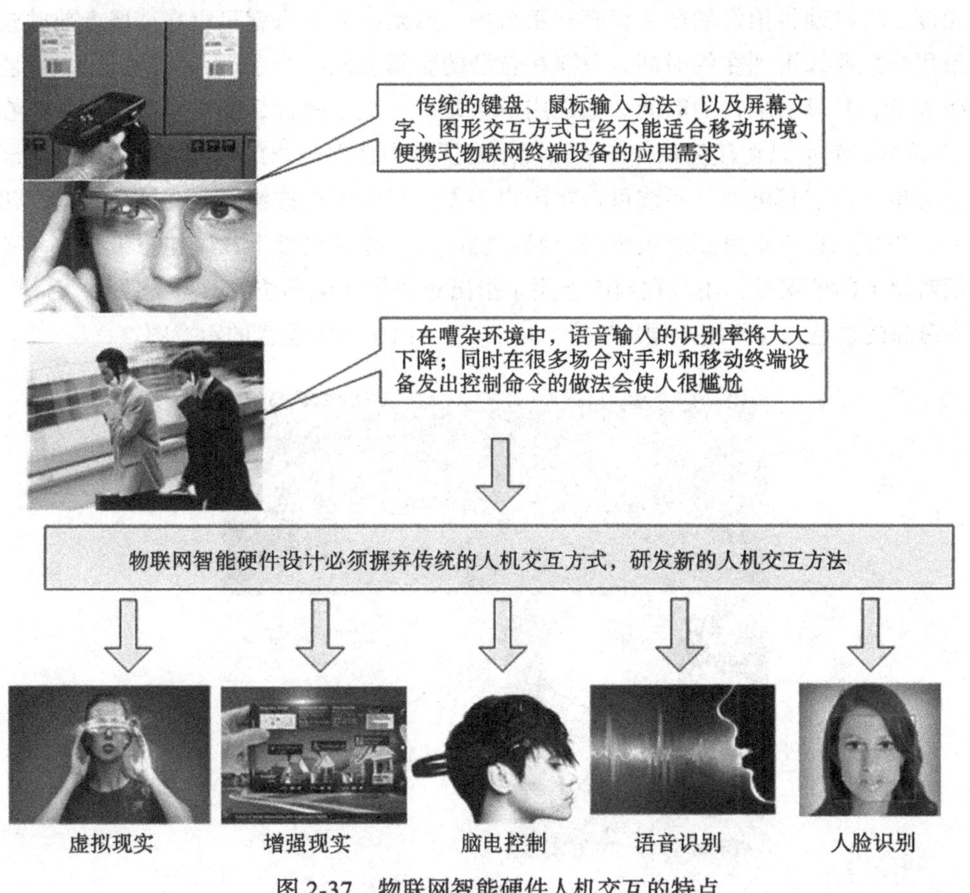

图2-37 物联网智能硬件人机交互的特点

可穿戴计算设备在人机交互中使用了虚拟交互、人脸识别、虚拟现实与增强现实、脑电控制等新技术。这些新技术能够适应物联网智能硬件的特殊需求，对于研究物联网智能硬件人机交互技术有着重要的参考和示范作用。

4. 物联网智能硬件的人机交互技术研究

（1）虚拟交互技术

虚拟交互是很有发展前景的一种人机交互方式，而虚拟键盘（Virtual Keyboad，VK）技术很好地体现出虚拟交互技术的设计思想。

实际上，MIT 研究人员在研究“第六感”问题时已经提出了虚拟键盘的概念。这个系统可以在任何物体的表面形成一个交互式显示屏。他们做了很多非常有趣的实验。例如，他们制作了一个可以阅读 RFID 标签的表带，利用这种表带，可以获知使用者正在书店里翻阅什么书籍。他们还研究了一种利用红外线与超市的智能货架进行沟通的戒指，可以通过它及时获知产品的相关信息。

另一个实验是使用者利用四个手指上分别戴着的红、蓝、绿和黄四种颜色的特殊的标志物，系统软件可以识别四个手指手势表示的指令。如果给用户左右手的拇指与食指分别带上四种颜色的特殊的标志物，那么用拇指和食指组成一个画框，相机就知道用户打算拍摄照片的取景角度，并自动将拍好的照片保存在手机中，回到办公室后就可以在墙壁上放映这些照片。如果用户想要知道现在的时间，只要在自己的胳膊上画一个手表，软件就可以在胳膊上显示一个表盘，并显示现在的时间。如果用户希望查看电子邮件，那么只需要用手指在空中画一个 @ 符号，就可以在任何物体的表面显示的屏幕中选择适当的按键，决定阅读电子邮件的方式。如果用户想打电话，系统可以在用户手掌上显示手机按键，无需从口袋中取出手机就能拨号。当用户在汽车里阅读报纸的时候，也可以选择在报纸上放映与报纸文字相关的视频。当面对墙上的地图时，用户在地图上用手指出想去的海滩的位置，系统便会“心领神会”地显示出海滩的景色，以便用户做出决定。图 2-38 给出了虚拟键盘的示意图。

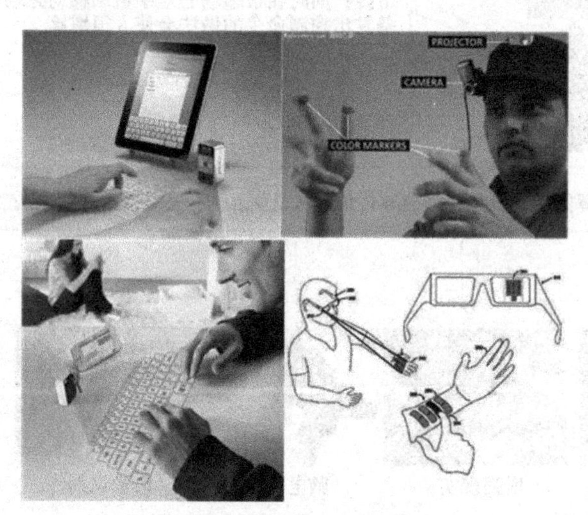

图 2-38　虚拟键盘示意图

虚拟人机交互方法的出现引起了学术界与产业界的极大兴趣，也为物联网智能硬件人机交互研究开辟了一种新的思路。

（2）人脸识别技术

物联网人机交互的一个基本问题是用户身份认证。在网络环境中，用户的身份认证需要使用人的“所知”“所有”与“个人特征”。“所知”是指密码、口令；“所有”是身份证、护照、信用卡、钥匙或手机；“个人特征”是指人的指纹、掌纹、声纹、笔迹、人脸、血型、视网膜、虹膜、DNA、静脉，以及个人动作等特征。个人特征识别技术属于生物识别技术的研究范畴。

目前常用的生物特征识别技术是指纹识别、人脸识别、声纹识别、掌纹识别、虹膜识别与静脉识别。

互联网很多应用的身份认证主要是依靠口令和密码完成的，这种方法非常方便，但是可靠性不高。学术界一直致力于研究具有“随身携带和唯一性”的生物特征识别技术，指纹识别、人脸识别就是这类技术的代表。指纹识别已经用在门锁、考勤与出入境管理中。随着火车站、公交车、景区的刷脸验票、公共场所的人脸识别，以及无人超市的“刷脸支付”的出现，将人们的注意力转移到人脸识别技术的应用上。

利用人脸进行人的身份认证要解决人脸检测、人脸识别与人脸检索三个问题。人脸检测是根据人的肤色等特征来定位人脸区域；人脸识别要确定这个人是谁；人脸检索是指在给定包含一个或多个人脸图像的图像库或视频库中，查找出被检索人脸图像的身份。这个过程如图 2-39 所示。

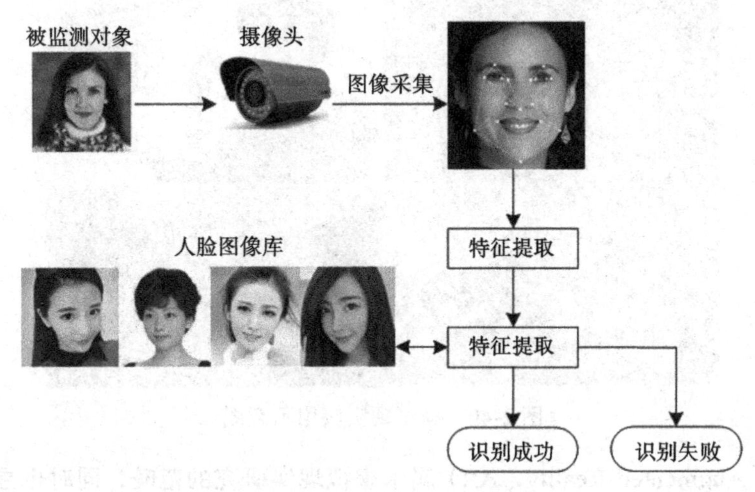

图 2-39　人脸识别过程示意图

利用人的生物特征进行身份认证有多种方法，早期比较成熟的有指纹识别、虹膜识别。但是与人脸识别相比，虹膜识别要求被检测者与检测设备距离很近，指纹识别则要求被检测者必须将手指按在指定的区域才能完成检测，而人脸识别不受这些限制，比较容易实现，因此人脸识别技术成熟之后，就快速地应用到各个领域，如火车站、飞机场、景区、公交车、音乐会的客户身份识别，银行、支付宝、电商、超市、ATM 机的“刷脸支付”，微信、微博、QQ、电商网站的用户的“刷脸登录”。甚至能通过在街头的广告牌上嵌入的摄像头，用软件分析摄像头拍摄客户路过公告栏时关注的区域、时间与表情等信息，发现新的潜在客户，用推送技术向这些新客户定向发送广告。

（3）虚拟现实与增强现实技术

虚拟现实（Virtual Reality, VR）又叫做“灵境技术”。“虚拟”是有假的、主观构造的内涵；“现实”是有真实的、客观存在的内容。理解虚拟现实技术内涵，需要注意以下两点：

第一，一般意义上的“现实”是指自然界和社会运行中任何真实的、确定的事物与环境，而虚拟现实中的“现实”具有不确定性，它可以是真实世界的反映，也可能在真实世界中就根本不存在，是由技术手段“虚拟”的。虚拟现实中的“虚拟”是指由计算机技术生成的一个特殊的环境。

第二，“交互”是指人们在这个特殊的虚拟环境中，通过多种特殊的设备（如虚拟现实的头盔、数据手套、数字衣或智能眼镜等），将自己“融入”到这个环境之中，并能够操作、控制环境或事物，实现人们某些特殊的目的。

虚拟现实的目标是从真实的现实社会环境中采集必要的数据，利用计算机模拟产生一个三维空间的虚拟世界，模拟生成符合人们心智认识的、逼真的、新的虚拟环境，提供使用者视觉、听觉、触觉等感官的模拟，从而让使用者如同身临其境一般，可以实时、不受限制地观察三度空间内的事物，并且能够与虚拟世界的对象进行互动。图 2-40 给出了虚拟现实的各种应用。

图 2-40　虚拟现实应用示意图

增强现实（Augmented Reality，AR）属于虚拟现实研究的范畴，同时也是在虚拟现实技术基础上发展起来的一个全新的研究方向。

增强现实可以实时地计算摄像机影像的位置、角度，连同计算机产生的虚拟信息准确地叠加到真实世界中，将真实环境与虚拟对象结合起来，构成一种虚实结合的虚拟空间，让参与者看到一个叠加了虚拟物体的真实世界。这样不仅能够展示真实世界的信息，还能够显示虚拟世界的信息，两种信息相互叠加、相互补充，因此增强现实是介于现实环境与虚拟环境之间的混合环境（如图 2-41 所示）。增强现实技术能够达到超越现实的感官体验，提升参与者对现实世界感知的效果。

目前，增强现实技术已经广泛应用于各行各业。例如，根据特定的应用场景，利用增强现实技术可以在汽车、飞机的仪表盘上增加虚拟的内容；可以使用在线、基于浏览器的增强现实应用，为网站的访问者提供有趣和交互式的亲身体验，增强网站访问的趣味性；在手术现场直播的画面上通过增强现实的方法，增加场外教授的讲解与虚拟的教学资料，可以提高医学课程的教学效果。在智能医疗领域应用中，医生可以利用增强现实技术对手术部位进行精确定位。在古迹复原和数字文化遗产保护应用中，游客可以在博物馆或考古现场，“看到”古迹的文字解说，可以在遗址上对古迹进行“修复”。在电视转播体育比赛时，可以实时地将辅助信息叠加到画面中，使观众得到更多的比赛信息。利用增强现实技术，我们可以在通过智能手机观察一个苹果时，从屏幕上看到苹果的产地、营养成分与商品安全信息；阅读报纸时可以看到选中单词的详细注解，或者听到用语言读出书中的故事；购房时，在图纸或毛坯房中就可以看到房屋装修后的效果图，以及周边的配套设施、医院、学校、餐馆与交通设施。图2-42给出了增强现实应用的示意图。

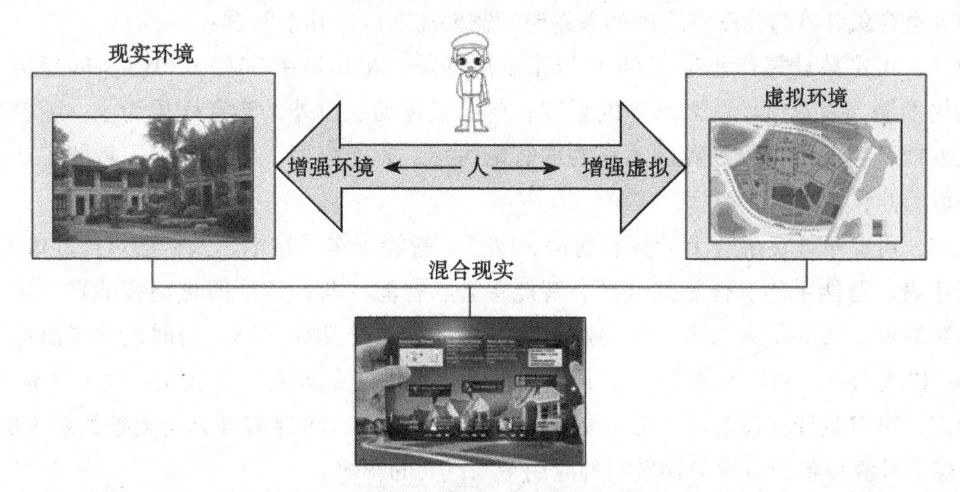

图 2-41　现实环境与虚拟环境的统一

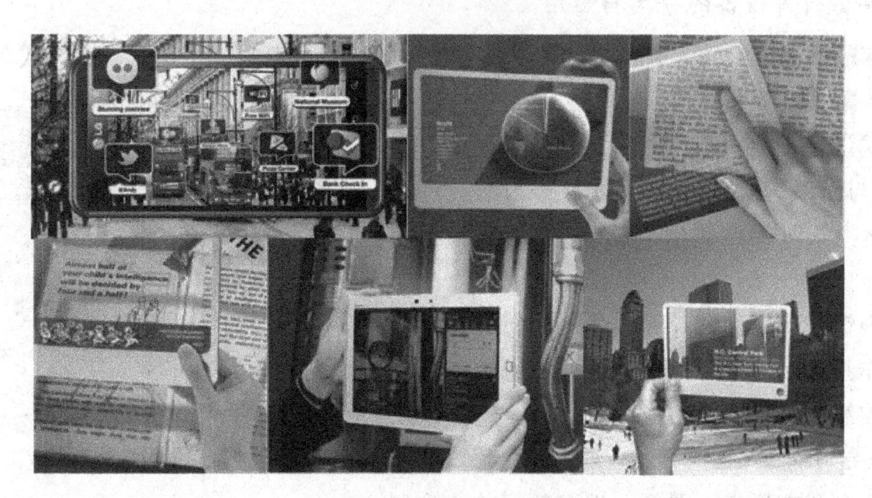

图 2-42　增强现实的应用

增强现实是人机交互领域一项非常重要的应用技术。利用增强现实，虚拟内容可以无缝地融合到真实场景的显示中，从而提高人类对环境感知的深度，增强人类智慧处理外部世界的能力。因此，虚拟现实与增强现实技术在物联网人机交互与智能硬件的研发中蕴含着巨大的潜力。

2.4.3　可穿戴计算及其在物联网中的应用

1. 可穿戴计算的基本概念

可穿戴计算（wearable computing）是实现人机之间自然、方便与智能交互的重要方法之一，已成为移动互联网的主要接口之一，必将影响未来的物联网智能硬件的设计与制造。对于很多必须将双手解放出来的使用者，例如战场上作战的士兵、装配车间的装配工、高空作业的高压输变电线路维修工、驾驶员、运动员、老人与小孩，他们需要的物联网智能终端设备必须具备可穿戴设备的特性。术语“可穿戴计算”侧重描述它的技术特征，“可穿戴计算设备”则侧重于描述它的“人机合一”的应用特征。

研究可穿戴计算与物联网之间的关系时，需要注意以下几个问题：

第一，可穿戴计算产业自2008年以来发展迅猛，尤其是在2013～2015年间经历了一个集中的爆发期，消费市场的需求不断显现，产品以运动、户外、影音娱乐为主。随着物联网应用的发展，目前可穿戴计算应用正在向智能医疗、智能家居、智能交通、智能工业、智能电网领域延伸和发展。

第二，可穿戴计算融合了计算、通信、电子、智能等多项技术，人们通过可穿戴的设备，如智能手表、智能手环、智能温度计、智能手套、智能头盔、智能服饰与智能鞋，接入到互联网与物联网，实现了人与人、人与物、物与物的信息交互和共享。同时也体现出可穿戴计算设备“以人为本”和“人机合一”，以及为佩戴者提供“专属化”“个性化”服务的本质特征。

第三，可穿戴计算设备以“云－端”模式运行，同时，可穿戴计算与大数据技术的融合，将对可穿戴计算设备的研发与物联网的应用带来巨大的影响。

2. 可穿戴计算设备的分类与应用

根据穿戴的部位不同，可穿戴计算设备分为头戴式、身着式、手戴式、脚穿式等类型。

（1）头戴式设备

头戴式设备主要用于智能信息服务、导航、多媒体、3D与游戏。头戴式设备可以分为两类：眼镜类与头盔类。图2-43给出了头戴式可穿戴设备的示意图。

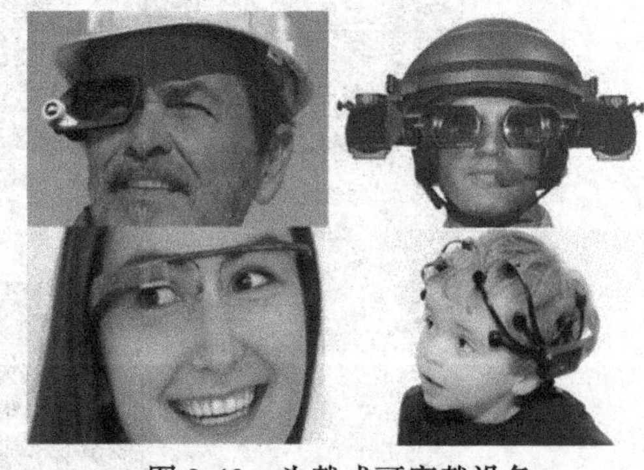

图2-43 头戴式可穿戴设备

智能眼镜作为可穿戴计算设备的先行者，拥有独立的操作系统，用户可以采用语音、触控或自动的方式操控智能眼镜，实现摄像、导航、通话以及接入互联网等功能。

智能头盔具有语音、图像、视频数据的传输和定位，以及实现虚拟现实与增强现实的功能，目前已经广泛于科研、教育、健康、心理、训练、驾驶、游戏、玩具中。智能导航头盔内置GPS位置传感器、陀螺仪、加速度传感器、光学传感器和通信模块，能够为驾驶者定位、规划路线和导航。在军事应用中，作战人员可以通过头盔中的摄像镜头，实现变焦、高清显示，以增强观察战场环境和目标的能力，快速提取和共享战场信息。目前，科研人员正在研究用安装在智能头盔上的脑电波传感器来获取头盔佩戴者的脑电波数据的课题。

（2）身着式

用于智能医疗的可穿戴背心、智能衬衫的研发已经进行了很多年。身着式可穿戴计算设备主要用于智能医疗、婴儿、孕妇与运动员监护、健身状态监护等。其中，科学家将传感器内嵌在背心、衬衫、婴儿服、孕妇服或健身衣中，贴着人体，可测量人的心律、血压、呼吸频率与体温等。智能衣服具备监控呼吸、指导训练强度和压力水平等功能。例如，Athos智能运动服的上衣内置了16个传感器，其中12个传感器用来检测肌电运动，2个传感器用来跟踪运动员心率，另外2个传感器用来跟踪运动员的呼吸状态。传感器的数据通过蓝牙模块传送到智能手机APP。用户可以通过APP设定运动的目标，如有氧运动、肌肉张力、减肥指标等，运动员可以根据监测的数据了解肌肉活动状态，以及是否达到了设定的目标。

智能婴儿服内嵌了多个传感器与接入点，传感器采集到的数据通过蓝牙模块传送到接入点，接入点再将汇聚后的数据通过Wi-Fi传送到婴儿父母的智能手机。父母可以实时监控婴儿的体征数据，及时了解婴儿的身体状态。智能尿布内嵌入了传感器，可以跟踪尿液中的水分、细菌和血糖水平，通过分析，检测婴儿是否有尿路感染、脱水等健康隐患。尿布正面有一个二维码，可以用智能手机扫描二维码获得一份完整的“尿样分析报告”。这个思路也可以扩展到老年人的健康监护之中。

Intel公司开发了一款智能T恤，并发布了一个智能衣服平台。Intel研究人员在衣服里加入传感器，并透过导电纤维将数据传送到Intel的Edison微型计算机，利用蓝牙或Wi-Fi将数据传输到智能手机或平板计算机上，只要穿上衣服，就能够精确地测量到心律等生理参数。

科学家还发明了一种如同人的皮肤一样的“表皮电子”（epidermal electronics），它可以贴在孕妇的肚子上监测婴儿的胎心音与其他参数。

为在高温或低温环境下工作的人员的设计的智能恒温外套可以根据内嵌在衣服上的传感器检测人体温度，并通过衣服内部的气流温度来调节人体温度。

电子鼓T恤则在衣服上安装了几排连接鼓点的按键，音乐爱好者可以一边走一边敲打按键，信号传送到发声装置，穿上电子鼓T恤就像随身携带着架子鼓一样。

目前正在研究的还有智能防弹衣、传感器网衣。智能防弹衣有两个主要的功能，一是由于防弹衣是用一种可以在液态和固态转换的特殊材料制成，平时穿着很柔软、轻便，一旦传感器感知到外部巨大声响或受力就会自动变硬；二是如果战士中弹，智能防弹衣可以自动向战场卫生兵报告中弹人的位置和中弹部位。这种防弹衣可以很好地保护战士的人身安全。

一个人的身体姿态往往是在少年时期慢慢形成的，很多人小时候没有养成良好的走、站、坐习惯，长大以后很难调整。成年人在不同的社交场合也存在需要纠正姿态的问题。为了适应这种需求，科学家正在研究一种传感器网衣。传感器网衣由传感器、传感器上的红外线摄像头组成，上方的红外线摄像头利用三维跟踪技术，收集身体姿势信息，并且把这些信息汇总到中央信息处理单元，经过计算后向身体不同部位发出震动指令，并显示在智能手机上。

各种身着式可穿戴设备如图2-44所示。

3. 手戴式

手戴式或腕戴式设备主要有智能手表、智能手环、智能手套、智能戒指等几种类型（如图2-45所示）。

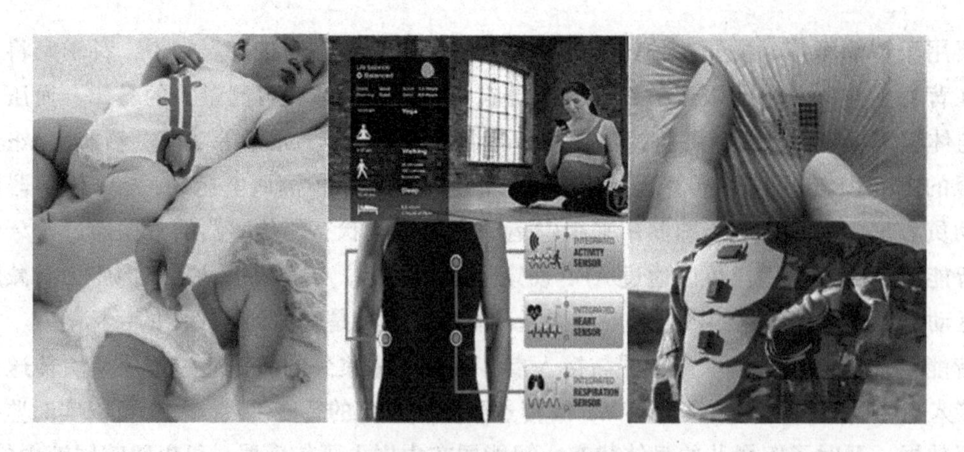

图 2-44　身着式可穿戴设备

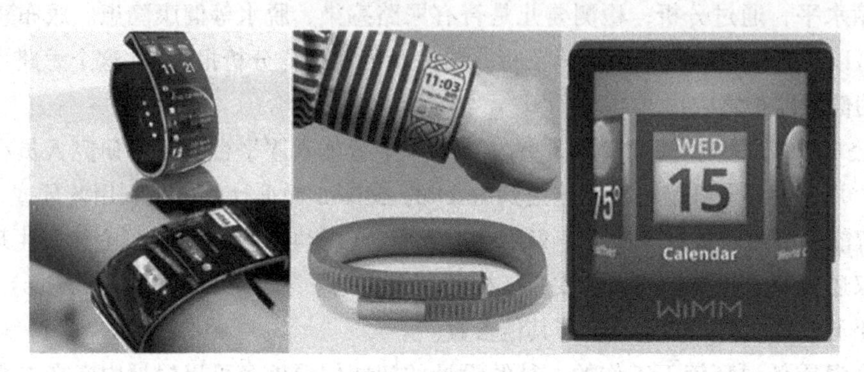

图 2-45　智能手表与智能手环

（1）智能手表

智能手表可以通过蓝牙、Wi-Fi 与智能手机通信。当智能手机收到短信、电子邮件、电话时，智能手表就会提醒用户，并且可以通过智能手表回拨电话，在手表的屏幕上进行短信与邮件的快速阅读。智能手表还具有定位、控制拍照、控制音乐的播放、查询天气、日程提示、电子钱包等功能。此外，智能手表还可以记录佩戴者的运动轨迹、运动速度、运动距离、心律、计算运动中消耗的卡路里。

（2）智能手环

人们将智能手环的功能总结为运动管家、信息管家、健康管家。

智能手环通过加速度传感器、位置传感器实时跟踪运动员的运动轨迹，可以计步，测量距离、计算卡路里与脂肪消耗，同时能够监测心跳、皮肤温度、血氧含量，并与配套的虚拟教练软件合作，给出训练建议。

智能手环可以显示时间、佩戴人的位置、短信、邮件通知、会议提示、闹钟振动、天气预报等信息。

智能手环可以随时将患者、老年人或小孩的位置、身体与安全状况报告给医院或家人。智能手环可以记录日常生活中的锻炼、睡眠和饮食等实时数据，分析睡眠质量，并将这些数据与智能手机同步，起到通过数据指导健康生活的作用。

（3）智能手套

智能手套早期主要是为智能医疗与残疾人服务的。智能手套可以利用声纳与触觉帮助盲人回避障碍物。目前智能手套已经扩展到为更多人服务。

有的智能手套的大拇指部分充当麦克风、耳机来播放声音并进行通话；食指能够进行自拍，甩动无名指和小拇指就能进行拍照，提供智能手机、单反相机、流媒体播放器、游戏主机、家庭影院、MP3播放器等产品的基本功能。指尖条码扫描仪、RFID读写器将大大方便产品代码的读取。指尖探测器可以方便地检测到物体表面的酸碱度等信息。

当你骑自行车需要转弯或变道的时候，由于不能像机动车那样打开转向灯来提醒后面的车辆，这时候如果后面车速太快，就很容易发生事故。可以作为转向灯的骑车手套在一双露指手套的手背部分添加了发光二极管，当骑车需要变道或者转向时，只需动一下手指激活开关，就可以显示转向。智能手套可以用近场通信（NFC）模块和陀螺仪传感器来判断用户的手势，进行人机交互。

智能手套可以直接用手势动作来控制不同的乐器及音效、音量。当想听民乐“春江花月夜”时，只需要用手“指”一下，音乐就会响起。作为音乐创作者，你可以为自己的表演设置不同的手势和动作，也可以控制游戏、视频节目3D显示。

智能手套可以监测佩戴者打高尔夫球挥杆时的加速度、速率、速度、位置以及姿势，能以每秒钟1000次的运算速度来分析传感器所记录的数据，计算佩戴者是否存在发力过猛、击球位置是否正确、姿势是否规范等问题，从而提升佩戴者的高尔夫球技。

智能指套能够将电子信号传送到皮肤上，并转变成一种真实的触感。开发者将一些柔性电路嵌入普通指套上，当用户套上这种指套时，会感受到这些电路产生的各种电子信号的刺激，最终在大脑中形成各种不同的触感，甚至能感觉到质地和温度等。研究人员希望利用智能指套来改变外科手术的工作方式。当外科医生戴上这种智能指套时，手指会变得超级灵敏，能够感觉到手下触摸到的人体组织的很多细节，从而更加准确地进行手术。

智能拐杖可以实现老人定位、脉搏与血压测试、迷路导航、紧急状况报警与求救等功能。

不同类型与功能的智能手套如图2-46所示。

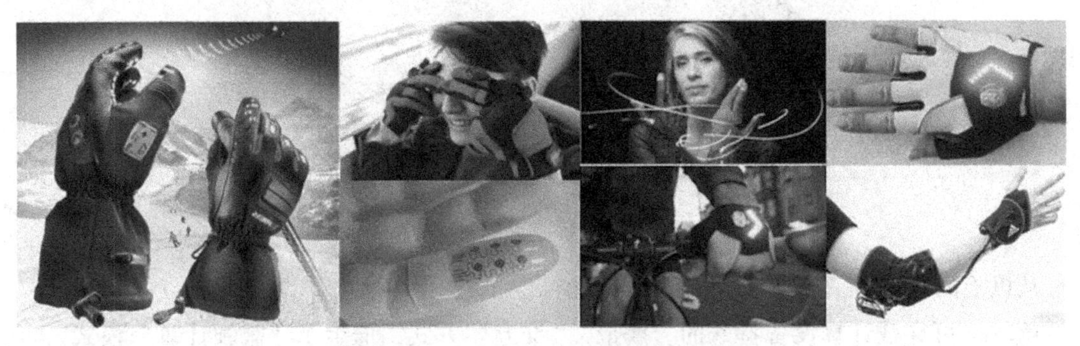

图2-46 不同类型与功能的智能手套

（4）智能戒指

智能戒指可以由佩戴者自行定义控制姿态，从而实现对其他智能设备的控制，甚至可以在空中或任意的物体的表面上编写短信，交由手机发送。科学家为智能戒指配上LED显示屏，通过旋转智能戒指，就可以读取智能手机的日期、提示、短信与来电信息，也可以作为儿童跟踪器。智能戒指式盲文扫描仪可以帮助盲人读书。

测量心跳的智能戒指可以用不同的颜色表示心跳是正常或运动过速，并可以主动提醒佩戴者。

4. 脚穿式

脚穿式可穿戴计算设备近期发展很快。智能鞋通过无线的方式连接到智能手机，这样智能手机就可以存储并显示穿戴者的运动时间、距离、热量消耗值和总运动次数，以及运动时间、总距离和总卡路里等数据。

卫星导航鞋的一句宣传语是：“No Place Like Home”（何处是家园）。卫星导航鞋内置了一个GPS芯片、一个微控制器和天线。左脚的鞋头上装有一圈LED灯，形状像一个罗盘，它能指示正确的方向；右脚鞋头也有一排LED灯，能显示当前地点距离目的地的远近。出发前，你需要在计算机中设计好旅行路线，用数据线将其传输至到鞋中，然后同时叩击双脚鞋跟开始旅程。

智能袜子使用RFID芯片确保准确配对。如果你喜欢将袜子攒到一起洗，洗完之后通过扫描袜子的分拣机，就会告诉你哪两只袜子才是一对儿的。

智能鞋可以通过蓝牙与智能手机连接，并从网络地图上获取方位信息，在需要转弯的时候，通过左脚或右脚的振动为使用者指路。智能鞋对于有视力障碍的人更有帮助。

智能跑步鞋、卫星导航鞋与智能鞋如图2-47所示。

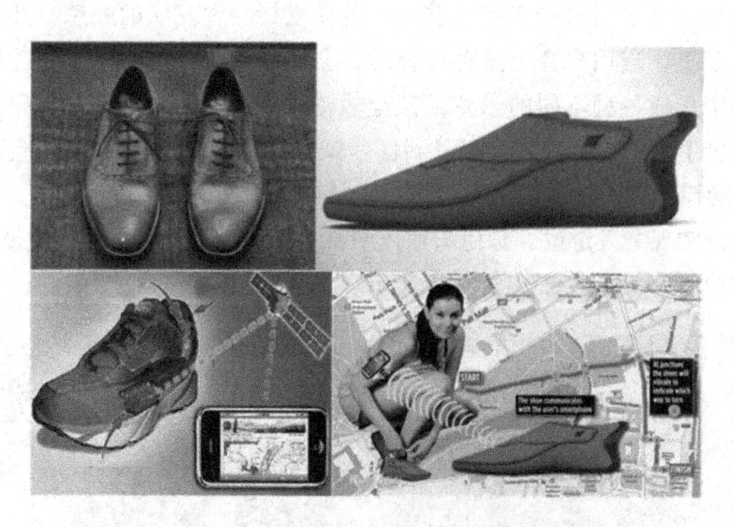

图2-47 智能跑步鞋、卫星导航鞋与智能鞋

从以上的讨论中，我们可以得出几点结论：

第一，可穿戴计算设备特殊的“携带”“交互”方式，催生了“蓝领计算”模式。可穿戴计算模式强调用户在“工作空间”（work space）、在“特定的时间关键的工作”（intense time critical work），以及在“生活空间”（daily life space）进行活动时，能够得到在“信息空间”（cyber space）自然、有效与多人协作的支持。这是一种非常适合物联网应用的现场作业和信

息处理模式。

第二，可穿戴计算设备的技术短板已经开始被突破。Intel等芯片巨头面向可穿戴计算设备推出了更加微型和低能耗的芯片；柔性显示与柔性电池技术已经开始商业应用；虚拟现实与增强现实等智能人机交互技术的发展，"云 – 端"模式与大数据技术的支持，使得可穿戴计算设备在体积、计算能力、功能与续航能力上将会得到大幅度地提升。

第三，可穿戴计算技术与设备已经广泛应用于智能工业、智能医疗、智能家居、智能安防、航空航天、体育、娱乐、教育与军事等领域，渗透到社会生活的方方面面。可穿戴计算模式与PC、移动计算一样，将有力地推动互联网与物联网的发展。

2.4.4 智能机器人及其在物联网中的应用

1. 机器人的基本概念

机器人学（Robotics）是一个涉及计算机科学、人工智能方法、智能控制、精密机械、信息传感技术、生物工程的交叉学科。机器人学的研究极大地推动了人工智能技术的发展。

随着工业自动化和计算机技术的发展，到20世纪60年代，机器人开始进入大量生产和实际应用的阶段。后来，由于自动装配、海洋开发、空间探索等实际问题的需要，对机器人的智能水平提出了更高的要求。特别是在危险环境或其他人类难以胜任的场合，更迫切需要机器人，这些需求推动了机器人的研究。机器人学的研究推动了许多人工智能思想的发展，有一些技术可在人工智能研究中用来建立世界状态模型和描述世界状态变化的过程。关于机器人动作规划生成和规划监督执行等问题的研究，推动了规划方法研究的发展。此外，由于智能机器人是一个综合性的课题，除机械手和步行机构外，还要研究机器视觉、触觉、听觉等传感技术，以及机器人语言和智能控制软件等。按照机器人的技术特征，我们一般将机器人技术的发展归纳为四代。

第一代机器人的主要特征是：位置固定、非程序控制、无传感器的电子机械装置，只能按照给定的工作顺序操作。典型的第一代机器人有搬运机器人VERSTRAN、工业机器人Unimate与家用机器人Eletro。

第二代机器人的主要特征是：传感器的应用提高了机器人的可操作性。研究人员在机器人上安装了各种传感器，如触觉传感器、压力传感器和视觉传感系统。第二代机器人向着人工智能的方向发展。

第三代机器人的主要特征是：安装了多种传感器，能够进行复杂的逻辑推理、判断和决策。1968年，美国斯坦福大学成功研发第一个有视觉传感器、具有初级的感知和自动生成程序能力、能够自动避开障碍物的机器人Shakey。

第四代机器人的主要特征是：具有人工智能、自我复制、自动组装的特点，从机器人网络向"云机器人"方向演进。

2. 智能机器人在物联网中的应用前景

智能机器人在物联网中的应用前景可以从以下三个方面来认识。

1）通过网络控制的智能机器人日益展示出对世界超强的感知能力与智能处理能力。智能机器人可以在物联网的环境保护、防灾救灾、安全保卫、航空航天、军事，以及工业、农业、医疗卫生等领域的应用中发挥重要的作用，必将成为物联网的重要成员。

2）发展物联网的最终目的不是简单地将物与物互联，而是要催生很多具有计算、通信、控制、协同和自治性能的智能设备，实现实时感知、动态控制和信息服务。智能机器人研究的目标同样是机器人的行为、学习、知识的感知能力。在这一点上，智能机器人与物联网的研究目标有很多相通之处。

3）云计算、大数据与智能机器人技术的融合导致"云机器人"的出现。由于云计算强大的计算与存储能力，可以将智能机器人大量的计算和存储任务集中到云端，同时允许单个机器人访问云端计算与存储资源，这就能够降低机器人机载计算与存储需求，降低机器人制造成本。如果一个机器人采用集中式机器学习并能够适应某种环境，它新学到的知识能够即时地提供给系统中的其他机器人，允许多个机器人之间进行即时软件升级，让大量机器人的智能学习过程变得简单，从而提高智能机器人在物联网中应用的高度和深度。

各国政府高度重视机器人产业的发展。2011 年，美国政府公布了《国家机器人计划》，计划每年对以人工智能、识别（语音、图像等）等领域为主的机器人基础研究提供数千万美元规模的支持。2014 年年中，欧盟与欧洲机器人协会 euRobotics 共同启动了全球最大的民用机器人研发计划"SPARC"。根据该计划，到 2020 年，欧委会将投资 7 亿欧元，euRobotics 将投资 21 亿欧元推动机器人研发，研发内容包括机器人在制造业、农业、健康、交通、安全和家庭等各领域的应用。2015 年 1 月，日本国家机器人革命推进小组提出《日本机器人新战略——愿景、战略、行动计划》，计划在 2015～2020 年的 5 年间，最大限度地应用多种政策，扩大机器人开发投资，推进 1000 亿日元规模的机器人扶持项目。

2013 年 12 月，我国工信部发布《关于推进工业机器人产业发展的指导意见》，该意见指出，到 2020 年，我国将形成较为完善的工业机器人产业体系。2015 年 5 月，国务院发布《中国制造 2025》规划，将智能机器人产业列为重点发展领域之一，明确了围绕汽车、机械、电子、危险品制造、国防军工、化工、轻工等工业机器人、特种机器人，以及医疗健康、家庭服务、教育娱乐等服务机器人应用需求，积极研发新产品，促进机器人标准化、模块化发展，扩大市场应用。智能机器人产业迎来了战略性的发展契机。

3. 机器人的分类与应用

经过几十年的发展，机器人已经广泛应用于工业、农业、科技、家庭、服务业与军事领域。机器人的分类方法有很多种，但是通常还是按照应用领域将机器人分为民用和军用两大类。

民用机器人又可以进一步分为工业机器人、农业机器人、服务机器人、仿人机器人、微机器人与微操作机器人、空间机器人，以及特种机器人等。特种机器人又包括水下机器人、灭火机器人、救援机器人、探险机器人、防暴机器人等，是代替人类在人不能够到达的地方或从事危险工作的重要工具，也是机器人研究的重要领域之一。

按照应用的目的，军事机器人可以分为侦察机器人、监视机器人、排爆机器人、攻击机器人与救援机器人。按照工作环境，可以分为地面军用机器人、水下军用机器人、空中军用机器人。

从应用的角度，智能机器人可以分为11类（如图2-48所示）。

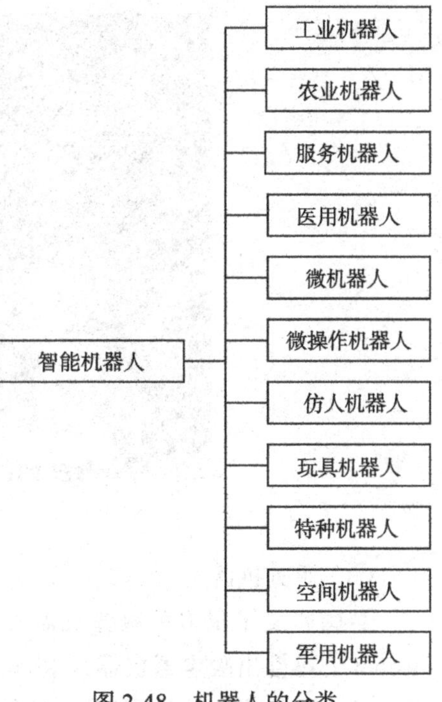

图2-48　机器人的分类

（1）工业机器人

工业机器人被视为实现“工业4.0”与“中国制造2025”战略目标的重要工具。

工业机器人是面向工业领域的多关节机械手和多自由度机器人，一般用于机械制造业中代替人完成大批量、高质量要求的工作。工业机器人最早应用于汽车制造业，用于焊接、喷漆、上下料与搬运，后来逐步应用到摩托车制造、舰船制造、化工，以及家电产品中电视机、电冰箱、洗衣机等行业的自动生产线上，完成电焊、弧焊、喷漆、切割、电子装配，以及物流系统的搬运、包装、码垛等工作。目前，工业机器人逐步延伸和扩大了人的手足与大脑的功能，可以代替人从事危险、有害、有毒、低温与高温等恶劣环境中的工作，或代替人完成繁重、单调的重复劳动，提高劳动生产效率，保证生产质量。

工业机器人的优点在于可以通过更改程序，方便地改变其工作内容和方式，如改变焊接的位置与轨迹、变更装配部件或位置，从而满足生产要求的变化。随着工业生产线的柔性化要求越来越高，对各种工业机器人的需求也越来越大。目前，世界各国都在大量使用工业机器人。图2-49是工业机器人应用到汽车生产线上的照片。

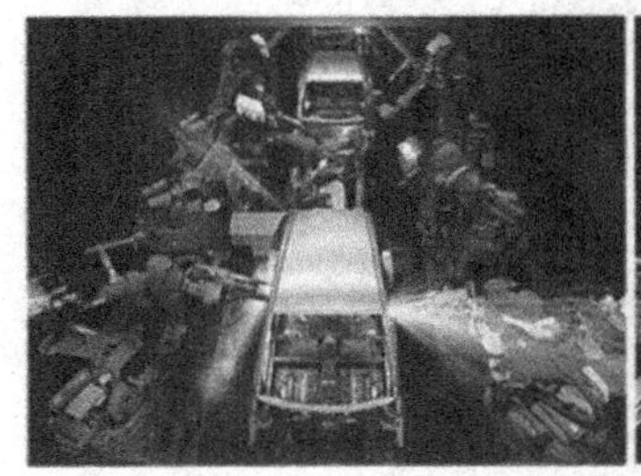
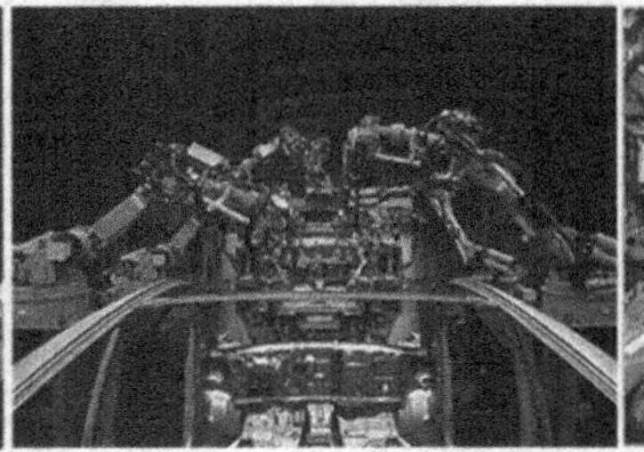

图2-49　工业机器人

（2）农业机器人

进入21世纪，新型多功能农业机械得到日益广泛的应用，智能机器人也在广阔的田野上越来越多地代替人完成各种工作。目前，各国研制的农业机器人包括施肥机器人、喷灌机器人、嫁接机器人、除草机器人、收割机器人、果树剪枝机器人、采摘柑桔机器人、果实分拣机器人、采摘蘑菇机器人、园丁机器人、抓虫机器人与昆虫机器人等。图2-50是各种农业机器人的照片。

图 2-50 农业机器人

（3）服务机器人

各国研发了很多种服务机器人，从吸尘器机器人到全能的家务机器人。2002 年，丹麦 iRobot 公司推出吸尘器机器人 Roomba，它能够避开障碍、自动设计运行路线。当能量不足时，还能够自动驶向充电插座。这款产品成为目前世界上销量最大的家庭用机器人。机器人可以模仿人类张开 / 闭合嘴唇、挤眉弄眼，上肢和下肢能够自如活动，会自动停止行走，会跳舞、做家务。此外，它还会表达自己的情绪，高兴或生气时会散发出两种不同的香味。图 2-51 是各种服务机器人的照片。

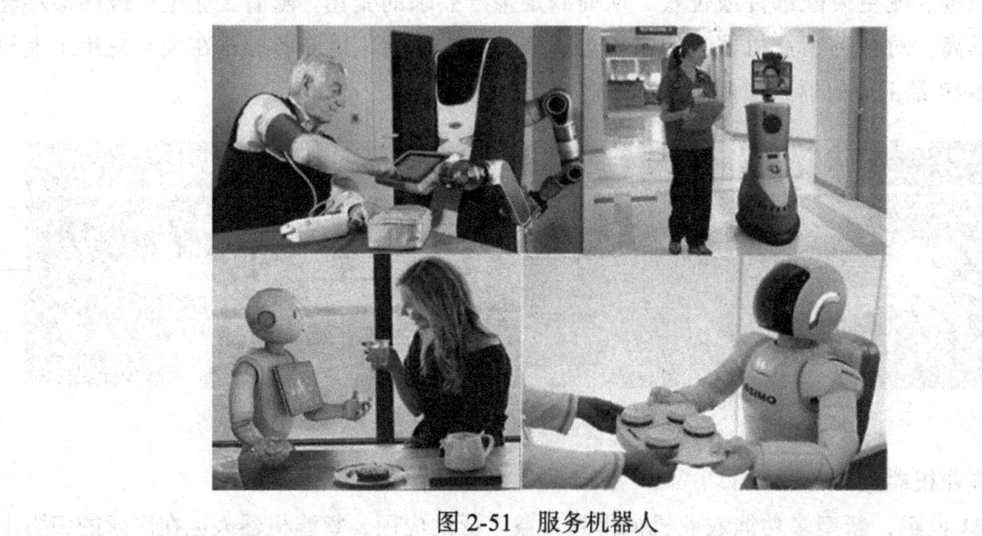

图 2-51 服务机器人

（4）医用机器人

世界各国都在研究医用机器人。2000 年，世界上第一个医生可以远程操控的手术机器人“达芬奇”诞生了。它集手臂、摄像机、手术仪器于一身。这套机器人手术系统内置拍摄人体内立体影像的摄影机，机械手臂可连接各种精密手术器械并如手腕般灵活转动。医生通过手术台旁的计算机操纵杆精确控制机械臂，从而完成手术。“达芬奇”具有人手无法相比的稳定性、重现性及精确度，侵害性更小，能减少病人疼痛及并发症，缩短病人手术后住院的时间。指挥机器人做手术的另一个优点是医生不必到手术现场，通过网络即可操作机器人，为异地的病人做远程手术。实践证明，“达芬奇”做手术比人类更精确，失血更少，病人复原更快。图 2-52 为世界上第一个手术机器人“达芬奇”的照片。

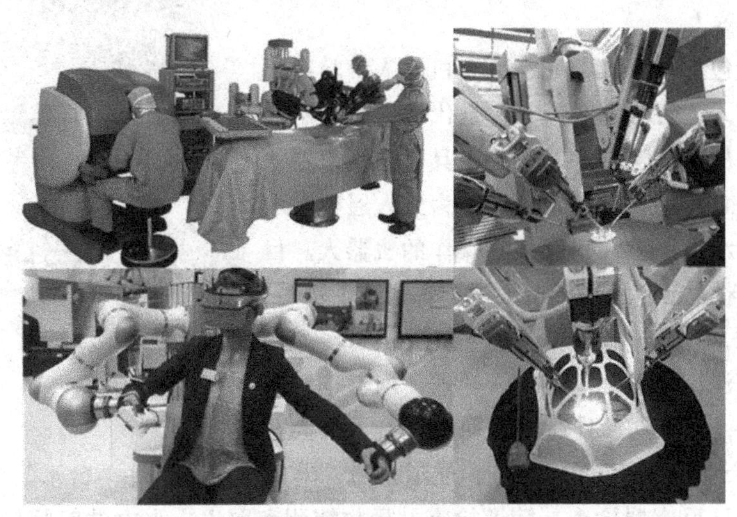

图 2-52　医疗机器人

（5）微机器人与微操作机器人

微机器人与微操作机器人在概念上是有区别的。微机器人强调的是机器人的体积大小，而微操作机器人更侧重于机器人操作的精细程度。

典型的微机器人是 2009 年德国 KIT 大学和多国科学家联合研制的一种只有蚂蚁大小的毫米级微型机器人——I-SWARM。I-SWARM 的大小只有 $3\times3\times2mm^3$。研究人员希望 I-SWARM 成为一个真正能够“自治”的毫米级微型机器人，以代替人处理危险事件，或者用于火星探索。I-SWARM 具有超强的集群能力和协同能力，而无需额外的控制器。每个 I-SWARM 背面安装有太阳能池系统来提供能源，电池板下面嵌入了一块非常小的控制用的专用集成电路和一个通信单元、一个 GPS 单元。I-SWARM 身体下面长着三条仅有约 0.2mm 长“伪肢”。每个机器人还安装了一个传感器，用于探测周边物体或协同作业的其他机器人，以避免相撞。I-SWARM 可以根据 GPS 寻找路线，并能和同伴互相通信、执行任务。图 2-53 是 I-SWARM 的照片。

图 2-53　微型机器人 I-SWARM

（6）仿人机器人

仿人机器人是当前机器人研究的一个热点领域。仿人机器人一般具有人类的外观特征，能够行走。有的仿人机器人还能够踢足球、跳舞、奏乐、下棋，以及进行简单的对话。目前已经出现了机器人演员、机器人主持人、机器人科学家等新的角色。图 2-54 给出了各种仿人机器人的照片。

图 2-54　仿人机器人

（7）特种机器人

特种机器人包括水下机器人、灭火机器人、救援机器人、探险机器人、防暴机器人等，是代替人类在不能够到达的地方或从事危险工作的重要工具，也是机器人研究的热点领域之一。水下机器人也称为无人遥控潜水器，是一种潜入水中代替人完成某些操作的机器人。目前，小型水下机器人已广泛用于市政饮用水系统中水罐、水管、水库检查，排污 / 排涝管道、下水道检查，洋输油管道检查与跨江、跨河管道检查，船舶、河道、海洋石油、船体检修，水下锚、推进器、船底探查，码头及码头桩基、桥梁、大坝水下部分检查，航道排障、港口作业，钻井平台水下结构检修、海洋石油工程，核电站反应器检查、管道检查、异物探测和取出，水电站船闸检修，水电大坝、水库堤坝检修，检查大坝、桥墩上是否安装爆炸物以及结构好坏情况，船侧、船底走私物品检测，水下目标观察，废墟、坍塌矿井搜救等，海上救助打捞、近海搜索，水下考古、水下沉船考察等方面。救援机器人主要用在地震救灾、危险环境（如核污染地区）、火山探险等场合。图 2-55 给出了救援机器人、危险环境工作的机器人与探险机器人示意图。

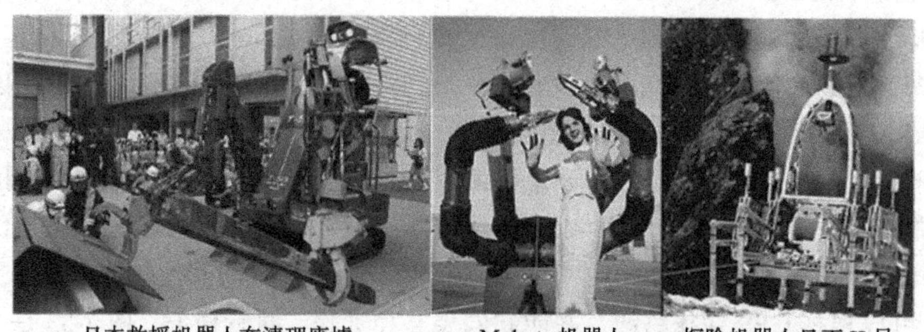

日本救援机器人在清理废墟　　Mobots 机器人　　探险机器人旦丁 II 号

图 2-55　救援机器人、危险环境工作的机器人与探险机器人

2009 年，在加拿大海王星海底观测站项目（NEPTUNE Canada）中，研究人员通过互联网对该项目的第一个海底爬行机器人 Wally-I 进行遥控，并完成了对海底信息的收集。Wally-I 装备了两条与坦克相似的履带，使得它能够在海底自由移动。Wally-I 在爬行过程中，对部署在海底的各类传感器节点进行访问，收集传感器观测的数据。2010 年 9 月，替代它的 Wally-II 问世。图 2-56 给出了 Wally-I 的工作过程的照片。水下智能机器人将在物联网智能环境的水

环境监测中发挥越来越大的作用。

图 2-56 在海底移动收集数据的 Wally-I

我国政府高度重视智能机器人产业的发展，2016年4月发布了《机器人产业发展规划（2016—2020年）》。该规划指出：机器人既是先进制造业的关键支撑装备，也是改善人类生活方式的重要切入点。大力发展机器人产业，对于打造中国制造新优势，推动工业转型升级，加快制造强国建设，改善人民生活水平具有重要意义。机器人产业的发展将为物联网应用的发展注入新的活力。

本章小结

1）RFID 技术研究与应用的目标是形成在全球任何地点、任何时间、自动识别任何物品的物品识别体系。RFID 技术为物联网的发展奠定了重要的基础。

2）无线传感器网络已经广泛应用于物联网的智能工业、智能农业、智能医疗、智能物流、智能环保、智能安防与智能家居之中。

3）位置信息是各种物联网应用系统能够实现服务功能的基础。位置信息涵盖了空间、时间与对象三要素。位置是物联网信息的重要属性之一，缺少位置的感知信息是没有实用价值的。通过定位技术获取位置信息是物联网应用系统研究的一个重要问题。

4）物联网智能设备的研究与应用，推动了智能硬件产业的发展；智能硬件产业的发展又将为物联网应用的快速拓展奠定坚实的基础。

习题

一、单选题

1. 以下关于二维条码特点的描述中，错误的是（　　）。
   A. 高密度编码，信息容量大、容错能力强、纠错能力强
   B. 可以表示声音、签字、指纹、掌纹信息
   C. 可以表示多种语言文字
   D. 可以表示视频信息
2. 以下关于 RFID 标签特点的描述中，错误的是（　　）。

A. 所有 RFID 标签都可以读取与写入数据

B. RFID 标签是由 RFID 芯片、天线与电路组成

C. RFID 读写器读取标签的距离可以从几厘米到上百米

D. RFID 读写器可以在黑暗的环境中读取 RFID 标签数据

3. 以下关于 EPC 码是由四个数字字段组成的描述中，错误的是（ ）。

A. 第一个字段是版本号，表示产品编码所采用的 EPC 版本

B. 第二个字段是域名管理值，标识生产厂商国家

C. 第三个字段是对象分类值，标识产品类型

D. 第四个字段是序列号值，标识一类产品

4. 以下关于 EPC-96 I 型编码可以标识的产品总数量的描述中，错误的是（ ）。

A. 可以标识出 8 个版本号

B. 可以标识出 2.68 亿个不同的厂商

C. 可以为每一个厂商提供多达 1.68×10^7 类产品

D. 每一类产品可以有 6.87 亿件

5. 以下关于传感器特点的描述中，错误的是（ ）。

A. 由敏感与转换元件组成

B. 能感知到被测量的物理量

C. 一种传感器的形状可以不相同，但是测量精度是相同的

D. 要能够满足感知信息的传输、处理、存储、显示、记录和控制的要求

6. 以下关于传感器分类方法的描述中，错误的是（ ）。

A. 根据传感器地址分类

B. 根据传感器工作原理分类

C. 根据传感器感知的对象分类

D. 根据传感器的应用领域分类

7. 以下不属于力传感器的是（ ）。

A. 力矩传感器 B. 磁传感器 C. 黏度传感器 D. 密度传感器

8. 以下关于 Ad hoc 网络特点的描述中，错误的是（ ）。

A. 自组织 B. 多跳传输 C. 主从结构 D. 无线信道

9. 以下不属于无线传感器网络节点的是（ ）。

A. 传感器节点 B. 汇聚节点 C. 管理节点 D. 路由节点

10. 以下关于无线传感器网络特点的描述中，错误的是（ ）。

A. 网络规模大 B. 以网络为中心

C. 灵活的自组织能力 D. 拓扑结构的动态变化

11. 以下关于位置信息涵盖要素的描述中，错误的是（ ）。

A. 空间 B. 时间 C. 对象 D. 时序

12. 以下关于 GPS 的基本工作原理的描述中，错误的是（ ）。

A. 基于电磁波在自由空间的传输速度 C＝1×10^8 米 / 秒

B. 测量信号从卫星发送到被测量点的电磁波传输时间

C. 利用 3 颗卫星到被测量点的距离计算出被测量点的坐标

D. 通过第 4 颗卫星计算出电磁波传播速度误差，以提高定位精度

13. 以下不属于北斗卫星导航系统功能的是（　　）。

A. 定位　B. 导航　C. 电话　D. 通信

14. 以下关于北斗卫星导航系统的主要技术参数的描述中，错误的是（　　）。

A. 定位精度可以达到 10 米

B. 测速精度可以达到 0.2 米 / 秒

C. 时间同步精度可以达到 10 纳秒

D. 系统的最大用户数是 5400 户 / 小时

15. 以下关于嵌入式系统特点的描述中，错误的是（　　）。

A. 针对某些特定的应用

B. 专用的计算机系统

C. 剪裁计算机的硬件

D. 适应对计算机功能、可靠性、成本、体积、功耗的要求

16. 以下关于智能硬件共性特点的描述中，错误的是（　　）。

A. 计算＋通信　B. 智能＋控制

C. RFID＋传感器　D. 大数据＋云计算

17. 以下不属于物联网智能硬件的人机交互技术研究的是（　　）。

A. 桌面交互　B. 人脸识别　C. 虚拟现实　D. 增强现实

18. 以下不属于生物特征识别的内容是（　　）。

A. 指纹识别　B. 人脸识别　C. 虹膜识别　D. 频率识别

19. 以下关于可穿戴计算设备特征的描述中，错误的是（　　）。

A. 以人为本　B. 人机合一　C. 通用性　D. 专属化

20. 以下关于第四代机器人特征的描述中，错误的是（　　）。

A. 人工智能

B. 不能复制

C. 自动组装

D. 从机器人网络向“云机器人”方向演进

二、思考题

1. 请解释无源 RFID 标签工作原理。

2. 请试着设计一个阅览室图书自动借阅系统，并说明系统工作原理。

3. 请试着设计一个小区地下车库不停车电子收费系统（ETC），并解释系统工作原理。

4. 设想一下，一部智能手机需要用到哪几种传感器？为什么？

5. 智能手机的接近传感器有助于节约电能。请找到你所使用的手机安装接近传感器的

位置。

6. 试着设计一个用于煤矿工人井下定位的矿井地下无线传感器网络系统结构方案，并阐述设计的基本思路。

7. 请试着设计一套能够在自行车拐弯时实现变道提示、周边车辆过近报警的智能安全警示系统，说明设计的思路与采用的技术。

8. 请试着设计一套“公交车刷脸支付”系统，说明设计的思路与需要注意的问题。

第 3 章 物联网网络层技术

物联网的网络层具有连接感知层与应用层，正确、安全传输感知数据与应用层控制指令的作用。与感知层和应用层相比，网络层是标准化程度高、产业化能力强，技术相对成熟的部分。本章在讨论物联网网络层主要功能的基础上，将对组建物联网应用系统涉及的计算机网络、移动通信网络、无线通信的相关知识与技术进行系统介绍。

本章学习要求

- 了解物联网网络层的基本概念。
- 了解计算机网络技术的发展与应用。
- 了解移动通信网技术的发展，以及 5G 与 NB-IoT 技术发展对物联网的影响。

3.1 物联网网络层的基本功能

我们以典型的大型零售企业基于 RFID 技术构建的物联网智能物流系统为例，来说明物联网网络层的功能。图 3-1 描述了基于 RFID 的智能物流系统网络结构示意图。

假设这家大型零售企业的零售店与超市覆盖全国 20 个区域，每一个区域设立了一家分公司；每家分公司平均管理 50 家连锁店与超市；每一家连锁店与超市平均安装了 100 个 RFID 标签读写器；在若干地区设立了商品仓库与配送中心。要支撑这样一家由 10 万个 RFID 标签读写器采集销售数据的大型零售企业，不可能直接将这么多感知数据接入设备，直接连接到总公司网络，因此，采取多级汇聚的方式来收集数据。这样一个大型的网络系统应该按照接入层、汇聚层与核心交换层的层次结构思路来设计。

网络系统的最低层是接入层。每一家连锁店与超市的局域网通过计算机连接了 100 个 RFID 标签读写器。每个顾客购物之后，RFID 读写器自动读取商品的 RFID 标签信息，完成顾客购物结账功能。连接 RFID 标签读写器的计算机将销售数据汇总、存储到零售店或超市服务器的销售数据库中。

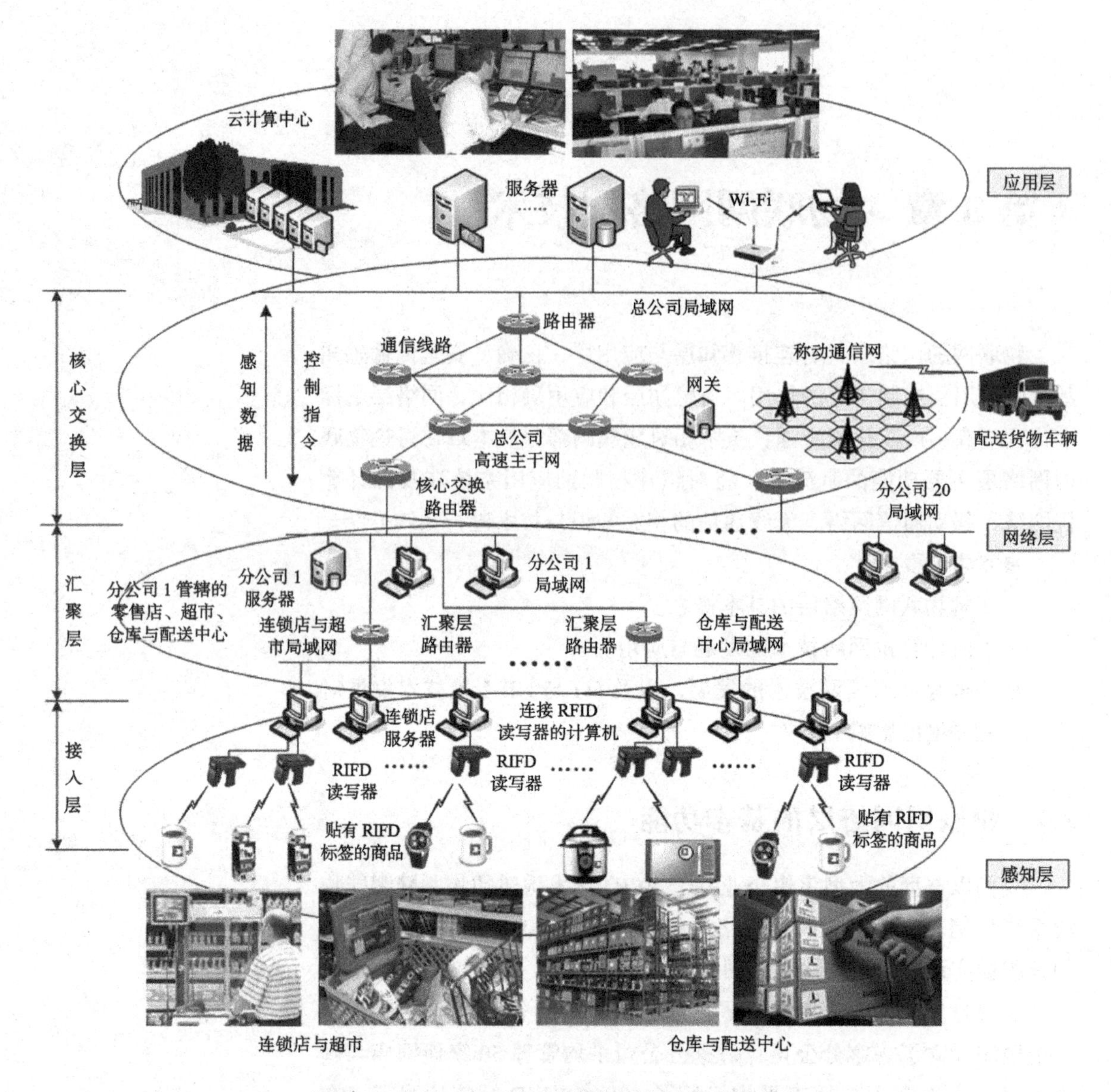

图 3-1 基于 RFID 的智能物流系统网络结构示意

连锁店、超市与商品仓库、配送中心将各个销售数据库中的商品销售、库存与配送数据汇总到分公司服务器数据库中，再由汇聚层路由器接入到核心交换层的总公司高速主干网，将分公司的数据传送到总公司服务器或云计算平台。

总公司的高层管理人员通过汇总后的当前销售与库存数据，结合历史数据，运用大数据分析工具，找出商品销售规律，给出不同地区畅销商品、滞销商品的预测数据，根据各地的商品库存情况，形成不同地区商品的促销策略、短缺商品的采购与调运指令，及时通过网络将指令反馈到零售店与超市、仓库与配送中心，指导商品采购、销售与配送。

从以上的分析中可以看出：

第一，物联网网络层的功能主要是连接感知层与应用层，正确传输感知层的数据与应用层的控制指令，保证数据传输的安全性。

第二，要实现在任何时候、任何地点与任何一个物体之间的通信，物联网的通信与网络技术必须从传统的以有线、固定节点通信方式为主，向以移动、无线通信为主的方向扩展。

第三，网络层为物联网与云计算、大数据、智能技术的交叉融合，为物联网与工业、农业、交通、医疗、物流、环保、电力等不同行业的跨界融合提供了通信环境和信息交互的平台。

下面将从计算机网络与移动通信网的两大技术领域出发，分析物联网通信与网络的技术与特点。

3.2 计算机网络技术

物联网是在互联网、移动互联网的基础上发展起来的，因此了解计算机网络技术的发展，对于认识物联网通信与网络技术的特点非常有益。

3.2.1 互联网的研究与发展

1. 分组交换技术

20世纪60年代中期，在与苏联的军事力量竞争中，美国军方认为需要一个专门用于传输军事命令与控制信息的网络。因为当时美国军方的通信主要依靠电话交换网，而电话交换网是相当脆弱的。电话交换系统中任何一台交换机或连接交换机的一条中继线路损坏，尤其是关键长途电话局交换机如果遭到破坏，就有可能导致整个系统通信中断。美国国防部高级研究计划署（Advanced Research Projects Agency，ARPA）要求设计一种新的网络，这种网络应克服电话交换网可靠性差的问题，在遭遇核战争或自然灾害致使部分网络设备或通信线路遭到破坏时，仍能利用剩余的网络设备与通信线路继续工作。他们把这样的网络系统称为“可生存系统”，并且新的网络能够适应计算机系统之间互联的需求。

要将分布在不同地理位置的计算机系统互联成网，首先要回答两个基本的问题：采用什么样的网络拓扑？采用什么样的数据传输方式？

（1）采用什么样的网络拓扑

研究人员比较了两种网络拓扑结构的方案。第一种是集中式拓扑构型。在集中式网络中，所有主机都与一个中心节点连接，主机之间交互的数据都要通过中心节点转发。这种结构同样存在可靠性较差的问题。如果中心节点受到破坏，整个网络将会瘫痪。尽管可以在集中式拓扑的基础上形成非集中式的星-星结构，但是集中式结构致命的弱点仍然难以克服。图3-2

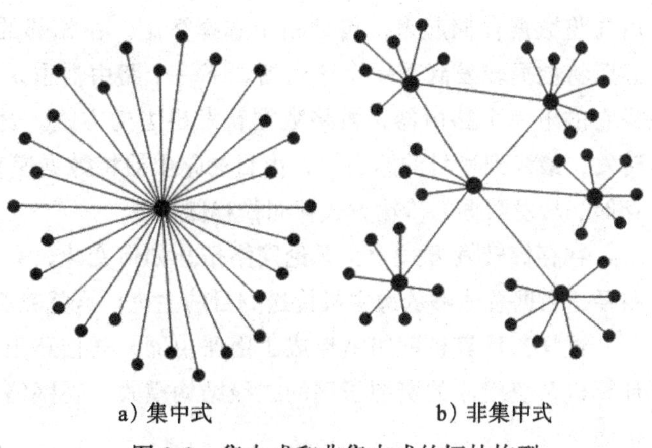
a）集中式　　b）非集中式

图3-2　集中式和非集中式的拓扑构型

给出了集中式和非集中式的拓扑构型示意图。

第二种设计方案是采用分布式网状结构拓扑构型。分布式网络没有中心节点，每个节点与相邻节点连接，从而构成一个网状结构。在网状结构中，任意两节点之间可以有多条传输路径。如果网络中某个节点或线路损坏，数据还可以通过其他路径传输。显然，这是一种具有高度容错特性的网络拓扑结构。图 3-3 给出了网状拓扑的结构示意图。

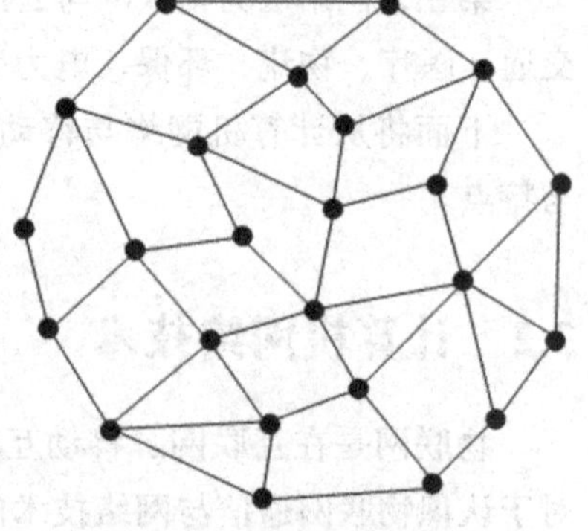
图 3-3　网状拓扑结构

（2）采用什么样的数据传输方式

针对网状拓扑中计算机系统之间的数据传输问题，研究人员提出了一种新的数据传输方法——分组交换。图 3-4 给出了分组交换的工作原理示意图。

分组交换技术涉及三个重要的概念。

第一个概念是**存储转发**。

研究人员设想网状结构的每一个节点都是一台路由器。发送数据的计算机称作源主机，连接源主机的路由器称作源路由器，接收数据的主机称作目的主机，连接目的主机的路由器称作目的路由器。

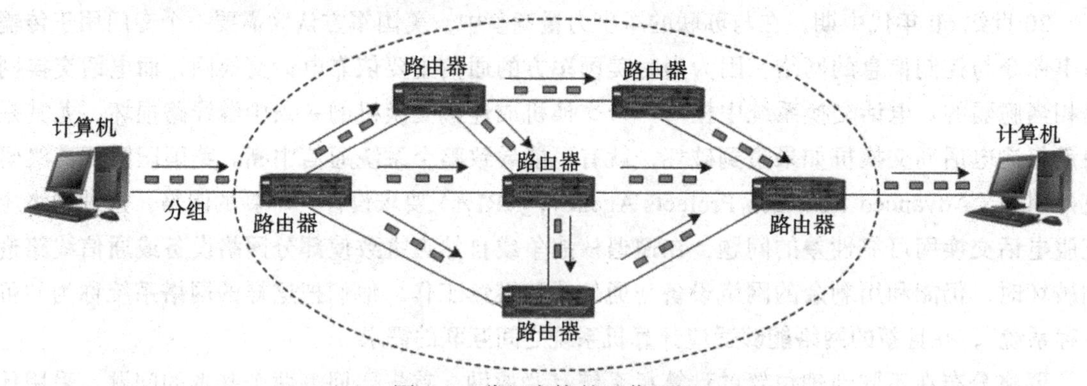

图 3-4　分组交换的工作原理

在存储转发工作模式中，源主机将数据发送给源路由器。源路由器在正确接收到数据之后先将数据存储起来，启动路由选择算法，在相邻的路由器中选择最合适的下一个路由器，然后将数据转发到下一个路由器。下一个路由器也采取先将接收到的数据存储起来，接着寻找它的下一个路由器，再将数据转发出去的方式。这样，数据通过一个一个路由器的接收、转发，最终到达目的路由器，由目的路由器将数据递交给目的主机。这种由多个路由器接收、存储、转发数据的传输方式就叫作**存储转发**。

在存储转发方式中，无论网络拓扑如何变化，只要源主机与目的主机之间存在一条传输路径，数据总能够从源主机传送到目的主机。这就克服了传统电话交换网可靠性差的缺点。

这样，计算机网络就形成了由路由器、连接路由器的传输线路组成的通信子网，以及由计算机系统组成的资源子网的二级结构模式。在网络技术的讨论中，通常也将通信子网叫作传输网。

第二个概念是**分组**。

传统的电话交换网是为了满足人与人之间通话的需求，因此电话交换网在正式通话之前需要在两部电话机之间先建立线路连接；通话结束之后需要断开两部电话机之间的线路连接。我们每次打电话之前的拨号接通时间一般都要几十秒。这个建立连接的延迟时间相比于通话时间来说还是比较短的，也是人能接受的。但是，计算机之间的数据通信属于“突发性”的。计算机之间随时可能要求在几毫秒或更短的时间内完成几 KB 的语音文件、几 MB 的文本或图像文件，或者是几 GB 的视频数据的传输。

传输不同类型、不同长度、不同传输实时性要求的数据有两种方法。一种方法是路由器不管被传输数据的类型、长度与实时性要求，一律将其当作一个报文来传输。另一种方法是源主机需要预先按照通信协议的规定，将待发送的长数据分成长度固定的片，将每一片数据封装成格式固定的“分组”，再交给路由器来传输。

第一种方法的缺点是：路由器在存储转发的过程中，必须按最长报文来准备接收缓冲区，这样对于语音类的短报文，路由器存储区的利用率会很低。同时，在通信线路传输误码率相同的情况下，传输的报文越长，出错的概率就越大，路由器处理长报文出错的计算量就越大，花费的时间越长，效率越低。

第二种方法中，分组长度固定、格式固定，头部带有源地址、目的地址与校验字段，路由器在接收到分组之后，可以快速地根据校验字段检查分组传输是否出错。如果没有出现传输错误，则立即根据分组头的源地址、目的地址以及当时连接路由器的通信线路的状态，为该分组寻找出“最适合”的下一个转发路由器，快速转发出去。因此，分组交换非常适合计算机与计算机之间的数据传输。

第三个概念是**路由选择**。

我们可以用一个简单的例子来说明路由选择的概念。最简单的路由选择算法是“热土豆法”。设计“热土豆法”的灵感来自于人们的生活实践。当人们接到一个“烫手”的热土豆时，本能反应是立即扔出去。路由器在处理转发的数据分组时也可以采取类似的方法，当它接收到一个待转发的数据分组时，会尽快寻找一个输出路径转发出去。当然，一种好的路由选择算法应该具有自适应能力，当发现网络中任何一个中间节点或一段链路出现故障时，具有选择绕过故障的节点或链路来转发分组的能力。

2. 互联网的发展

分组交换的概念为计算机网络研究奠定了理论基础，分组交换网的出现预示着现代网络通信时代的到来。互联网、移动互联网、物联网的网络与通信技术都是建立在分组交换概念的基础上的。

在开展分组交换理论研究的同时，ARPA 开始组建世界上第一个分组交换网——ARPANET。1972 年 10 月，罗伯特 · 卡恩（Robert Kahn）在华盛顿召开的第一届国际计算机与通信会议（ICCC）上首次公开演示了 ARPANET 的功能。当时参加演示的 40 台计算机分布在美国各地，演示的项目包括网上聊天、网上弈棋、网上测验、网上空管模拟等，其中网上聊天演示引起了极大轰动，吸引了世界各国计算机与通信学科的科学家加入到计算机网络研究的队伍之中，开启了互联网时代。从 1990 年到 1995 年，接入互联网主机的数量在持续增长，特别是从 1993 年开始进入快速增长阶段。

我国互联网发展十分迅速。根据我国互联网络信息中心（CNNIC）第 41 次《中国互联网络发展状况统计报告》公布的数据，截至 2017 年 12 月，中国网民规模达 7.72 亿，互联网普及率为 55.8%；网民规模达到 7.53 亿，占网民的比例的 97.5%。从这些数据中可以看出，无论是互联网、移动互联网的网民数量，还是在物联网的发展态势上，我国都位居世界前列。

3. TCP/IP 协议与物联网的发展

1977 年 10 月，ARPANET 研究人员提出了 TCP/IP 协议体系。其中，TCP（Transport Control Protocol）协议实现源主机与目的主机之间的分布式进程通信的功能，IP（Internet Protocol）协议实现传输网中路由选择与分组转发功能。TCP/IP 协议成为互联网的核心协议。

IP 协议在发展过程中存在着多个版本，其中最主要的版本有两个：IPv4 与 IPv6。描述 IPv4 协议的文档最早出现在 1981 年。那个时候互联网的规模很小，计算机网络主要用于连接科研部门的计算机，以及部分参与 ARPANET 研究的大学计算机系统。在这样的背景下产生的 IPv4 协议，不可能适应以后互联网大规模扩张的要求，研究人员针对暴露的问题不断“打补丁”，完善 IPv4 协议。当互联网的规模发展到一定程度时，局部地修改已无济于事，因此不得不研究一种新的网络层协议来解决 IPv4 协议面临的所有困难，这个新的协议就是 IPv6 协议。

IP 协议与网络规模的矛盾突出表现在 IP 地址上。IPv4 的地址长度为 32 位。2011 年 2 月，在美国迈阿密会议上，最后 5 块 IPv4 地址被分配给全球 5 大区域互联网注册机构之后，IPv4 地址已全部分配完毕。互联网面临着地址匮乏的危机，解决的办法是从 IPv4 协议向 IPv6 协议过渡。

IPv6 的主要特征可以总结为：巨大的地址空间、新的协议格式、有效的分级寻址和路由结构、地址自动配置、内置的安全机制。IPv6 的地址长度定为 128 位，因此 IPv6 可以提供 2^{128}（3.4×10^{38}）个地址，用十进制数写出来就是

340 282 366 920 938 463 463 374 607 431 768 211 456

人们经常用地球表面每平方米平均可以获得多少个 IP 地址来形容 IPv6 的地址数量之多。如果地球表面面积按 5.11×10^{14} 平方米计算，那么地球表面每一平方米平均可以获得的 IP 地址数量为 6.65×10^{23}，即

665 570 793 348 866 943 898 599

显然，大规模物联网的应用需要大量的 IP 地址，IPv6 地址能够满足未来大规模物联网终端设备接入的需求。我国政府高度重视、积极参与 IPv6 的研究与试验。2003 年启动了下一代网络示范工程 CNGI，国内的网络运营商与网络通信产品制造商纷纷研究支持 IPv6 的软件技术与网络产品。2008 年，北京奥运会成功地使用 IPv6 网络，使我国成为全球较早商用 IPv6 的国家之一。2008 年 10 月，中国下一代互联网示范工程 CNGI 正式宣布从前期的试验阶段转向试商用。目前，CNGI 已经成为全球最大的示范性 IPv6 网络。这些工作都为物联网的发展奠定了坚实的基础。

从以上分析中可以得出两点结论：

第一，未来物联网中大量的传感器、RFID 读写设备、智能移动终端设备、智能控制设备、智能汽车、智能机器人、可穿戴计算设备都可以获得 IPv6 地址。联入物联网的节点数量将可以不受限制地持续增长。

第二，IPv6 协议能够适应物联网智能工业、智能农业、智能交通、智能医疗、智能物流、智能家居等领域的应用。IPv6 协议将成为物联网核心协议之一。

3.2.2 计算机网络的分类与特点

在计算机网络发展的过程中，发展最早的是广域网技术，其次是局域网技术。早期的城域网技术是包含在局域网技术中同步开展研究的，之后出现了个人区域网。从网络结构的角度，我们可以认为：互联网是使用网络互联协议将分布在不同地理位置的广域网、城域网、局域网与个人区域网互联起来形成的“网际网”。

随着物联网应用的发展，智能医疗对人体区域网提出了强烈的需求，促进了人体区域网技术的发展与标准的制定，扩展了计算机网络的种类。目前，计算机网络在传统的广域网、城域网、局域网、个人区域网四种类型基础上又增加了人体区域网，变为五种基本的类型。同样，我们可以认为：物联网是将广域网、城域网、局域网、个人区域网与人体区域网互联起来形成的网际网。

研究物联网通信与网络技术，必须了解广域网、城域网、局域网、个人区域网与人体区域网的基本概念。

1. 广域网

广域网（Wide Area Network，WAN）又称为远程网，所覆盖的地理范围从几十公里到几千公里。广域网可以覆盖一个国家、地区，或横跨几个洲，形成国际性远程计算机网络。广域网的初期设计目标是将分布在很大地理范围内的若干台大型、中型或小型计算机互联起来，用户通过连接在主机上的终端访问本地主机或远程主机的计算与存储资源。随着互联网应用的发展，广域网作为核心主干网的地位日益清晰，广域网的设计目标逐步转移到将分布在不同地区的城域网、局域网的互联上。

广域网分为两类，一类是公共数据网络，另一类是专用数据网络。由于广域网建设投资很大，管理困难，所以大多数广域网都是由电信运营商负责组建、运营与维护的。网络运营商组建的广域网为客户提供高质量的数据传输服务，因此这类广域网具有公共数据网络（Public Data Network，PDN）的性质。但是，由于对网络安全与性能有特殊要求，所以一些大型企业网络（如银行网、电力控制网、电子政务网、电子商务网等）以及大型物联网应用系统，都需要组建自己专用的广域网，作为大型网络系统的主干网。

2. 城域网

支持一个现代化城市的宽带城域网（Metropolitan Area Network，MAN）一般可以分为核心交换、汇聚与接入三个层次。用户可以通过计算机由局域网接入，通过固定、移动电话由电信通信网络的有线或无线方式接入，或者是通过电视由有线电视 CATV 传输网接入。汇聚层将大量用户访问互联网的请求汇聚到核心交换层。通过核心交换层连接国家核心交换网的高速出口，接入到互联网。宽带城域网已成为现代化城市建设的重要信息基础设施之一。

宽带城域网的应用和业务主要有：大规模互联网用户的接入，网上办公、视频会议、网络银行、网购等办公环境的应用，网络电视、视频点播、网络电话、网络游戏、网络聊天等交互式应用，家庭网络的应用，以及物联网的智能家居、智能医疗、智能交通、智能物流等应用。

3. 局域网

局域网（Local Area Network，LAN）用于将有限范围内（例如，一个实验室、一幢大楼、一个校园）的各种计算机、终端与外设互联成网。局域网可以分为有线与无线的局域网。局域网中应用最为广泛的是以太网（Ethernet）。传统的以太网采用有线的 IEEE 802.3 标准，无线以太网（Wi-Fi）采用的是 IEEE 802.11 标准。目前，以太网正在向城域以太网、光以太网，以及适应物联网应用的工业以太网方向扩展。

4. 个人区域网

随着笔记本计算机、智能手机、PDA 与信息家电的广泛应用，人们逐渐提出自身附近 10m 范围内的个人活动空间的移动数字终端设备（如鼠标、键盘、投影仪）联网的需求。由于个人区域网（Personal Area Network，PAN）主要是用无线通信技术实现联网设备之间的通信，所以出现了无线个人区域网络（WPAN）的概念。目前，无线个人区域网中应用的通信技术主要有蓝牙、ZigBee、基于 IPv6 的低功耗个人区域网 6LoWPLAN 技术等。

5. 人体区域网

物联网智能医疗应用对计算机网络提出了新的需求，促进了人体区域网（Body Area Network，BAN）的发展。物联网智能医疗的需求主要表现在以下两点：

第一，智能医疗应用系统需要将人体携带的传感器或移植到人体内的生物传感器节点组成人体区域网，将采集到的人体生理信号（如温度、血糖、血压、心跳等参数），以及人体活动或动作信号、人所在的环境信息，通过无线方式传送到附近的基站。因此，用于智能医疗的个人区域网是一种无线人体区域网（WBAN）。

第二，智能医疗应用系统不需要有很多节点，节点之间的距离一般在 1 米左右，节点之间的最大传输速率为 10Mbps。无线人体区域网的研究目标是为健康医疗监控应用提供一个集成硬件、软件的无线通信平台，特别强调要适应于可植入的生物传感器与可穿戴计算设备的尺寸，以及低功耗、低速率的无线通信要求。因此，无线个人区域网又称为无线个人传感器网络（WBSN）。

2012 年，IEEE 正式批准了无线个人区域网的 IEEE 802.15.6 标准。这也为传统的计算机网络增加了一种更小覆盖范围的网络类型和标准。无线个人区域网的结构如图 3-5 所示。

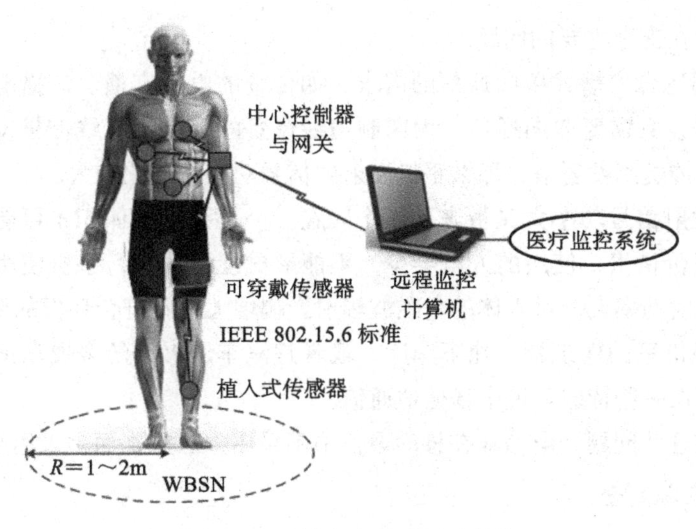

图 3-5　无线个人区域网的结构

3.3　移动通信网技术

3.3.1　蜂窝系统的基本概念

1. 大区制通信的局限性

移动通信的基本要求是不管走到哪里都要有无线信号，都可以打电话。要实现这个目标，就要解决无线信号覆盖范围的问题。而解决无线信号覆盖范围问题最容易想到的方法有两种。一种方法是像广播电视一样，在城市最高的山顶上架设一个无线信号发射塔，或者是在城市中心建一座很高的发射塔，在发射塔上安装一台大功率的无线信号发射机，使发射的无线信号能够覆盖一个城市几十公里范围的区域。另外一种办法是采用卫星通信技术，通过卫星信号覆盖地球表面的很大面积，从而解决大范围的无线通信问题。这就是移动通信中的大区制信号覆盖方法（如图 3-6 所示）。

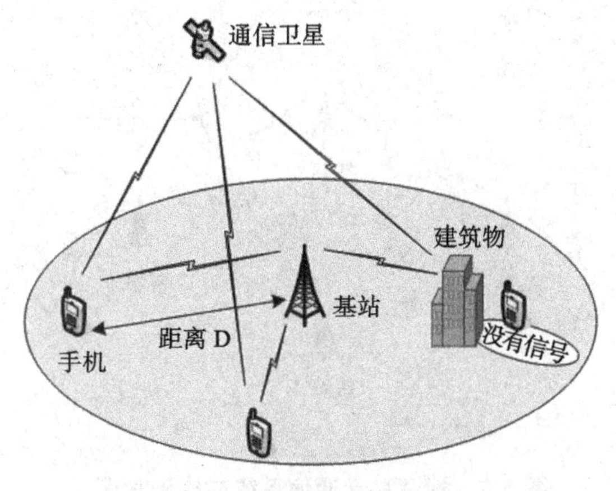

图 3-6　大区制通信的结构

大区制通信存在三个主要的问题。

第一，大区制适合广播式单向通信的需求，如传统的电视广播、广播电台。手机与电视机、收音机不一样，它需要双向通信。大区制边缘位置的手机距无线信号发射塔比较远，如果手机需要将信号传送到发射塔，那么手机发射的信号功率就要比较大。

第二，手机发射信号功率大又带来了三个问题。一是手机的体积不可能太小。二是手机价格会很贵。手机价格贵，使用的人就会少，不能形成规模效益，手机使用的费用也会相应提高。三是手机发射功率大，对人体的电磁波辐射影响增大，不符合环保的要求。

第三，由于城市里的建筑物、地下车库，或者是汽车、火车的金属车顶都会阻挡无线信号，不能保证手机在一些特殊环境中畅通地通信。

正是由于存在这些问题，电信业在移动通信中不采用大区制，而是采用小区制。

2. 小区制的基本概念

小区制是将一个大区制覆盖的区域划分成多个小区，在每个小区（cell）中设立一个基站（base station)，用户手机与基站通过无线链路建立连接，从而实现双向通信。

小区制主要有以下特点：

1）小区制是将整个区域划分成若干个小区，多个小区组成一个区群。由于区群结构酷似蜂窝，因此小区制移动通信系统也叫作蜂窝移动通信系统。

2）每个小区架设一个（或几个）基站，小区内的手机与基站建立无线链路。

3）区群中各小区基站之间可以通过光缆、电缆或微波链路与移动交换中心连接。移动交换中心通过光缆与市话交换网络连接，从而构成一个完整的蜂窝移动通信网络系统。

图 3-7 给出了蜂窝移动通信网络系统结构示意图。

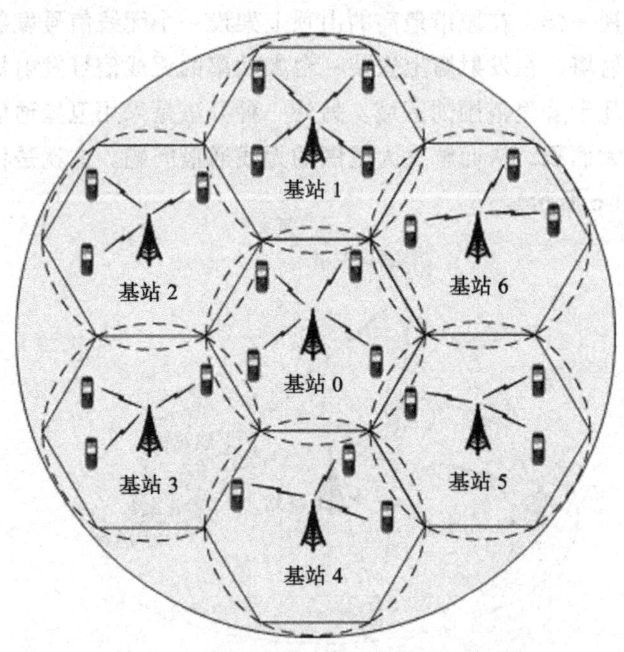

图 3-7 蜂窝移动通信系统结构示意图

3. 无线信道与空中接口

如果将移动通信与有线通信相比较的话，它们的区别主要在信道与接口标准上。图 3-8 给出了移动通信与有线通信在信道与接口方面的区别。

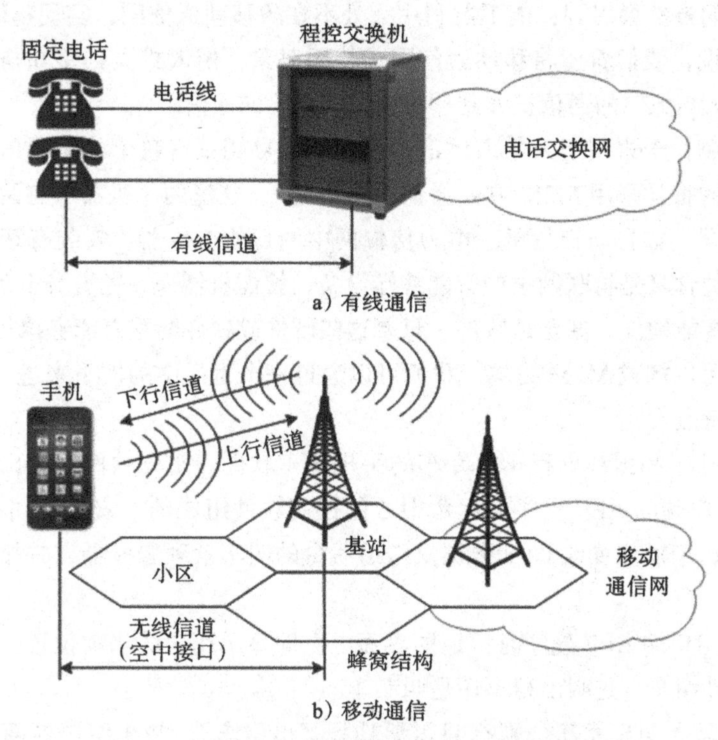

图 3-8　移动通与有线通信的接口与信道的区别

如图 3-8a 所示，只要将电话机与预先安装在墙上的电话线插座口用带有标准接头的电话线连接，就可以接入电话局的程控交换机，进入电话交换网，与世界上任何一个地方的固定电话通话。

如图 3-8b 所示，移动通信场景下，手机与基站使用的是无线信道。无线信道成为手机与基站之间的无线“空中接口”。基站通过空中接口的下行信道向手机发送语音、数据与信令，手机通过空中接口的上行信道向基站发送语音、数据与信令信号。手机通过基站接入到蜂窝移动通信系统中。要做到用户在移动状态下有条不紊地通信，就必须严格遵循移动通信的空中接口标准。正是移动通信空中接口技术与标准的进步，推动移动通信技术从 1G、2G、3G 、4G 到 5G 不断发展。

4. M2M 技术及其在物联网中的应用

如果我们将用户通过手机与另一位用户的通话、网络视频，或者是以微信方式的通信定义为“人与人（Human to Human，H2H)”通信的话，那么物联网控制中心计算机通过移动通信网远程控制智能电表、智能路灯、智能测控装置、智能家居家庭网关与智能机器人，就应该是“机器与机器”通信。产业界将这种机器与机器（Machine-to-Machine）的通信方式简称为 M2M 通信。

理解 M2M 的概念需要注意两个问题：1）M2M 是指不在人的控制下的一种通信方式；2）M2M 中的“机器”可以是传统意义上的机器，也可以是物联网智能硬件或软件。

移动通信网主要是为人与人之间在移动状态下打电话和访问互联网而设计的。在研究物联网应用时，我们自然会想到：能不能利用无处不在的移动通信网，实现物联网“万物互联”的目的。也就是说，我们希望将移动通信网的使用对象，由人扩大到感知与执行设备、移动终端设备，将“人与人”的通信扩大到“机器与机器”的通信。

研究人员预测，未来用于人与人通信的手机数量可能仅占整个移动通信网终端数的很小一部分，更大量的将是采用 M2M 方式通信的“机器”。这里的“机器”有两种含义，一种是传统意义上的机器，如自动售货机、电力传输网中的智能变压器、安装有智能传感器的大型机械设备；另一种含义是物联网中的智能终端设备、智能机器人、牲畜身上的 RFID 耳钉、汽车上的传感器等智能硬件，甚至是软件。只要这些硬件或软件配置有能够执行 M2M 通信协议的接口模块，就可以构成 M2M 终端。我们可以通过一个生活中的例子来进一步说明 M2M 通信方式的原理与特点。

大家都用过呼叫和预约出租车、专车的手机叫车软件。叫车软件是由出租车与专车司机的 APP 程序、用户端的 APP 程序与运营中心的控制软件组成的。安装了司机端 APP 程序的手机，随时将标识车辆位置的 GPS 数据发送给后台的叫车管理服务器，并接受叫车管理服务器的指令。

当用户打开用户端 APP 程序时，地图界面上立即显示用户的当前位置。它首先会询问用户是预约还是立即叫车，是叫出租车还是叫专车。

如果用户想马上叫出租车，那么只需要选择“出租车”，并在用户界面的“你去哪里?”的提示行中填上目的地信息，发送出去，然后安心地等待。

叫车管理服务器接收到用户手机给出的当前位置，以及填写的目的地地址之后，就会立即发送服务信息：“请稍候，正在为你呼叫出租车”。

叫车管理服务器同时将用户的当前位置与目的地址发送给用户附近的出租车。当其中一辆或几辆出租车可以提供服务时，司机将通过手机界面的按钮回复。

如果叫车管理服务器收到多位司机回复，它会自动选择最先回复的或离用户最近的出租车。然后叫车管理服务器立即向用户发出服务接受信息，如“车牌号为 A123 的出租车大约在 1 分钟后达到，司机电话为 139***，请稍候”。

用户在手机地图上可以看到为其服务的出租车移动的画面，实时了解出租车的位置，做好乘车准备。司机接到用户后，点击手机界面的按钮确认服务开始。用户端界面会同步显示行驶路线以及与目的地的距离。

到达目的地之后，司机通过手机界面向叫车管理服务器报告已经完成服务的信息。叫车管理服务器向用户手机发送已产生的费用信息。如果用户确认无误，则可以通过手机支付完成付款过程。

至此，一次便捷的呼叫或预约出租车的出行过程就完成了。在这个过程中，用户的手机变成了一台移动终端设备，或者说一台“机器”。整个过程是在“机器与机器”交互的过程中完成的。然而，隐藏在“机器与机器”交互的过程背后的是无线M2M协议（Wireless M2M Protocol，WMMP）。

WMMP协议是支持移动通信网中机器与机器交互的通信协议。用户、出租车司机发送给服务器的数据，以及服务器发送给用户与司机的数据，在移动通信网中都按照WMMP通信协议的格式被封装成M2M数据包进行传输（如图3-9所示）。

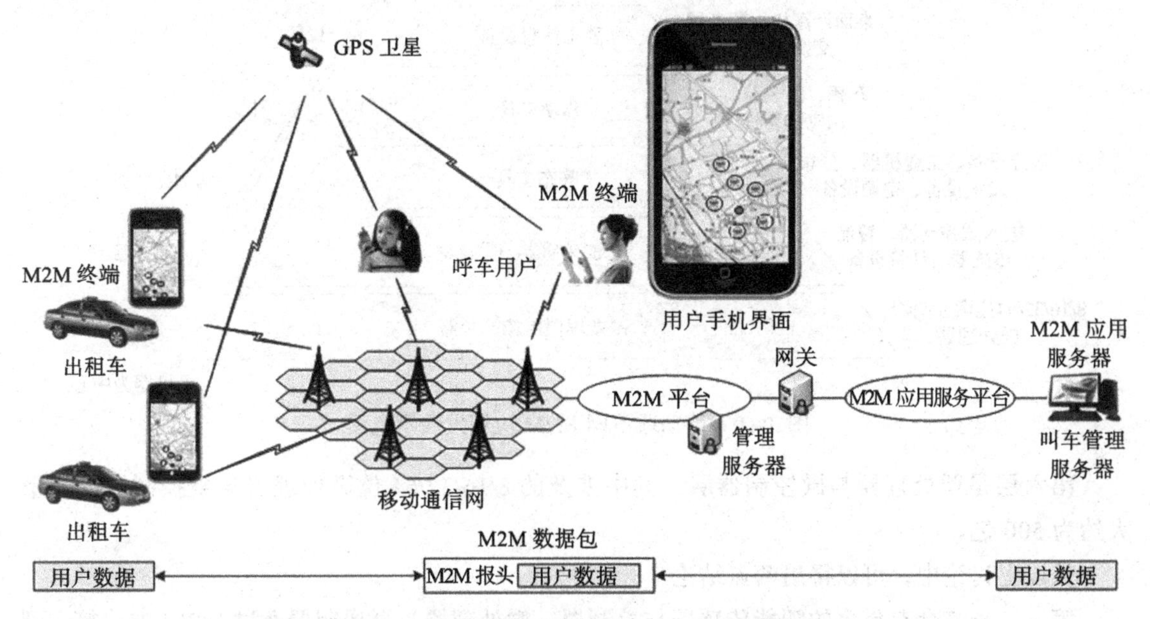

图3-9 移动通信网中的M2M通信的示意图

目前，M2M技术与WMMP协议已经开始应用于大型设备远程监控与维修、桥梁与铁路远程监控、环境监控、手机移动支付、物品位置跟踪、自动售货机状态监控、车辆运行状态与位置监控、物流监控、自动售货机远程监控、移动POS支付、大楼与物业监控，以及重点防范场地与家庭安全监控之中，成为支撑物联网智能电网、智能交通、智能医疗、智能物流、智能安防、智能环境、智能农业、智能工业的网络通信方式之一。

根据国际著名研究机构对M2M通信模式未来发展的趋势进行的预测，研究人员将移动通信网从“以人为中心”向“以机器为中心”的应用过渡的过程分成6个层次，形成一个金字塔型，如图3-10所示。

金字塔的顶端是移动信息设备层。研究人员预测，未来将有35亿台设备会通过M2M方式进行通信，它们主要是手机、PDA、GPS与平板电脑。

第二层是静态信息设备层，其中涉及的桌面计算机、服务器、交换机与磁盘的数量大约为12亿。

第三层是移动工具层，其中涉及的车辆、集装箱、供应链物资的数量大约为5亿。

第四层是静态工具层，其中涉及的医疗设备、工业机器、分布式发电设备、空调设备的数量大约为4.25亿。

第五层是智能传感器与控制器层，其中涉及的嵌入式控制器、智能传感器与计量设备的数量大约为 17.5 亿。

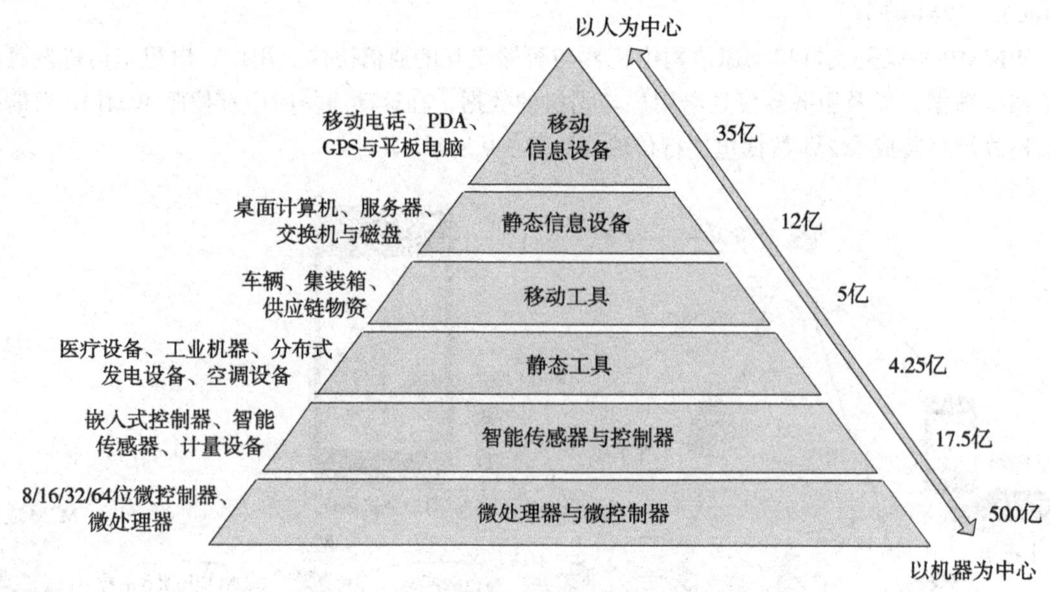

图 3-10 移动通信网 M2M 应用发展示意图

第六层是微处理器与微控制器层，其中涉及的 8/16/32/64 位微处理器与微控制器的数量大约为 500 亿。

从以上讨论中，可以得出两点结论：

第一，未来会有更多的智能传感器与控制器、微处理器与微控制器通过 M2M 方式接入到物联网中。

第二，移动通信网必然成为物联网的通信与网络基础设施的重要组成部分。

3.3.2 移动通信技术与标准的发展

在过去的 30 多年中，移动通信经历了从语音业务到移动宽带数据业务的快速发展，促进了移动互联网应用的高速发展。移动互联网应用不仅深刻地改变了人们的生活方式，也极大地影响着当今社会的经济与文化发展。

1995 年出现的第一代（1G）移动通信是模拟方式，用户语音信息以模拟信号方式传输。

1997 年出现的第二代（2G）移动通信采用全球移动通信系统（GSM）、码分多址（CDMA）等数字技术，使得手机能够接入互联网。但是，2G 手机只能提供通话和短信功能。

第三代（3G）移动通信技术的特点用一句话描述，那就是“移动 + 宽带”，它能够在全球范围内更好地实现与互联网的无缝漫游。3G 手机能够支持高速数据传输，能够处理音乐、图像、视频，能够进行网页浏览，开展网上购物与网上支付活动。3G 的使用加速了移动互联网应用的快速发展。

第四代（4G）通信技术是继 3G 之后的又一次无线通信技术演进。与 3G 相比，它最大的突破点是将移动上网的速度提高了 10 倍。

4G 通信的设计目标是：更快的传输速度、更短的延时与更好的兼容性。4G 网络能够以 100Mbps 的速度传输高质量的视频图像数据，通话成为 4G 手机一个基本的功能。在 4G 环境下，下载一部长度为 2GB 的电影，只需要几分钟；用 4G 网络在线看电影，视频的画面流畅，不会出现“卡带”的现象。利用 4G 网络，急救车内的工作人员可以与医院的医生实时召开视频会议，在病人运送的过程中进行会诊，指导对危重病人的抢救。通过 4G 网络，医院之间可以实时传送 CT 图像、X 光片，保障远程医疗会诊的顺利开展，使更多的农村与边远地区的患者能够受益。利用 4G 网络，大量的视频探头拍摄的道路、社区、公共场所、突发事件现场的图像可以被迅速地传送到政府管理部门，帮助管理部门即时掌握情况，研究处置方案。

4G 与物联网技术的结合将会促进医疗、教育、交通、金融、城市管理等行业应用的发展，更深层次地渗透到社会生活的各个方面。

2012 年 1 月，国际电信联盟（ITU）确定，中国拥有核心自主知识产权的移动通信标准 TD-LTE-A 成为 4G 的两大国际标准之一，我国首次在移动通信标准上实现了从“追赶”到“引领”的重大跨越。

2015 年 2 月，工业和信息化部向中国移动、中国电信和中国联通三大电信运营商发放 4G 牌照，标志着我国 4G 商用时代的到来。

3.3.3 5G 与物联网

在移动通信领域，“没有最快，只有更快”。在推进 4G 商用的同时，研究人员正在紧锣密鼓地研究第五代（5G）移动通信技术。预计在 2020 年，5G 技术可以进入商用阶段。

1. 5G 的需求与推动力

根据麦肯锡的预测，在未来的十大热门行业中，移动互联网与物联网占据重要的地位。物联网已经成为 5G 技术研究与应用发展的重要推动力。5G 与物联网的关系可以从以下两个方面去认识。

第一，物联网规模的发展对 5G 技术的需求。

面对物联网不同的应用场景，物联网应用系统对网络传输延时要求从 1ms 到数秒不等，每个小区在线连接数从几十个到数万个不等。未来，物联网人与物、物与物互联范围将不断扩大，智能家居、智能工业、智能环保、智能医疗、智能交通应用迅速发展，数以千亿计的智能感知与控制设备、智能机器人、可穿戴计算设备、无人驾驶汽车、无人机将接入物联网，物联网控制指令和数据实时传输对移动通信与移动通信网提出了高带宽、高可靠性与低延时的迫切需求。

产业界预计，2020 年全球移动通信网的数据通信量将出现爆发式增长的局面。2010～2020 年全球移动通信量将增长 200 倍；2010～2030 年全球移动通信量将增长 2 万倍。我国移动通信网的数据量增速高于全球平均水平，2010～2020 年全球移动通信量将增长 300 倍；2010 年～2030 年全球移动通信量将增长 4 万倍。

未来，全球移动终端联网设备数量将达到千亿的规模。到 2020 年，全球物联网联入移动通信网的数量将达到 70 亿个，其中我国将有 15 亿个。到 2030 年，全球物联网联入移动通信网的数量将达到 1000 亿个，其中我国将有 200 亿个。

物联网规模的超常规发展，大量物联网应用系统将部署在山区、森林、水域等偏僻地区。很多物联网感知与控制节点密集部署在大楼内部、地下室、地铁与隧道中，4G 网络与技术已难以适应，只能寄希望于 5G 网络与技术。

第二，物联网性能的发展对 5G 技术的需求。

物联网涵盖智能工业、智能农业、智能交通、智能医疗与智能电网等各个行业，业务类型多、业务需求差异性大。尤其是在智能工业的工业机器人与工业控制系统中，节点之间的感知数据与控制指令传输必须保证是正确的，延时必须在毫秒量级，否则就会造成工业生产事故。无人驾驶汽车与智能交通控制中心之间的感知数据与控制指令传输尤其要求准确性，延时必须控制在毫秒量级，否则就会造成车毁人亡的重大交通事故。

5G 技术的成熟和应用将使很多物联网应用的带宽、可靠性与延时的瓶颈得到解决。

2. 5G 的技术目标

未来，5G 典型的应用场景主要是人们的居住、工作、休闲与交通区域，特别是人口密集的居住区、办公区、体育场、晚会现场、地铁、高速公路、高铁等。这些地区存在着超高流量密度、超高接入密度、超高移动性，这些都对 5G 网络性能有较高的要求。为了满足用户要求，5G 研发的技术指标包括：用户体验速率、流量密度、连接数密度、端 – 端延时、移动性与用户峰值速率等。具体的性能指标如表 3-1 所示。

表 3-1　5G 的性能指标

名　　称	定　　义	单　　位	性能指标
用户体验速率	真实网络环境中，在有业务加载的情况下，用户实际可以获得的速率	bps	0.1～1Gbps
流量密度	单位面积的平均流量	$Mbps/m^2$	$10Mbps/m^2$
连接数密度	单位面积上支持的各类在线设备数	个 $/km^2$	$1\times10^6/km^2$
端 – 端延时	在已经建立连接的发送端与接收端之间，数据从发送端发出到接收端正确接收所需要的时间	ms	1ms
移动性	在特定的移动场景下，用户可以获得的体验速率的最大移动速度	km/h	500km/h
用户峰值速率	单用户理论峰值速率	bps	常规情况 10Gbps 特定场景 20Gbps

从表 3-1 中可以看出，5G 的用户体验速率在 0.1～1Gbps；流量密度为每平方米 10Mbps；连接数密度为每平方公里可以支持 100 万个在线设备；端 – 端延时可以达到 1ms；在特定的移动场景中，允许用户最大的移动速度为每小时 500 公里；单用户理论的峰值速率在常规情况下为 10Gbps，特定场景下能够达到 20Gbps。

5G 网络作为面向 2020 年之后的技术，需要满足移动宽带、物联网以及其他超可靠通信的要求，同时它也是一个智能化的网络。5G 网络具有自检修、自配置与自管理的能力。

显然，5G 的技术指标与智能化程度远远超过了 4G，很多对带宽、延时与可靠性有高要求的物联网应用在4G网络中无法实现，但是在5G网络中可以实现。因此，产业界有人预言：进入5G时代，受益最大的是物联网。

5G的设计者将物联网纳入到整个技术体系之中，5G技术的发展与应用将大大推动物联网“万物互联”的进程。

3.3.4 NB-IoT与物联网

1. NB-IoT的基本概念

未来，在基于移动蜂窝网接入技术的竞争中，应用规模、运营成本与接入成本将起到决定性的作用。窄带物联网（Narrow Band Internet of Things，NB-IoT）是一种基于移动蜂窝网，面向低功耗、广覆盖（Low Power Wide Area，LPWA）的接入技术。NB-IoT的研究瞄准的是物联网市场。NB-IoT概念一提出，就引起了几乎所有电信运营商与通信企业的高度重视。

NB-IoT的核心标准已经在2016年6月完成。在NB-IoT国际标准的制定过程中，我国企业发挥了重要的作用。2016年10月，中国移动联合华为等厂商进行了基于3GPP标准的（NB-IoT）商用产品的实验室测试，希望能够促进蜂窝物联网产品的快速成熟，推动我国物联网发展。华为公司将NB-IoT称为“蜂窝物联网”。

2. NB-IoT技术的特点

NB-IoT技术的特点主要表现在广覆盖、大规模、低功耗、低成本等方面。

1）“广覆盖、大规模”表现在NB-IoT构建于蜂窝网络中，只占用大约180kHz的带宽，单个小区能支持10万个移动终端接入。

2）“低功耗、低成本”表现在NB-IoT终端模块的待机时间可长达10年，而终端模块的成本将不超过5美元。

3. NB-IoT的应用

NB-IoT作为物联网中一种经济、实用的接入技术，将会广泛应用于各行各业。

（1）公用事业

在公用事业应用中，NB-IoT可以用于水表、气表、电表与供热计量表的远程抄表业务；智能水务的管网监控、漏损远程监测、质量检查；智能灭火器材管理、远程消防栓监控，以及资产跟踪。

（2）智能医疗

在智能医疗与健康应用中，NB-IoT可以用于药品溯源、远程医疗监控、血压计与血糖计远程监控、可穿戴背心监控、无线个人传感器网络通信。

（3）智慧城市

在智慧城市应用中，NB-IoT可以用于智能路灯监控、智能停车监控、城市垃圾桶监控、公共安全监控、建筑工地监控、共享单车防盗、车辆防盗、城市水位监测，以及儿童、老人、宠物跟踪。

（4）智能农业

在智能农业应用中，NB-IoT 可以用于精准农业的环境参数（如水、温度、光照、农药与化肥）监测与控制、畜牧养殖中的动物健康状态监测与跟踪、水产养殖中环境参数的监测与控制、食品安全溯源等。

（5）智能环保

在智能环保应用中，NB-IoT 可以用于城市水污染、噪声污染、光污染的监测，PM2.5 与空气质量监测，危险品管理。

（6）智能物流

在智能物流应用中，NB-IoT 可以用于运输车辆跟踪、仓储管理、集装箱跟踪、物流配送状态监控。

（7）智能家居

在智能家居应用中，NB-IoT 可以用于门禁管理、电梯故障监控、烟感与火警监控、家庭安全监控。

（8）智能工业

在智能工业应用中，NB-IoT 可以用于生产设备状态监控、能源设备与油气监控、厂区安全监控、大型设备监控。

（9）智能电网

在智能电网应用中，NB-IoT 可以用于智能电表监控、智能变电站监控、输变电线路与高压线设备监控、电力维修状态监控。

NB-IoT 的应用如图 3-11 所示。

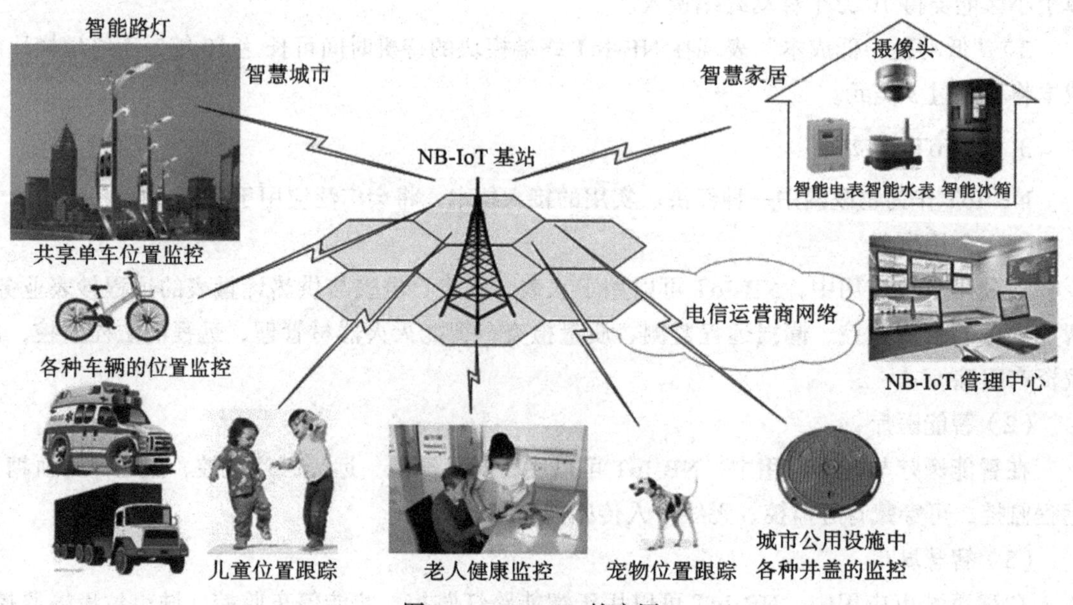

图 3-11　NB-IoT 的应用

NB-IoT 作为物联网一种经济、实用的接入技术，在成本、覆盖范围、功耗与连接数量等技术上做到了极致，因此NB-IoT与5G技术的成熟与应用对于推动物联网应用的快速发展将产生重要的作用。

本章小结

1）计算机网络与移动通信网，以及相关的无线通信技术是物联网发展的基础。

2）计算机网络的广域网、城域网、局域网、个人区域网与人体区域网技术将广泛应用于物联网之中。

3）物联网将成为5G技术研究与发展的重要推动力，同时5G技术的成熟和应用也将使很多物联网应用的带宽、可靠性与延时的瓶颈得以解决。

4）NB-IoT作为物联网一种经济、实用的接入技术，将对推动物联网应用的快速发展产生重要的作用。

习题

一、单选题

1. 以下关于计算机网络“分组交换”特点的描述中，错误的是（　　）。

A. 分组交换适合突发性强的计算机数据通信的需求

B. 分组交换在发送数据之前需要事先建立线路连接

C. 分组头部带有源地址与目的地址

D. 分组数据最大长度确定

2. 以下关于IP地址的描述中，错误的是（　　）。

A. IP协议与网络规模的矛盾突出表现在IP地址上

B. IP协议有两个版本：IPv4与IPv6

C. IPv4地址已经分配出大约50%

D. IPv6地址能够满足物联网大量节点接入的需求

3. 以下关于IPv6地址的描述中，错误的是（　　）。

A. 大规模物联网的应用需要大量的IP地址

B. IPv6的地址长度定为64位

C. 可以提供超过2^{128}（3.4×10^{38}）个地址

D. 地球表面每一平方米平均可以获得的IP地址数量为6.65×10^{23}

4. 智能医疗应用为计算机网络增加的一种网络类型是（　　）。

A. 局域网　　B. 城域网　　C. 个人区域网　　D. 人体区域网

5. 以下关于WBAN特点的描述中，错误的是（　　）。

A. 用于健康医疗监控

B. 节点之间的距离一般在1米左右

C. 节点之间的传输速率最大为1Mbps

D. 2012 年，IEEE 批准的标准是 IEEE 802.15.6

6. 以下关于蜂窝移动通信网小区制特点的描述中，错误的是（　　）。

A. 将一个大区制覆盖的区域划分成多个小区

B. 多个小区组成一个区群

C. 在每个小区只设立一个基站

D. 小区内的手机与基站建立无线链路

7. 以下关于蜂窝移动通信网络特点的描述中，错误的是（　　）。

A. 无线信道是手机与基站之间的无线“空中接口”

B. 基站通过空中接口的下行信道向手机发送语音、数据与信令

C. 手机通过空中接口的上行信道向基站发送语音、数据与信令信号

D. 根据手机硬件与软件、APP 的发展水平可以划分出手机的 1G 到 5G

8. 以下关于移动通信网中 M2M 通信特点的描述中，错误的是（　　）。

A. 物联网控制中心计算机远程控制智能路灯属于 M2M 通信

B. M2M 中的“机器”可以是传统的机器，也可以是物联网智能硬件

C. WMMP 协议是支持移动通信网中“机器与机器”交互的通信协议

D. 未来用于人与人通信的手机数量可能仅占整个移动通信网终端数的很小一部分

9. 以下关于 5G 指标的描述中，错误的是（　　）。

A. 连接数密度为每平方公里可以支持 100 万个在线设备

B. 允许用户最大的移动速度为每小时 500 公里

C. 单用户理论的峰值速率常规情况为 10Gbps

D. 端 - 端延时可以达到 100ms

10. 以下关于 NB-IoT 特点的描述中，错误的是（　　）。

A. 广覆盖、大规模、低功耗、低成本

B. 单个小区支持 10 万个移动终端接入

C. 终端模块待机时间可长达 1 年

D. 只占用大约 180kHz 的带宽

二、思考题

1. 什么要研究分组交换网技术？

2. 为什么说 IPv6 协议将成为物联网核心协议之一？

3. 为什么说进入 5G 时代，受益最大的是物联网？

4. 请举出两个典型的物联网应用移动通信网 M2M 的例子。

5. 请举出两个典型的物联网应用移动通信网 NB-IoT 的例子。

第4章 物联网应用层技术

物联网通过覆盖全球的传感器、RFID标签实时感知并产生海量数据不是目的，通过汇聚、挖掘与智能处理，从海量数据中获取有价值的知识，为不同行业的应用提供智能服务才是我们真正所要达到的结果。本章在介绍物联网数据特点的基础上，将对物联网海量数据存储、数据融合、云计算、数据挖掘与大数据技术进行系统地讨论。

本章学习要求

- 掌握物联网应用层的基本概念。
- 了解云计算在物联网中的应用。
- 了解物联网大数据的基本概念。

4.1 物联网应用层的基本概念

物联网的应用层可以进一步分为：管理服务层与行业应用层。服务管理层通过中间件软件实现了感知硬件与应用软件物理的隔离与逻辑地无缝连接，提供海量数据的高效、可靠地汇聚、整合与存储，通过数据挖掘、智能数据处理与智能决策计算，为行业应用层提供安全的网络管理与智能服务。

4.1.1 管理服务层

管理服务层位于传输层与行业应用层之间。当感知层产生的大量数据经过传输层传送到应用层时，如果不经过有效地整合、分析和利用，就不可能在物联网中发挥应有的作用。在提供数据存储、检索、分析、利用服务功能的同时，管理服务层还要提供信息安全、隐私保护与网络管理功能，在管理之中也体现出服务的目的。

1. 中间件软件

物联网中有各种感知硬件（RFID标签、传感器等）、感知数据读写设备，以及各种各样的应用系统，要屏蔽不同感知与读写设备的差异，向不同应用需要的系统提供服务，就需要借鉴计算机软件技术中的成熟的中间件技术，通过设计RFID中间件或传感器中间件，

在物理上隔离物联网应用系统与RFID或传感器硬件，同时在逻辑上实现无缝连接。因此，中间件软件技术是支持物联网应用的重要的基础技术之一。

2. 数据存储服务

从数据获取角度，感知层的一个重要特点是“以数据为中心”。例如，对于零售连锁店RFID应用系统，高层的管理人员关心的是哪些品种的商品在什么时间、在哪些商店卖出去多少。他们并不关心使用哪种RFID、如何组网、数据如何传输、传输出错是如何处理的。对于智能交通系统，用户关心的是哪条道路发生了拥堵、哪条道路畅通、目的地周边有没有停车位。他们并不关心传感器放置在哪里、如何组网、数据是如何传输的，以及道路拥塞情况是用哪种算法分析的。物联网数据的特点是海量性、多态性、动态性与关联性。管理服务层要提供物联网海量数据存储、融合、查询、检索的服务功能。

3. 智能数据处理与智能决策服务

面对物联网的海量数据，人们必须借助计算机的帮助才能获得相关的知识。数据挖掘（Data Mining）就是运用关联规则挖掘、分类与预测、聚类分析、时序模式挖掘等算法，从大量数据中提取或“挖掘”知识的过程。例如，在精准农业大棚作物生产的物联网应用中，人们通过传感器获取环境、温度、湿度、土壤等参数；通过比较、分析大量的历史数据，及时掌握当前农作物生长的环境现状与变化趋势；通过数据挖掘算法，找出影响作物产量的主要因素和获得丰产的最佳条件；通过控制大棚的温度、湿度，以及恰当的施肥时机与数量，达到以最小的投入获得最高产量和效益的目的。在大型连锁店的销售与物流配送货的物联网应用中，管理人员需要分析和比较历年不同季节货物销售数据，分析和预测货物销售的趋势，制定销售策略；通过分析库存情况，决定采购计划；通过对各个销售商店的存货物数量分析，确定物品调度计划，计算配送货车优化的运输路径。通过信息流来加快物流与资金流的周转，达到节约成本、获取更高经济效益的目的。

物联网的价值体现在对于海量感知信息的智能数据处理、数据挖掘与智能决策水平上。管理服务层的智能数据处理与智能决策为物联网智能服务提供了技术支撑。

对于大型物联网应用系统的网络管理是管理服务层必须提供的重要功能之一。管理服务层的数据挖掘、智能数据处理与智能决策必须得到高性能计算与云计算平台的支持，同时高性能计算与云计算平台也是信息安全与网络管理功能服务的对象。

4.1.2 行业应用层

物联网的特点是多样化、规模化与行业化。物联网可以用于智能电网、智能交通、智能物流、智能数字制造、智能建筑、智能农业、智能家居、智能环境监控、智慧医疗保健、智慧城市等领域。图4-1给出了物联网应用的示意图。

物联网体系结构的行业应用层由多样化、规模化的行业应用系统构成。为了保证物联网中人与人、人与物、物与物之间有条不紊地交换数据，就必须制定一系列的信息交互协议。

实际上我们对“协议”这个概念并不陌生。人与人之间的对话就必须遵循用汉语对话的协议。例如，A问B“你在干什么？”B回答“我在学习物联网导论”。这里就包含着“语义”“语法”与“时序”。通俗地说，语义表示做什么，语法表示怎么做，时序表示什么时候做。

行业应用层的主要组成部分是应用层协议。应用层协议同样是由语法、语义与时序组成。语法规定了智能服务过程中的数据与控制信息的结构与格式；语义规定了需要发出何种控制信息，以及完成的动作与响应；时序规定了事件实现的顺序。

图4-1 物联网应用示意图

不同的物联网应用系统需要制定不同的应用层协议。例如，智能电网的应用层协议与智能交通的协议不可能相同。为了实现复杂的智能电网的功能，人们必须为智能电网的工作过程制定一组协议。为了保证物联网中大量的智能物体之间有条不紊地交换信息、协同工作，人们必须制定大量的协议，构成一套完整的协议体系。

4.2 物联网与云计算

4.2.1 云计算产生的背景

我们可以通过一段故事来了解云计算产生的背景，以及它在互联网、移动互联网与物联网中的应用。

2006年8月，一家名字叫做Animoto的小公司在纽约悄然成立。公司是由一个刚大学毕业不久的年轻人史蒂维·克里夫登创立的。他和几位年轻人看到人们将旅行中拍摄的照片编成 Flash 短片的需求，就用几台服务器组成一个基于网络视频展示服务的平台，在互联网上提供一种根据用户上传的图片与音乐来自动生成定制视频的服务。公司创建之初，每天大约有 5000 个用户。

2008 年 4 月，Facebook 社区向它的用户推荐了 Animoto 公司的服务项目，3 天之内就有 75 万人在 Animoto 网站上注册。高峰时期每小时用户达到 25 000 人。这时，公司的几台服务器已经不堪重负了。根据当时业务的发展，Animoto 公司需要将它的服务器扩容 100 倍。史蒂维既没有资金进行这么大规模的扩容，也没有技术能力与兴趣来管理这些服务器。正在他一筹莫展的时候，一位专门为亚马逊公司云计算设计应用软件的同学告诉他：你不需要自己购买服务器和存储设备，也不需要自己管理，只需要租用亚马逊云计算的计算资源和存储资源，就可以解决问题。这样既可以节省很多钱，也可以很方便地将视频业务服务移植到亚马逊云中。史蒂维接受了同学的建议，与亚马逊公司签订了合作协议。

通过这种合作，Animoto 公司没有购买新的服务器与存储器，只花了几天的时间就将业务转移到亚马逊云上，根据用户的流量来租用亚马逊云的计算与存储资源，同时把网络系统、服务器、存储器的管理工作交给亚马逊公司的专业人员承担。Animoto 公司使用亚马逊云的一台服务器，一小时只需要花费 10 美分，这还包括了网络带宽、存储与服务的费用。

从用户的角度，云计算技术大大降低了互联网公司的创业的门槛和运营成本，使得创业者只需要关注互联网服务本身，而把繁重的服务器、存储器与网络管理任务交给专业公司完成。从云计算提供商的角度，他们可以通过高速网络技术，将成千上万台廉价的 PC 主板互联起来，在云计算软件系统的支持下，以较低价格提供即租即服务的计算与存储服务。因此，云计算不仅仅是技术，更是一种商业运营模式。

也许你会说：Animoto 公司的成功是大洋彼岸的故事，离我们太遥远。其实不然，现在，互联网、移动互联网与物联网中的很多应用都得益于云计算技术的支持。我们可以通过几个例子来理解这个问题。

假设你和几位同学同时通过互联网与对弈机器人对战国际象棋，你们尽管人多势众，也未必下得过机器人。其中的奥妙就在机器人身后的“云”上。在与多人博弈的过程中，机器人通过视觉传感器将各个棋盘上对手走棋的图像，使用有线链路或无线 Wi-Fi 信道，通过互联网传送到后台的云中。在云中，可能有几十甚至是上万个 CPU 在并发运行国际象棋对弈软件，它将分别针对不同的棋盘信息，搜索存储在数据库中的国际象棋大师的棋谱，然后再决定针对不同棋盘的下一步应对策略。其实，你们不是在与对弈机器人下棋，而是在与“隐藏”在“云”中的多名“虚拟”的国际象棋大师下棋。

当你在网上与机器人对弈时，可能还有很多人也在与对弈机器人下棋，而你并没有觉得因为玩家数量的增加而导致机器人反应速度减慢，这都得益于云计算系统的资源动态调度能力。图 4-2 给出了云计算与人机对弈原理示意图。

正是因为云计算具有以上的技术特性，所以云计算技术非常适合于物联网应用。例如，对于一些刚开始运行的智能物流、智能环保、智能交通等物联网应用系统，它们需要完成复杂的物流运输线路规划与供应链分析，大量用户的位置信息的感知、存储与分析，大量环境数据的存储、分析与计算工作，但是出于经济或其他原因，系统拥有者不打算购买大型计算机、服务器与专用软件，他们希望社会上出现一类能够满足他们的计算与存储需求的企业，使得用户可以按需租用计算资源，这种按需为用户提供计算与存储资源的企业就是云计算服务提供商。

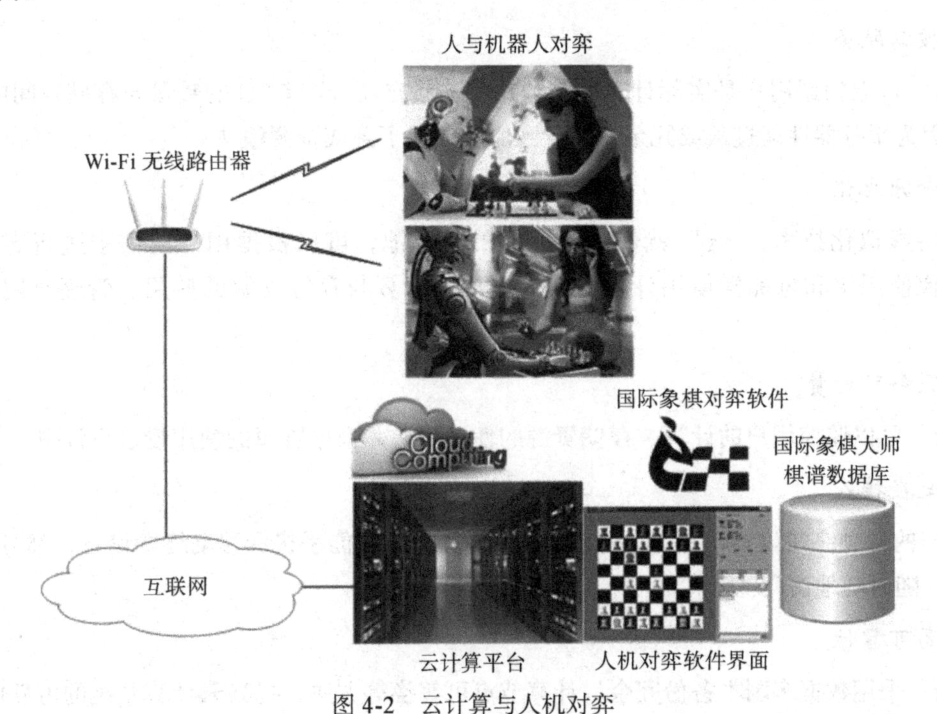

图 4-2　云计算与人机对弈

4.2.2　云计算的分类

云计算有多种分类方法，最常见的是按照是否对外提供服务与服务类型来分类。

按照云平台是否对外提供服务，可以将云计算分为公有云与私有云。公有云为用户提供免费或低收费的计算与存储服务。私有云是企事业单位自己运行与使用的云平台，因此也叫做企业云或内部云。

云计算服务提供商提供的服务类型可以分为三种：

1）如果用户不想购买服务器，仅仅是通过互联网租用虚拟主机、存储空间与网络带宽，那么这种服务方式称为基础设施即服务（IaaS）。

2）进一步，如果用户不但租用虚拟主机、存储空间与网络带宽，而且利用操作系统、数据库、应用程序接口 API 来开发物联网应用，那么这种服务方式称为平台即服务（PaaS）。

3）更进一步，如果直接在为用户定制的软件上部署物联网应用系统，那么这种服务方式称为软件即服务（SaaS）。

显然，基础设施即服务（IaaS）只涉及租用硬件，是一种基础性服务；平台即服务（PaaS）在租用硬件的基础上，租用特定的操作系统与应用程序来自己进行应用软件的开发；而软件即服务（SaaS）则是在云平台提供的定制软件上，直接部署用户自己的应用系统。

4.2.3 云计算的主要技术特征

云计算作为一种利用网络技术实现的随时随地、按需访问和共享计算、存储与软件资源的计算模式，具有以下几个主要的技术特征：

1. 按需服务

“云”可以根据用户是实际计算量与数据存储量自动分配CPU的数量与存储空间的大小，避免了因为服务器性能过载或冗余，而导致服务质量下降或资源浪费。

2. 资源池化

利用虚拟化技术，“云”就像一个庞大的资源池，可以根据用户的需求进行定制，用户可以像使用水和电那样使用计算与存储资源。计算与存储资源的使用、管理对用户是透明的。

3. 服务可计费

“云”可以监控用户的计算、存储资源的使用量，并根据资源的使用量进行计费。

4. 泛在接入

用户的各种终端设备，如PC机、笔记本计算机、智能手机和移动终端设备，都可以作为云终端，随时随地访问“云”。

5. 高可靠性

“云”采用数据多副本备份冗余、计算节点可替换等方法，提高云计算系统的可靠性。

6. 快速部署

云计算不针对某一些特定的应用。在“云”的支持下，用户可以方便地组建千变万化的应用系统。“云”能够同时运行多种不同的网络应用。用户可以方便地开发各种应用软件，组建自己的应用系统，快速部署业务。

4.2.4 云计算应用与物联网

云计算并不是一个全新的概念。早在1961年，计算机先驱John McCarthy就预言：“未来的计算资源能像公共设施（如水、电）一样被使用”。为了实现这个目标，在之后的几十年里，学术界和产业界陆续提出了集群计算、网格计算、服务计算等技术，而云计算正是在这些技术的基础上发展而来。云计算采用计算机集群构成数据中心，并以服务的形式交付给用户，用户可以像使用水、电一样按需购买云计算资源。因此，云计算是一种计算模式，它是将计算与存储资源、软件与应用作为服务，通过网络提供给用户（如图4-3所示）。

未来的各种物联网应用，以及个人计算机、笔记本计算机、平板电脑、智能手机、GPS、RFID读写器、智能机器人、可穿戴计算等数字终端设备装置，都可以作为云终端在云计算环境中使用。

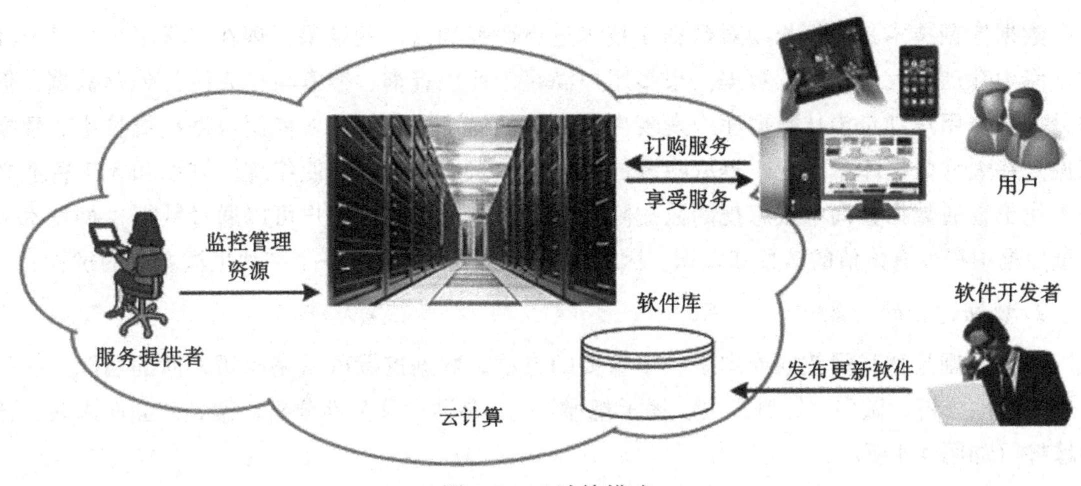

图 4-3　云计算模式

有了云计算服务的支持，用户可以将与计算、存储相关的设备与系统的构建、管理和日常维护，甚至是软件的开发，交给提供云计算服务的专业厂商去做。用户购买了云计算专业厂商的服务之后，就可以专心地构思物联网应用系统的功能、结构，专注于物联网应用系统的构建、运行。因此，云计算已经成为物联网重要的信息基础设施之一。

4.3　物联网与大数据

4.3.1　数据挖掘

1. 数据挖掘的研究背景

数据挖掘是大数据数据分析的基础。当前，大数据技术仍然是基于聚类、分类、主题推荐等方法，很多方法都是在原有数据挖掘算法上的改进，并将单机实现改成适应多台计算机并行计算的算法。因此，了解大数据技术首先要理解数据挖掘的基本概念。

接触过数据挖掘技术的人，几乎都知道"啤酒与尿布"的故事。美国沃尔玛旗下的一家日用品超市出售各种品牌的啤酒与小孩用的尿布。有一天，超市工作人员接到通知，要他们将尿布放在啤酒柜台附近。听起来，啤酒与尿布是完全不相干的商品，为什么要放在一起？售货员很困惑，但执行这个决定后，当月的啤酒与尿布的销售量都上升了。原来，沃尔玛公司的工作人员分析旗下超市销售记录时发现了一个有趣的现象，那就是消费者经常在购买尿布的同时购买啤酒。通过进一步调查发现，一些年轻的父亲在接到给孩子买尿布的指令后，去超市买尿布的同时也会给自己买一些啤酒。沃尔玛公司的管理人员在确认这个信息之后，采取将啤酒与尿布放在一起的策略，既方便了顾客购物，又能够提高销售业绩，收到了两全其美的效果。从这个例子中也可以看出：对于同样的数据，有人只是简单地做做统计，也有人会应用人类的智慧，透过这些数据找到一定的规律，从大量数据中提取出一些非常有价值的信息和知识，这个过程就是数据挖掘（Data Mining）。

数据挖掘技术是人们长期对数据库技术进行研究和开发的结果。现在，很多公司已经在数据库中存储了大量的商业数据。很多用户满足于使用查询、搜索与报表统计处理数据，但是另一部分用户则希望从数据库中发现更有价值的信息。这就需要使用数据挖掘技术。数据挖掘是在大型数据库中发现、提取隐藏的预言性知识的方法。它使用统计方法和人工智能方法去找出普通数据查询中被忽视的数据隐含的趋势性的信息。用户可以通过数据挖掘技术从大量数据中提取有价值的信息和知识。因此，数据挖掘本身就是一个“沙里淘金”的过程。

2. 数据挖掘的功能

数据挖掘是物联网数据处理中一个重要的方法。数据挖掘可以完成两方面的功能。一是通过描述性分析，做到“针对过去、揭示规律”；二是通过预测性分析，做到“面向未来、预测趋势”(如图 4-4 所示)。

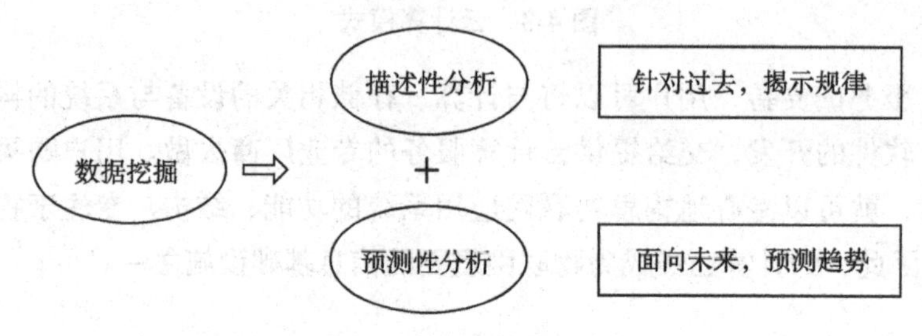

图 4-4 数据挖掘的两个功能

“历史告诉我们未来”，若想知道未来的事情，最好的方法是“往后”看。微软大数据研究院的研究人员采用过去 20 年间《纽约时报》报道的内容以及 20 年间网上的数据（共有 90 个数据源），来构建各种自然灾害与疾病的预警系统。预警系统采用一个时间序列模型，从海量数据中挖掘知识，预测未来可能发生的事情。预测的结果令人惊讶。比如，根据某个地区干旱发生几年后爆发霍乱的概率会上升这一规律，预警系统认为 2006 年发生过干旱的安哥拉很可能发生霍乱，后来安哥拉的确发生了霍乱。这种预测系统不但能够预测各种各样的自然灾害在每一个地区发生的概率，而且可以预测该地区暴力活动的可能性。尤其是在疾病爆发和暴力活动方面预测的正确性能够达到 70%～90%。

目前，数据挖掘技术已经广泛应用于银行、商业与政府部门。大型零售商依靠大数据对单个消费者购买偏爱的洞察达到前所未有的水平，从而能够及时地满足客户的需求。银行管理人员可以从大量储户存取行为的数据中，提取不同收入群体、不同时间段、不同地区的规律性的活动与变化的信息，有针对性地开展新业务与新服务。警察通过对城市街头犯罪的数据预测，可以加大重点防范区域的防范力度，大幅度降低该地区街头犯罪的发案率。

通过无处不在的传感器、RFID 自动获取、存储物理世界的各种数据，并不是我们组建物联网应用系统的根本目的，我们希望透过海量数据，寻找物理世界的变化规律与发展趋势，从而更加智慧地处理物理世界的问题，否则我们只是在制造大量的“信息垃圾”。因此，如何有效地利用物联网海量数据已经成为物联网应用研究的关键。面对物联网各种类型的应用系统和不同的需求，会产生各种各样的新型数据挖掘算法。

4.3.2 大数据

1. 大数据概念的提出

我们可以用两个不同领域的例子来说明大数据概念产生的背景。一个是关于流行病学的问题，另一个是与物联网的位置信息发现与位置服务相关的例子。

2009年出现了一种新的流感病毒，这种甲型H1N1流感病毒结合了导致禽流感和猪流感病毒的特点，在短短的几周内迅速地传播开来。由于患者可能在患病多日之后才到医院就诊，因此关于新型流感的统计数据往往要滞后一到两周。对于快速传播的疾病，信息滞后是致命的。就在甲型H1N1流感爆发的几周前，Google公司的工程师在著名的《自然》杂志上发表了一篇论文，引起了全世界公共卫生防疫专家与计算机科学家的高度重视。

由于Google公司每天可以收到来自全世界的30亿条以上的搜索指令，Google云中保存着大量用户搜索相关词条的数据。Google工程师将5000万美国人检索最频繁的词条，如“哪些是治疗咳嗽和发热的药物”，与美国疾病控制中心在2003年到2008年之间季节性流感传播时期的数据进行了比较。为了找出特定检索词条的使用频率与流感传播在时间、空间之间的联系，他们总共处理了4.5亿个不同的数学模型。研究人员选择了45条检索词条并进行相应的数学模型分析，计算的结果与2007年、2008年美国疾病控制中心的官方公布的实际流感病例数据对比后相关度高达97%。

这项研究成果表明：基于大数据的分析结果，能够判断出哪个地区、哪个州，可能有多少人患了流感。这种预测非常及时，不像疾病控制中心要在流感爆发一两周之后才能做出判断。所以，在甲型H1N1流感爆发的时候，公共卫生机构的官员不再依靠分发口腔试纸与统计医院患病人数的方法，而是将Google在大数据分析基础上产生的预测数据作为应对甲型H1N1流感传播的决策依据。

第二个例子是2011年度“诺基亚移动数据挖掘竞赛”。在2009年初，诺基亚洛桑研究中心等3家研究机构发起了一项移动数据研究计划。这个计划最初的任务是搜集数据。他们首先组织了洛桑数据采集小组，并在日内瓦湖区募集了185名数据采集志愿者，这些志愿者涵盖各个年龄段和职业阶层，他们之间有一些社交活动。数据采集小组要求每位志愿者在日常生活中使用诺基亚N95智能手机，从每部手机中采集到的数据就成为这项研究计划的数据来源。数据采集过程经历了一年多的时间，为移动数据挖掘研究提供了充足的数据。采集的移动数据主要分为两类。

第一类是用户手机使用的各项记录。例如，用户打电话、发短信的数量，通信录的使用情况，链接的手机基站号，音乐和多媒体文件使用记录，手机进程记录，手机充电和静音记录等。

第二类是手机后台收集的用户行为数据。例如，GPS、Wi-Fi定位信息和加速度传感器的数据。为了保护数据采集者的隐私，所有的内容信息都没有被记录，对用户特定的信息都采取了匿名处理。

竞赛规定了三项任务：

第一项任务：地点预测。从用户在某个地点的移动信息来推断这个地点的类型。这个任务有 10 个不同的地址类型，如家庭、学校、工作单位、朋友家与交通地点等。

第二项任务：下一地点预测。已知用户在某个地点和一些在这个地点记录的移动信息，推断用户下一个要去的地点。

第三项任务：用户特征分析。从用户的移动信息来推断用户的五个特征。这五个特征是性别、职业、婚姻状态、年龄与家庭人口。

全世界共有 108 支队伍参加这次竞赛。竞赛从 2011 年 11 月开始，到 2012 年 6 月结束。这次竞赛的题目对于移动数据挖掘、社交网络、位置分析与预测都是很有挑战性的。参赛选手有很多奇思妙想，对于物联网智能数据处理与基于位置数据挖掘的研究具有重要的启示作用。

对于同一组数据的数据挖掘结果，不同的人有不同的认知角度与使用价值。对于提供移动通信网运营的公司技术人员来说，他们可通过分析移动数据挖掘结果来了解移动通信用户的行为特征、不同位置手机用户的密度、通信流量，从而对当前基站分布的状况进行评价，并规划近期继续增加的基站的位置与通信带宽。对于位置服务提供商，他们可以根据数据挖掘的结果了解客户的需求，根据不同消费群体有针对性地开发新的服务类型。对于当地政府的官员，他们可以根据数据挖掘的结果了解不同社区人群的结构、经济状况、消费特点，寻求更适合与不同阶层人员沟通的渠道，提高政府的服务水平。对于心怀叵测的黑客来说，数据挖掘的结果无疑暴露了很多人与家庭的隐私，为他们从事非法活动提供了极为重要的情报。从事信息安全的研究人员与政府官员必须对泄露这些重要的隐私信息所产生的后果进行评估，并千方百计地保护这些重要的隐私信息不被坏人利用。

利用在商业、金融、银行、医疗、环保与制造业领域大数据分析基础上获取的重要知识，衍生出很多有价值的新产品与新服务，人们也逐渐认识到大数据的重要性。2008 年之前我们一般将这种大数据量的数据集称为海量数据。2008 年，Nature 杂志出版了一期专刊，专门讨论未来大数据处理的挑战性问题，提出了大数据（Big Data）的概念。

2. 大数据的数据量单位

我们在学习计算机知识的时候，已非常熟悉计算机中二进制位（bit）的概念，知道计算机存储数据的基本单元是字节（byte）。通常，一张纸上的文字大约需要 5KB 的存储空间，下载一首歌曲大约占用 4MB 的存储空间，下载一部电影大约需要 1GB 的存储空间。随着海量数据的出现，数据单位也在不断发展。为了客观地描述信息世界数据的规模，科学家定义了一些新的数据量单位。表 4-2 给出了数据量单位与换算关系。

表 4-1　数据量单位与换算关系

单　位	英文标识	单位标识	大　小	含义与例子
位	bit	b	0 或 1	计算机处理数据的二进制数
字节	byte	B	8 位	计算机存储数据的基本物理单元，存储一个英文字母用 1 字节表示，一个汉字用 2 字节表示

（续）

单　位	英文标识	单位标识	大　小	含义与例子
千字节	KiloByte	KB	1024 字节或 2^{10} 个字节	一张纸上的文字约为 5KB
兆字节	MegaByte	MB	2^{20} 个字节	一个普通的 MP3 格式的歌曲约为 4MB
吉字节	GigaByte	GB	2^{30} 个字节	一部电影大约是 1GB
太字节	TeraByte	TB	240 个字节	美国国会图书馆所有书籍的信息量约为 15TB，截至 2011 年底，其网络备份数据量为 280TB，之后每个月以 5TB 的速度增长
拍字节	PetaByte	PB	2^{50} 个字节	NASAEOS 对地观测系统 3 年观测的数据量约为 1PB
艾字节	ExaByte	EB	2^{60} 个字节	相当于中国 13 亿人每人一本 500 页书的数据量的总和
皆字节	ZetaByte	ZB	2^{70} 个字节	截至 2010 年，人类拥有的信息量的总和约为 1.2ZB
佑字节	YottaByte	YB	2^{80} 个字节	超出想象 1YB=1024ZB=1208925819614629174706176B
诺字节	NonaByte	NB	2^{90} 个字节	超出想象
刀字节	DoggaByte	DB	2^{100} 个字节	超出想象

我们以 YB 为例，给出不同单位之间的换算关系为：

1YB＝1024 ZB

＝1024×1024 EB

＝1024×1024×1024 PB

＝1024×1024×1024×1024 TB

＝1024×1024×1024×1024×1024 GB

3. 物联网对大数据发展的贡献

如果我们将全球互联网与移动互联网所产生的数据快速增长看做一次数据“爆炸”的话，那么物联网所引起的是数据的“超级大爆炸”。物联网中大量的传感器、RFID 标签、视频探头，以及智能工业、智能农业、智能交通、智能电网、智能医疗、智能物流、智慧环保、智能家居等应用，都是造成数据“超级大爆炸”的重要原因。

在智能交通应用中，一个中等城市仅车辆视频监控的数据，3 年累计将达到 200 亿条，数据量达到 120TB。在智能医疗应用中，一张普通的 CT 扫描图像的数据量大约为 150MB，一个基因组序列文件大约为 750MB，标准的病理图的数据量大约为 5GB。如果将这些数据乘以一个三甲医院的病人人数和平均寿命，那么仅一个医院累计存储的数据量就可以达到几个 TB，甚至是几个 PB。

政府的数据大致有 3 种来源。一是从社会各个层面调查、搜集的数据形成了政府在制定政策时辅助决策的民意数据；二是各级政府部门办公都会形成很多业务数据；三是政府部门通过各种物联网应用系统自动感知得到的城市、农村的气象、地质、公路、水资源、陆地、海洋等实时、动态的环境数据。因此，政府数据可以进一步细分为民意数据、业务数据与环境数据（如图 4-5 所示）。

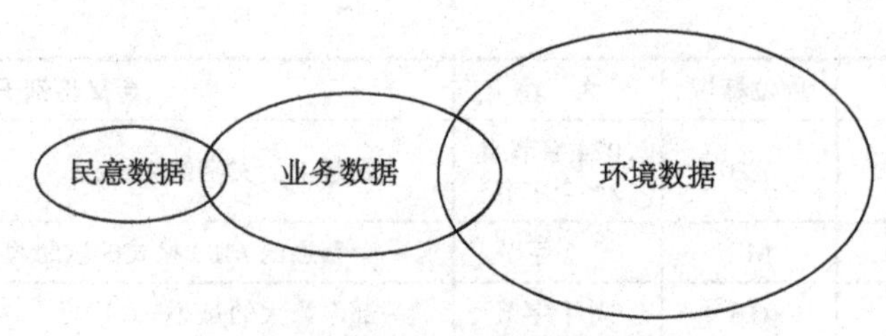

图 4-5　政府数据的组成示意图

这三种数据的收集方式不同，数据量不同，数据发展的速度也不同。它们之间存在一些交叉和重叠。有些民意数据同时也是政府的业务数据，有些对环境监控产生的数据也是某些政府部门的业务数据。随着物联网应用的开展，环境数据增长会更快。环境数据包括各种传感器数据、RFID 数据与视频监控等感知数据，以及数字地图、遥感、GPS、GIS 等空间数据。它们具有各种各样的形式与结构，具有不同的语义。这三类数据都呈现出一种快速增长的趋势。这种数据增长方式表现在三个维度上：一是同类数据的数据量在快速增长；二是数据增长的速度在加快；三是数据的多样化，新的数据种类与新的数据来源在不断增长。这种增长趋势如图 4-6 所示。

根据思科公司对物联网接入规模增长的预测，到 2020 年，接入物联网的设备数将超过 500 亿。随着物联网接入规模的扩张，新的数据将不断产生、汇聚、融合，这种数据量增长已经远远超出人类的预想。分布在不同位置、数以亿计的传感器感知的数据，无论是数据的采集、存储、维护，还是管理、分析和利用，对人类都是一种挑战。

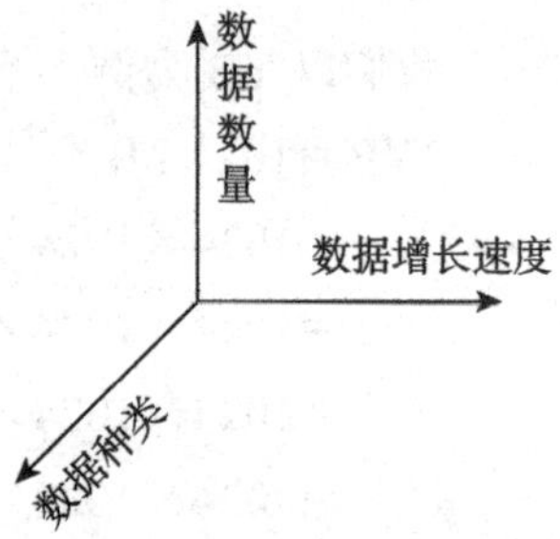

数据数量
数据增长速度
数据种类

图 4-6　数据的三维增长

4.3.3　大数据对物联网发展的影响

1. 大数据的定义

大数据并不是一个确切的概念。到底多大的数据是大数据，不同的学科领域、不同的行业会有不同的理解。目前，对于大数据可以看到多种定义。比较典型的有两种定义。第一种是从技术能力角度出发给出的定义，即大数据是指无法使用传统和常用的软件技术与工具在一定的时间内完成获取、管理和处理的数据集。

在数字经济时代，数据是新的生产要素，是基础性资源和战略性资源，也是重要的生产力。从这个观点出发，第二种定义是大数据是一种有大应用、大价值的数据资源。

理解大数据的定义时，需要注意以下几点：

（1）人为的主观定义

对大数据的人为的主观定义将随着技术发展而变化，同时不同行业对大数据的量的衡量标准也会不同。目前，不同行业比较一致的看法是数据量在几百个 TB 到几十个 PB 量级的数据集都可以叫做大数据。

（2）大数据的“5V”特征

数据量的大小不是判断大数据的唯一标准，而是要看它是不是具备“5V”的特征：

- 大体量（Volume）：数据量达到数百 TB 到数百 PB，甚至是 EB 的规模。
- 多样性（Variety）：数据呈现各种格式与各种类型。
- 时效性（Velocity）：数据需要在一定的时间限度下得到及时处理。
- 准确性（Veracity）：处理结果要保证一定的准确性。
- 大价值（Value）：分析挖掘的结果可以带来重大的经济效益与社会效益。

（3）工业界对大数据的认识

工业界对大数据的认识可以归纳为两点：第一，大数据的体量不是问题的关键，重要的是我们能不能从 TB、PB 量级的数据中分析、挖掘出有价值的知识。第二，同样大小的数据，如 1TB 数据，对于智能手机就是大数据，而对于高性能计算机就算不上是大数据。比较共性的认识是：大数据一般是指规模大、变化快、价值高的数据。因此，工业界对大数据给出了一个三维的定义：大小、多样性、速度。"大小、多样性"很好理解。这里提出的"速度"是指数据创建、积累、接收与处理的速度。快速发展的市场要求企业必须进行实时信息的处理，或者是"准实时"的响应和决策，否则大数据分析与挖掘也是没有实际价值的。物联网大数据应用对于数据处理速度有很高的要求。

（4）大数据研究的科学价值

对于大数据研究的科学价值，我们可以援引 2007 年图灵奖获得者吉姆·格雷的观点来说明。吉姆·格雷指出：科学研究将从实验科学、理论科学、计算科学，发展到数据科学。科学研究将从传统划分的三类（实验科学、理论科学与计算科学），发展到第四类的"数据科学"。大数据对世界经济、自然科学、社会科学的发展将会产生重大和深远的影响。

2. 大数据国家战略

著名的国际咨询机构麦肯锡公司于 2011 年 5 月发布了《大数据：下一个创新、竞争和生产力的前沿》研究报告。该报告指出：大数据将成为全世界下一个创新、竞争和生产率提高的前沿。抢占这个前沿，无异于抢占下一个时代的"石油"和"金矿"。IT 界流传着这样一句话："数据是下一个'Intel Inside'，未来属于将数据转换成产品的公司和人们"。

2012 年 3 月，美国政府为进一步推进"大数据"战略，由国防部、能源部等 6 个联邦政府部门投入 2 亿多美元启动"大数据研究与发展计划"，以推动大数据的提取、存储、分析、共享和可视化。报告指出：像美国历史上对超级计算和互联网的投资一样，这个大数据发展研究计划将对美国的创新、科研、教育和国防产生深远的影响。2012 年 7 月，联合国发布了一本关于大数据的白皮书《大数据促发展：挑战与机遇》。

我国政府与学术界也高度重视大数据的研究与应用。2015 年 9 月，我国政府发布了《关于促进大数据发展的行动纲要》。2016 年 3 月，发布《十三五规划纲要》，首次提出要实施国家大数据战略。2016 年 12 月，我国工信部正式发布《大数据产业发展规划（2016—2020 年）》。

从以上分析中，我们可以得到以下结论。

第一，物联网使用不同的感知手段获取大量的数据不是目的，而是要通过大数据处理，提取正确的知识与准确的反馈控制信息，这才是物联网对大数据研究提出的真正需求。

第二，大数据的应用水平直接影响着物联网应用系统存在的价值与重要性。大数据的应用的效果是评价物联网应用系统技术水平的关键指标之一。

第三，物联网的大数据应用是国家大数据战略的重要组成部分，结合不同行业、不同用途的物联网大数据研究必将成为物联网研究的重要内容。

4.3.4 物联网大数据及应用

1. 物联网大数据的特点

我们目前讨论的大数据，数据的主要来源还是互联网、移动互联网。随着物联网的大规模应用，接入物联网的传感器、RFID 标签、智能硬件将呈指数趋势增长，物联网产生的大数据将远远超过互联网。物联网数据无疑将成为大数据的主要来源。我们通常用 5V 来描述互联网时代大数据的特点，类似地，有的学者提出用 5H 来描述物联网时代大数据的特点（如图 4-7 所示）。

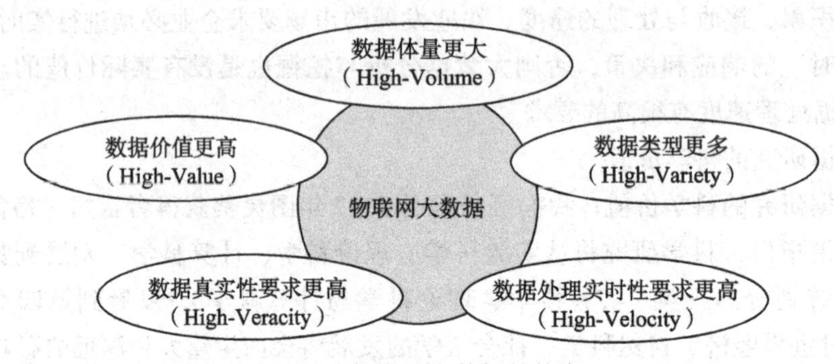

图 4-7 物联网大数据的特点

在物联网智能交通、智能环保、智能农业、智能医疗、智能物流等应用中，将有数百亿的传感器、RFID 标签、视频探头、监控设备、用户终端设备接入物联网，它们所产生的数据量要远远大于互联网所产生的数据量，这就形成了物联网大数据“体量更大（High-Volume）”的特点。智能医疗、智能电网、桥梁安全监控、水库安全监控、机场安全感知的参数差异很大，使用的传感器与执行器设备类型都不相同，这就形成了物联网大数据的“数据类型更多（High-Variety）”的特点。智能交通中无人驾驶汽车产生的数据如果出错、处理不及时或者处理结果出错，就有可能造成车毁人亡的后果；智能工业生产线上产生的数据出现错误，处理不及时或者处理结果出错，就有可能造成严重的生产安全事故；智能医疗中对患者生理参数测量数据出错，处理不及时或者处理结果出错，就有可能危及患者生命。因此，物联网大数据具有“数据价值更高（High-Value）”“数据真实性要求更高（High-Veracity）”与“数据处理实时性要求更高（High-Velocity）”的特点。

2. 物联网大数据的应用

基于物联网的大数据应用能够产生的经济与社会效益将非常巨大，我们可以举一个智能工业中的例子来说明这一点。在物联网智能工业应用中，研究人员将视点汇聚到航空发动机产业。安全是航空产业的命脉，发动机是飞机的心脏，对于飞机的飞行安全至关重要。研究物联网大数据对于保障飞机发动机安全意义重大。

根据国际飞机信息服务研究机构提供的数据，全球在2011年就有大约21 500架商用喷气式飞机，有43 000台喷气式发动机。每一架飞机通常采用双喷气发动机的动力配置。每一台喷气式发动机包含涡轮风扇、压缩机、涡轮机三个旋转设备，这些设备分别装有测量旋转设备状态参数的仪器仪表与传感器。每架飞机每天大约起飞3次，每年平均飞行2 300万次。美国通用电气公司（GE）旗下的GE航空，为了确保飞机飞行安全，建立了一个覆盖每一台喷气式发动机从生产、装机、飞行、维修整个生命周期健康状态监控的物联网大数据应用系统，其结构如图4-8所示。

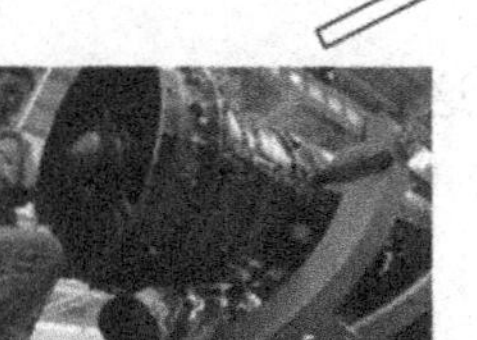

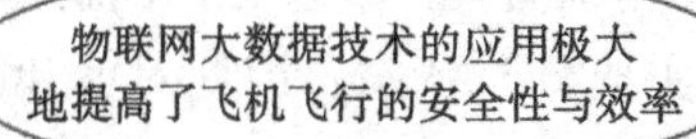

图4-8　物联网大数据技术在飞机发动机日常维护中的应用

用于发动机健康状态监控的物联网大数据系统记录了每一台发动机的生产数据，以及安装到每一架飞机的记录。飞机在每一次正常飞行的过程中，每一台喷气式发动机中的每个旋转设备的传感器与仪表将实时测量的飞行状态数据，通过卫星通信网发送到大数据分析中心，保存在发动机状态数据库中。大数据分析中心的工作人员使用大数据分析工具，对每一台发动机的数据进行分析、比较，评价发动机性能、燃油消耗与健康状况，发现潜在的问题，预测可能发生的故障，快速、精准、预见性地针对每一台发动机制定日常维护与维修计划，包括维修时间、地点、预计维修需要的时间以及航班的调度。制定好维修计划之后，大数据分析中心与航空公司、机场进行协调，在待维修的飞机还没有降落之前，就在相应的机场安排好维修技术人员与备件。GE 航空将这种服务称为“On-Wing Support”。推出这项服务之后，如果一架从美国芝加哥飞往上海的飞机发动机需要维修，那么航班在上海机场降落后，最多只需要 3 个小时就可以完成维修任务，安全地飞回芝加哥。物联网大数据技术在飞机发动机日常维护中的应用大大地提高了飞机飞行安全性，缩短了飞机维修时间，减少了发动机备件库存的数量，节约了飞机维护成本，提高了飞机运行效率。

GE 航空的前身是 GE 公司旗下的飞机发动机公司（GE Aircraft Engine），该公司原来只制作飞机发动机。在开展“On-Wing Support”业务之后，改名为 GE 航空（GE Aviation）。改名之后的 GE 航空标志着公司发展的转型，它已从一家单纯的生产型企业转型为“生产 + 服务”型企业。由于公司的业务在制造业的基础上增加了基于产品大数据分析的延伸服务，为企业创造了新的价值。

分析这家公司产业转型升级的思路可以看到，将物联网大数据技术应用在飞机发动机日常维护中，这家公司就不仅仅是只制造发动机、卖发动机的航空发动机制造商，同时它也成为一家航运信息管理服务商。它的业务从飞机发动机制作、销售，扩展到运维管理、能力保障、运营优化、航班管理的信息服务。

物联网大数据的应用会给企业带来产业转型升级的机遇，这种例子还很多。例如，一家传统的农业机械制造商在农业机械销售出现问题时，公司的管理者改变了传统的思维，变“卖给农民机器”为“帮助农民提高收成”。他们通过调研发现，农民最需要的不只是农业机械，更需要的是对土壤和农作物的精细管理。农民在田间耕作、浇灌、施肥的过程主要依靠个人经验，却并不了解土壤的真实成分与状态，因此对整片土地采取无差别地种植、施肥与管理。针对这一现状，这家公司在农业机械上安装了 GPS 设备，以及能够测量土地墒情、土壤成分等参数的传感器。在种植之前，用机械完成耕地工作的同时，传感器会获取每一块土地的相关参数，并将数据通过移动通信网传送到云计算平台的“土地与农作物生产管理数据库”中。农业技术人员将根据大量的数据，给出每一块土地的土壤状态分析报告，并建议适合种植的农作物品种、灌溉需要的用水量、需要使用化肥的品种与用量等。农民可以通过手机接收分析报告与作物种植建议，通过信息交互，农民回复是否接受公司的建议，打算用哪一块土地种什么样的庄稼。公司根据与农民签订的协议，向种子公司、化肥与农药提供商订购。这样，在其他农业机械制造商还在打“价格战”艰难求生时，这家公司已经转型为“农业机械制造 + 农业信息服务”公司，实现了转型升级，开始在蓝海中掘金（如图 4-9

所示)。

高圣(Cosen)公司是一家生产带锯机床的生产商。带锯机床主要用于对金属材料进行粗加工,因此机床的核心部件是进行金属切削的带锯。在加工过程中,带锯的磨损会造成加工效率降低与质量的下降。当带锯磨损到一定程度时就必须更换。由于带锯的磨损与加工工件的参数、材质、形状等因素相关。一般使用这种机床的工厂要同时管理上百台机床,因此单靠技术人员的经验判断是否需要更换带锯是非常困难的。为了使机床达到最优的加工效果,高圣公司设计了一个带锯机床智慧云服务系统,其结构如图 4-10 所示。

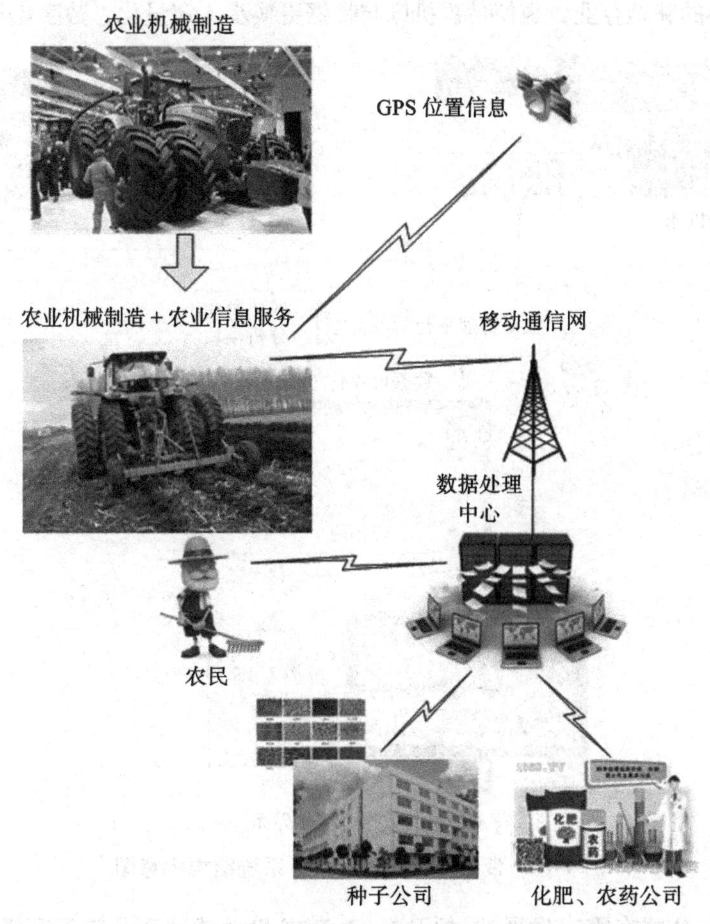

图 4-9 从“农业机械制造”转型为“农业机械制造 + 农业信息服务”

在加工过程中,安装在机床上的传感器与 PLC 控制器识别、测量、记录与评估带锯磨损相关的信息。这些信息分为 3 类。第一类是工况类信息,包括工件类型、材质与加工参数;第二类是特征类信息,包括从振动信号与 PLC 控制器监控参数中提取的与带锯健康状况相关的数据;第三类是状态类信息,包括分析的健康状况结果、故障模式与质量参数。传感器与 PLC 控制器将实时测量和记录的数据发送到数据管理平台的数据库中,形成每一台机床、每一条带锯全生命周期的大数据。云服务系统中的智能健康分析模块使用大数据分析的方法,通过数据挖掘,找出健康特征、工艺参数与加工质量之间的关系,建立不同健康状况下动态最佳工艺参数模型；了解机床各个关键部件的健康状况，带锯磨损情况；发现潜在的故障；确定需要更换的带锯，以及机床维修计划。云服务系统的智能健康分析模块采用深度学习的方法，不断完善动态最佳工艺参数模型，提高机床健康状况分析水平。

云服务系统大数据分析结果会以可视化的方式呈现出来，用户可以通过计算机、手机等多种方式接收系统分析的结构，按照提示更换带锯、维修机床，使带锯机床的工作过程与运行状态全部透明化。公司也会预先为需要更换带锯的用户自动补充备件。

带锯机床智慧云服务系统的应用使高圣公司从一家专用机床制造商转型为集设备制造与智能信息服务为一体的新型企业，也使带锯机床与带锯更换步入定量化、数字化与透明化的阶段。

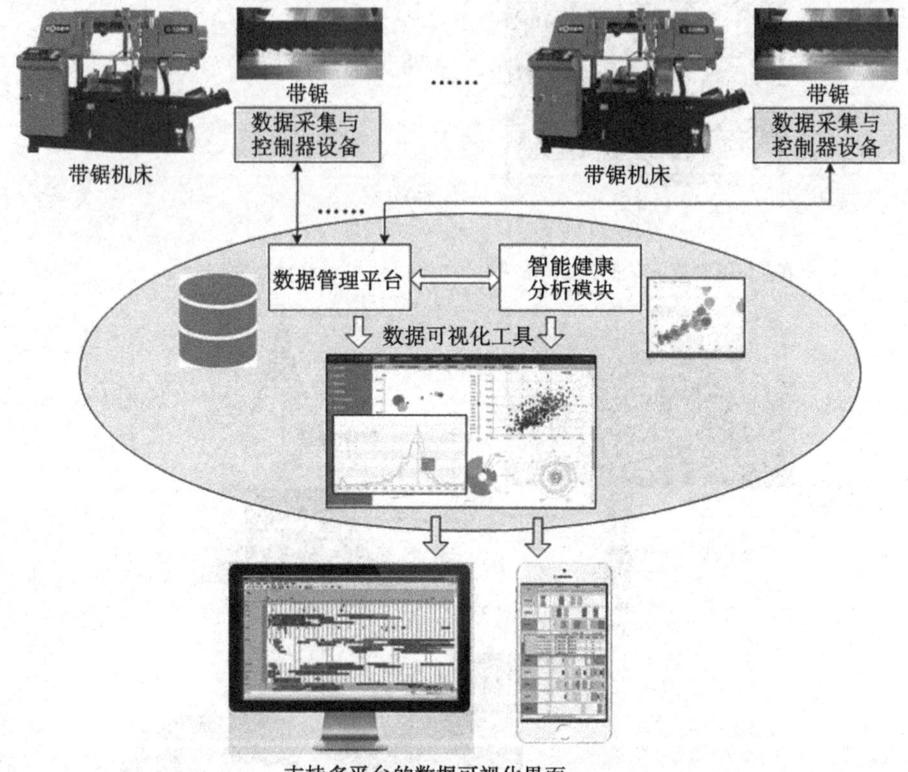

图 4-10　带锯机床智慧云服务系统结构示意图

实际上，很多公司在需求发展的过程中，都考虑和尝试过企业转型升级，只是当时物联网与大数据技术没有发展到实际应用阶段，很多好的企业转型的想法受到限制。当技术发展到一定阶段时，这种转型升级将呈现出井喷的趋势。

本章小结

1）未来的各种物联网终端设备装置都可以作为云终端在云计算环境中使用。云计算已经成为物联网重要的信息基础设施之一。

2）物联网的智能数据处理对大数据技术的发展提出了重大的应用需求，面向物联网应用的大数据研究必将成为物联网研究的重要内容。

3）物联网大数据的应用将引起企业业务模式的转变，促进企业发展模式的转型升级，大数据研究必将成为物联网应用研究的重要内容。

习题

一、单选题

1. 以下关于物联网数据特征的描述中，错误的是（　　）。

A. 海量　　B. 动态　　C. 离散　　D. 关联

2. 以下不属于云计算服务类型的是（　　）。

A. IaaS　　B. BaaS　　C. PaaS　　D. SaaS

3. 以下关于云计算特征的描述中，错误的是（　　）。

A. 按需服务与资源池化　　B. 泛在接入与服务可计费

C. 开发标准与移动服务　　D. 快速部署与高可靠性

4. 以下关于数据量单位的描述中，错误的是（　　）。

A. 1GB＝2^{30}B　　B. 1TB＝2^{50}B

C. 1ZB＝2^{70}B　　D. 1DB＝2^{100}B

5. 以下关于数据量换算关系的描述中，错误的是（　　）。

A. 1YB＝1024 ZB　　B. 1YB＝1024×1024 EB

C. 1YB＝1024×1024×1024 PB　　D. 1YB＝1024×1024×1024×1024 GB

6. 以下关于数据量增长维度的描述中，错误的是（　　）。

A. 数据的数量　　B. 数据的增长速度

C. 数据的种类　　D. 数据的实时性

7. 以下不属于大数据与数据挖掘特点的描述中，错误的是（　　）。

A. 数据挖掘是大数据数据分析的基础

B. 数据挖掘是从大量数据中提取出有价值的信息和知识的过程

C. 数据挖掘包括历史性分析与预测性分析

D. 对于同一组数据的数据挖掘结果，不同的人有不同的认知角度与使用价值

8. 以下不属于大数据 5V 特征的描述中，错误的是（　　）。

A. 准确性　　B. 大价值　　C. 随机性　　D. 多样性

二、思考题

1. 请用例子说明你对物联网“数据、信息与知识”之间关系的理解。
2. 举出 3 个能够说明物联网数据关联性的例子。
3. 如何理解用户“可以像使用水、电一样按需购买和使用云计算资源”？
4. 请结合生活中的例子说明你对数据挖掘作用的理解。
5. 请结合生活中的例子说明大数据对于物联网应用的重要性。

第5章 物联网网络安全技术

随着物联网的广泛应用，物联网网络安全问题引起了世界各国的高度重视。本章将从网络空间安全的基本概念出发，系统地讨论物联网网络安全发展的趋势，以及物联网网络安全技术研究的基本内容。

本章学习要求

- 了解网络空间安全与物联网网络安全的基本概念。
- 了解物联网网络安全威胁趋势的发展。
- 了解物联网网络安全研究的主要内容。

5.1 物联网网络安全的概念

5.1.1 网络空间安全的概念

由于互联网、移动互联网、物联网已经应用于现代社会的政治、经济、文化的各个领域，人们的社会生活和经济生活与网络息息相关，因此网络安全成为影响社会稳定、国家安全的重要因素之一。

回顾网络安全研究发展的历史，我们会发现"网络空间"与"国家安全"关系的讨论由来已久。早在2000年1月，美国政府在《美国国家信息系统保护计划》中有这样一段话："在不到一代人的时间内，信息革命和计算机在社会所有方面的应用，已经改变了我们的经济运行方式，改变了我们维护国家安全的思维，也改变了我们日常生活的结构。"著名的未来学家预言："谁掌握了信息，谁控制了网络，谁就将拥有世界"。《下一场世界战争》一书也预言："在未来的战争中，计算机本身就是武器，前线无处不在，夺取作战空间控制权的不是炮弹和子弹，而是计算机网络里流动的比特和字节。"网络安全已经影响到每一个国家的社会、政治、经济、文化与军事安全，网络安全问题已经上升到世界各国国家安全战略的层面。

2010 年，美国国防部在发布的《四年度国土安全报告》中，将网络安全列为国土安全五项首要任务之一。2011 年，美国政府在《网络空间国际战略》的报告中，将“网络空间”（Cyberspace）看作与国家“领土、领海、领空、太空”四大常规空间同等重要的“第五空间”。近年来，世界各国纷纷研究和制定了国家网络空间安全政策。

我国高度重视网络空间安全问题。2016 年 11 月，全国人民代表大会常务委员会通过《中华人民共和国网络安全法》（以下简称为《网络安全法》），并于 2017 年 6 月 1 日起施行。《网络安全法》是我国第一部全面规范网络空间安全管理的基础性法律，在我国网络安全史上具有里程碑意义。2016 年 12 月，中共中央网络安全和信息化领导小组批准并发布了《国家网络空间安全战略》报告，进一步明确了我国网络空间安全的目标、原则、战略任务。网络空间安全研究的对象包括：应用安全、系统安全、网络安全、网络空间安全基础、密码学及其应用等五个方面的内容。

物联网是网络空间重要的组成部分，《国家网络空间安全战略》为物联网网络安全的研究指明了方向，《网络安全法》使得物联网网络安全技术的研究有法可依。

5.1.2 OSI 安全体系结构

1989 年发布的 ISO7495-2 描述了 OSI 安全体系结构（Security Architecture），提出了网络安全体系结构的三个概念：安全攻击（Security Attack）、安全服务（Security Service）与安全机制（Security Mechanism）。

1. 安全攻击

任何危及网络与信息系统安全的行为都可视为攻击。常用的网络攻击可分为被动攻击与主动攻击两类，主动攻击又可分为截获数据、篡改或重放数据、伪造数据三种方式。图 5-1 描述了这几种网络攻击方式。

（1）被动攻击

窃听或监视数据传输属于被动攻击（如图 5-1a 所示）。网络攻击者通过在线窃听的方法，非法获取网络上传输的数据，或通过在线监视网络用户身份、传输数据的频率与长度，破译加密数据，非法获取敏感或机密的信息。

（2）主动攻击

主动攻击有三种基本的方式。

1）截获数据：网络攻击者假冒和顶替合法的接收用户，在线截获网络上传输的数据（如图 5-1b 所示）。

2）篡改或重放数据：网络攻击者假冒接收者截获网络上传输的数据之后，经过篡改再发送给合法的接收用户；或者是在截获到网络上传输的数据之后的某一个时刻，一次或多次重放该数据，造成网络数据传输的混乱（如图 5-1c 所示）。

3）伪造数据：网络攻击者假冒合法的发送用户，将伪造的数据发送给合法的接收用户（如图 5-1d 所示）。

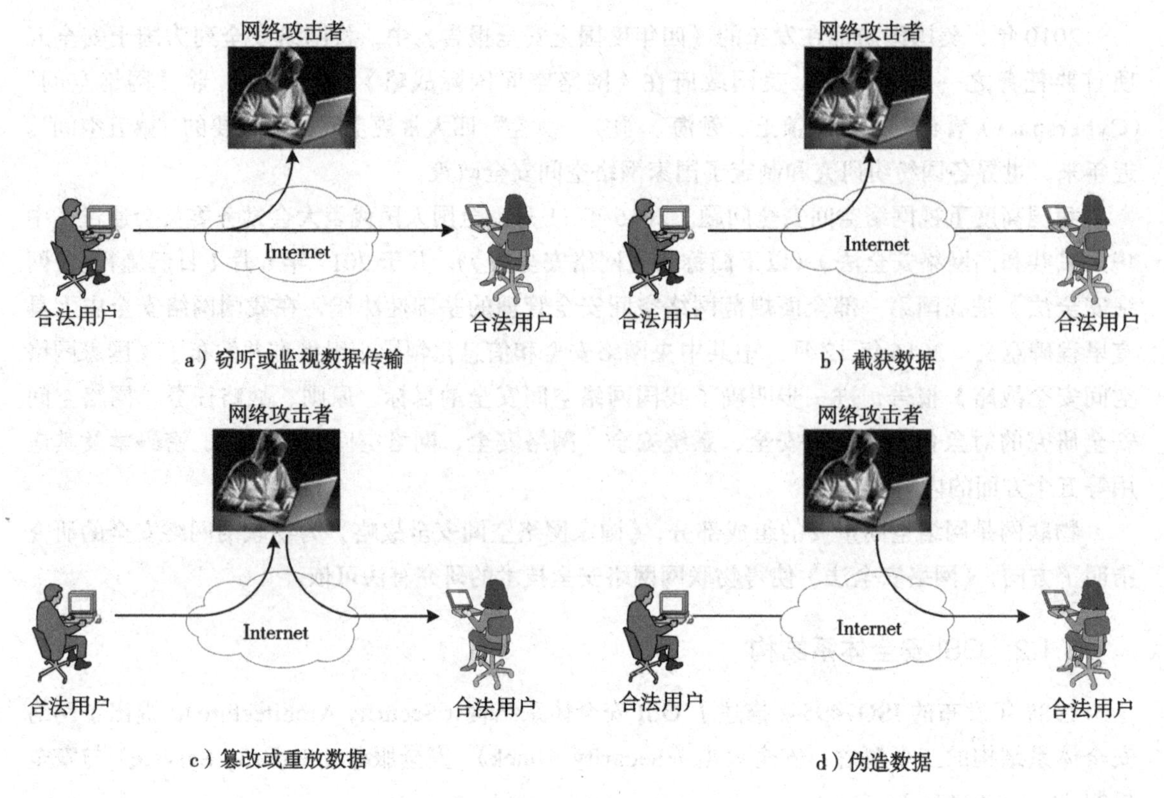

图 5-1　常见的网络攻击方式

2. 安全服务

为了评价网络系统的安全需求，指导网络硬件与软件制造商开发网络安全产品，ITU 推荐的 X.800 标准与 RFC2828 对网络安全服务进行了定义。

X.800 标准定义：安全服务是开放系统的各层协议为保证系统与数据传输足够的安全性所提供的服务。RFC2828 进一步明确：安全服务是由系统提供的对网络资源进行特殊保护的进程或通信服务。

X.800 标准将网络安全服务分为五类十四种特定的服务。其中，五类安全服务包括：

1）认证（Authentication）：提供对通信实体和数据来源的认证与身份鉴别。

2）访问控制（Access Control）：通过对用户身份认证和用户权限的确认，防止未授权用户非法使用系统资源。

3）数据机密性（Data Confidentiality）：防止数据在传输过程中被泄露或被窃听。

4）数据完整性（Data Integrity）：确保接收的数据与发送数据的一致性，防止数据被修改、插入、删除或重放。

5）防抵赖（Non-Reputation）：确保数据由特定的用户发出，证明由特定的一方接收，防止发送方在发送数据后否认，或接收方在收到数据后否认现象的发生。

3. 安全机制

网络安全机制包括以下八项基本内容。

（1）加密（Encryption）

加密机制是确保数据安全性的基本方法，根据层次与加密对象的不同应采用不同的加密方法。

（2）数字签名（Digital Signature）

数字签名机制确保数据的真实性，利用数字签名技术对用户身份和消息进行认证。

（3）访问控制（Access Control）

访问控制机制按照事先确定的规则，保证用户对主机系统与应用程序访问的合法性。当有非法用户企图入侵时，实现报警与记录日志的功能。

（4）数据完整性（Data Integrity）

数据完整性机制确保数据单元或数据流不被复制、插入、更改、重新排序或重放。

（5）认证（Authentication）

认证机制用口令、密码、数字签名、生物特征（如指纹）等手段实现对用户身份、消息、主机与进程的认证。

（6）流量填充（Traffic Padding）

流量填充机制通过在数据流中填充冗余字段的方法，预防网络攻击者对网络上传输的流量进行分析。

（7）路由控制（Routing Control）

路由控制机制通过预先安排好路径，尽可能使用安全的子网与链路来保证数据传输安全。

（8）公证（Notarization）

公证机制通过第三方参与的数字签名机制，对通信实体进行实时或非实时的公证，预防伪造签名与抵赖。

4. 网络安全模型与网络安全访问模型

为了满足网络用户对网络安全的需求，研究人员针对网络上传输数据与存储信息资源的安全性，分别提出了网络安全模型与网络安全访问模型。

（1）网络安全模型

图5-2给出了一个通用的网络安全模型。

网络安全模型涉及三类对象：通信对端（发送端用户与接收端用户）、网络攻击者以及可信的第三方。发送端通过网络通信信道将数据发送到接收端。网络攻击者可能在通信信道上伺机窃取传输的数据。为了保证网络通信的机密性、完整性，我们需要做两件事：一是对传输数据进行加密与解密；二是需要有一个可信的第三方，用于分发加密的密钥或进行通信双方身份的确认。那么，网络安全模型需要规定四项基本任务：

1）设计用于对数据加密与解密的算法。

2）对传输的数据进行加密。

3）对接收的加密数据进行解密。

4）制定加密、解密的密钥分发与管理协议。

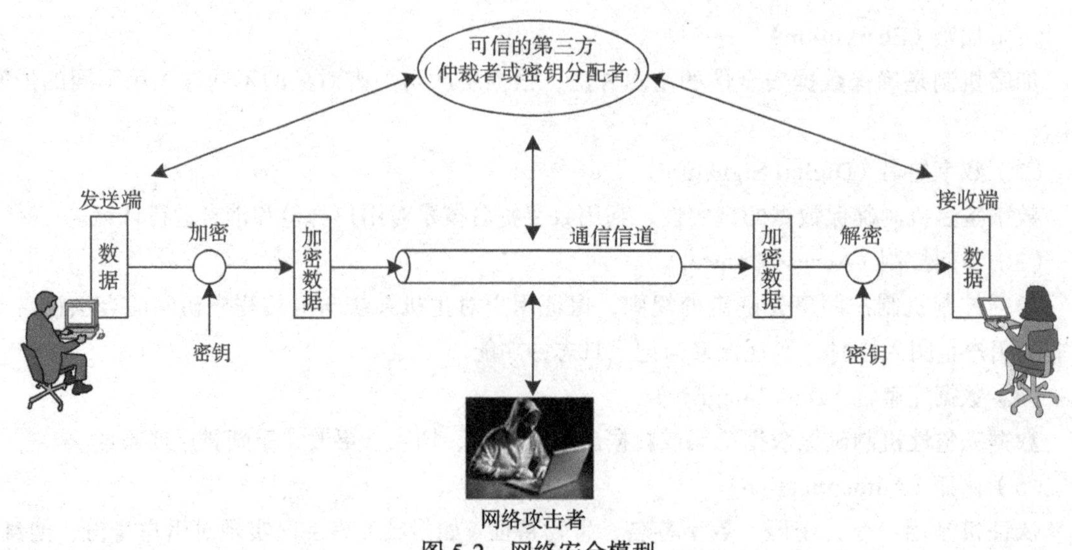

图 5-2 网络安全模型

（2）网络安全访问模型

图 5-3 给出了一个通用的网络安全访问模型。网络安全访问模型主要针对两类来自网络的攻击：一类是网络攻击者，另一类是恶意代码类的软件。

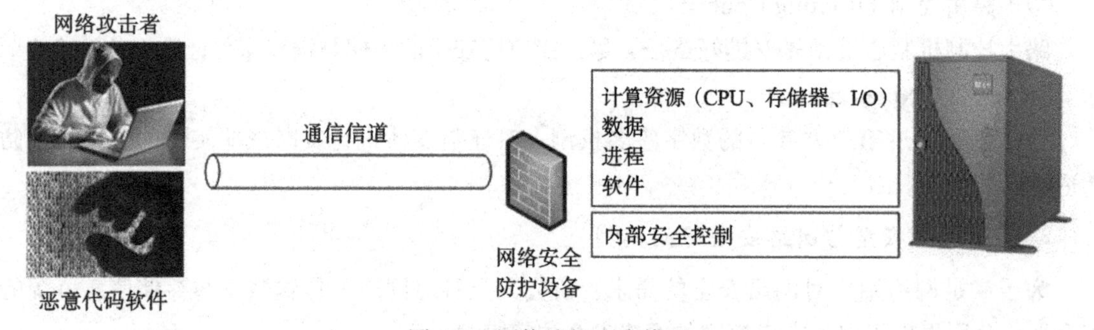

图 5-3 网络访问安全模型

黑客（Hacker）一词的含义经历了复杂的演变过程，现在人们已经习惯将网络攻击者统称为“黑客”。恶意代码是指利用操作系统或应用软件的漏洞，通过浏览器和利用用户的信任关系，从一台计算机传播到另一台计算机、从一个网络传播到一个网络的程序，目的是在用户和网络管理员不知情的情况下对系统进行故意的修改，破坏网络正常运行与非法访问网络资源。恶意代码包括病毒、特洛伊木马、蠕虫、脚本攻击代码，以及垃圾邮件、流氓软件等多种形式。

网络攻击者与恶意代码对网络计算资源的攻击行为分为服务攻击与非服务攻击两类。服务攻击是指网络攻击者对 E-mail、FTP、Web 或 DNS 服务器发起攻击，造成服务器工作不正常，甚至造成服务器瘫痪。非服务攻击不针对某项具体的应用服务，而是针对网络设备或通信线路。攻击者使用各种方法对各种网络设备（如路由器、交换机、网关或防火墙等）以及通信线路发起攻击，使得网络设备出现严重阻塞甚至瘫痪，或者是造成通信线路阻塞，最终使网络通信中断。网络安全研究的一个重要的目标就是研制网络安全防护（硬件与软件）工具，保护网络系统与网络资源不受攻击。

5. 用户对网络安全的需求

从以上的讨论中，我们可以将用户对网络安全的需求总结为以下几点。

（1）可用性

可用性是指在可能发生突发事件（如停电、自然灾害、事故或攻击等）情况下，计算机网络仍然处于正常运转状态，用户可以使用各种网络服务。

（2）机密性

机密性是指保证网络中的数据不被非法截获或非授权用户访问，保护敏感数据和涉及个人隐私信息的安全。

（3）完整性

完整性是指保证数据在网络中传输、存储的完整，没有被修改、插入或删除。

（4）不可否认性

不可否认性是指确认通信双方的身份真实性，防止出现否认已发送或已接收的数据的现象。

（5）可控性

可控性是指能够控制与限定网络用户对主机系统、网络服务与网络信息资源的访问和使用，防止非授权用户读取、写入、删除数据。

5.2 物联网网络安全研究的主要内容

5.2.1 物联网中可能存在的网络攻击方式

1. 物联网网络攻击的类型

组建物联网网络系统的目的是为处理各类信息的物联网应用系统提供一个良好的通信平台。网络可以为信息的获取、传输、处理、利用与共享提供一个高效、快捷、安全的通信环境。从根本上来说，网络安全技术就是要保证信息在网络环境中的存储、处理与传输安全性。研究网络安全技术，首先要考虑对网络安全构成威胁的主要因素，图5-4给出了针对物联网的网络攻击形式示意图。

物联网包括感知层、传输层与应用层。物联网与互联网的区别主要体现在感知层与应用层上。

传统的互联网一般没有感知层，因此对感知层的RFID标签、传感器与传感网等对象的攻击将是物联网网络安全研究的一个主要内容。

智能工业、智能交通、智能医疗等大型物联网应用系统的应用层协议非常复杂，实现这些复杂的专业性、行业性应用，甚至是一些需要采取实时反馈控制系统的软件则更为复杂。这些应用与传统的互联网应用有很大的区别。针对物联网应用层软件的攻击将成为网络攻击者的又一个重点。因此，针对物联网应用层软件的应用安全、系统安全的研究是物联网网络安全研究的又一个主要内容。

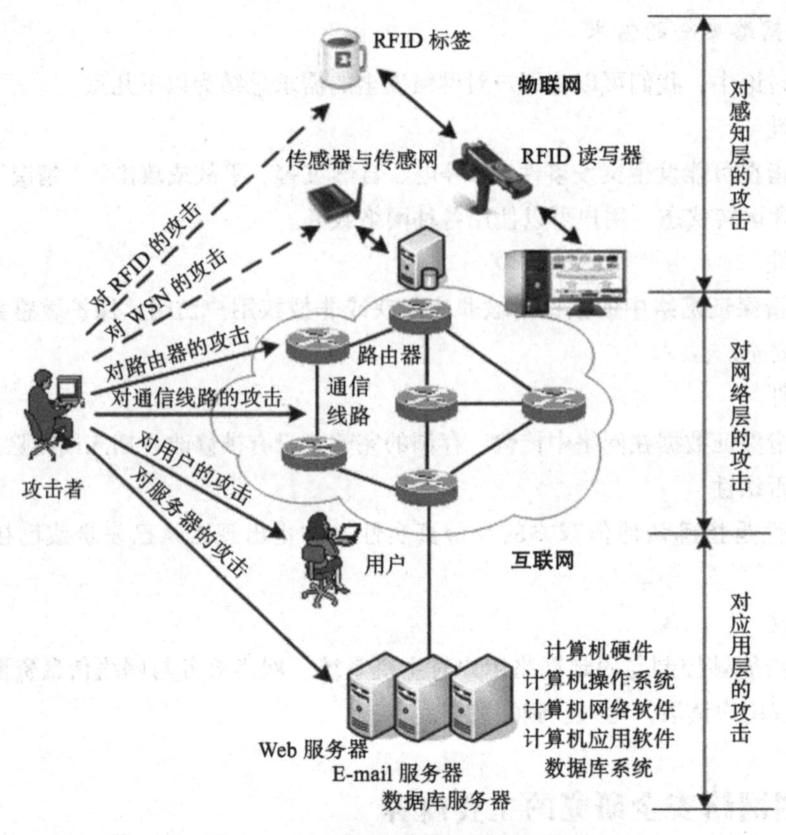

图 5-4 针对物联网的网络攻击形式

2. 典型的网络攻击

为了帮助大家形象地理解网络攻击的基本概念，我们可以通过一个典型的分布式拒绝服务攻击（Distributed Denial of Service，DDoS）的例子来描述网络攻击究竟是如何形成的。

从计算机网络的角度看，一个非常自然和友好的网络协议执行过程也可能成为攻击者利用的工具。

我们在讨论网络原理时知道，互联网中 Web 应用的数据是通过传输层 TCP 协议实现的。为了保证网络中数据报文传输的可靠性和有序性，TCP 协议的设计者在 TCP 连接建立过程中设计了“三次握手”的过程。Web 应用的客户端与服务器端在已经建立的 TCP 连接上传输命令和数据。这个过程如图 5-5 所示。

TCP 协议规定客户端与服务器端三次握手的过程是：

第一次握手：客户端向服务器端发出“连接建立请求”，客户端询问服务器端：“我可以和你交谈吗?”

第二次握手：服务器端向客户端发出“连接建立请求应答”，服务器端回答客户端：“可以交谈。”

第三次握手：客户端向服务器端发出“连接建立请求确认”，客户端告诉服务器端：“那我们就开始交谈吧！”

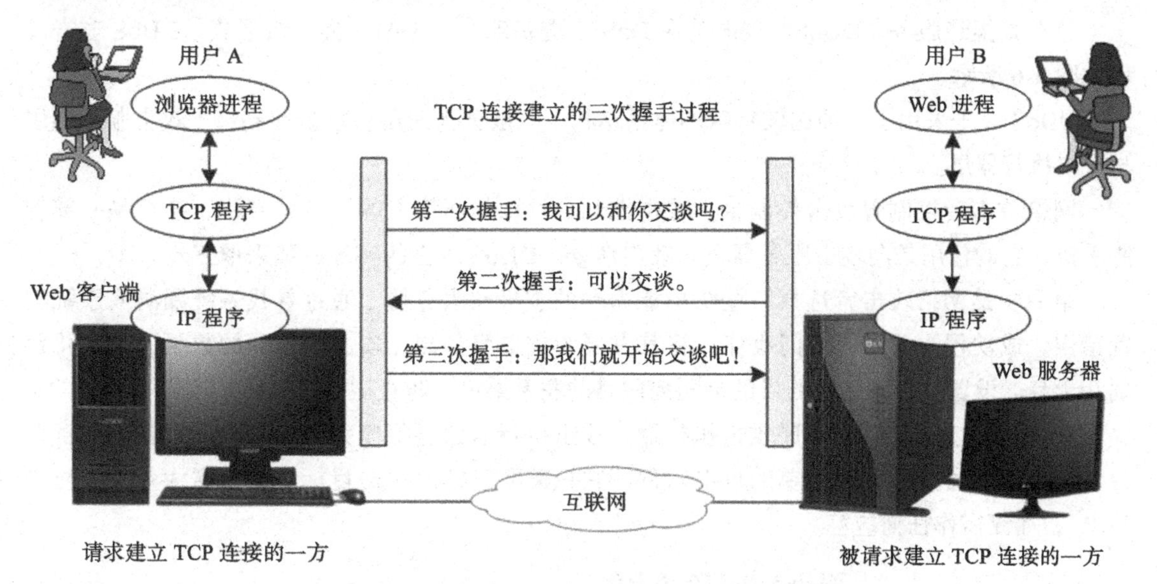

图 5-5　TCP 建立连接的三次握手过程示意图

就是这样一个看似优雅和文明的“握手”过程，也可能被网络攻击者利用。网络攻击者可以用一个假 IP 地址向 Web 服务器发出一个看似正常的 TCP 连接的请求报文，Web 服务器如果能够提供服务，就会向申请连接的客户端发送一个同意建立连接的应答报文，但由于 IP 地址是伪造的，因此 Web 服务器进程不可能得到第三次握手的确认报文。如果网络攻击者向服务器发出大量虚假的请求报文，并且 Web 服务器没有发现这是一次攻击的话，Web 服务器就会处于忙碌地处理应答和无限制地等待状态，最终导致 Web 服务器不能正常服务，甚至出现系统崩溃。这就是一种常见的拒绝服务（Denial of Service，DoS）攻击。

这个过程可以用现实社会的一个例子来类比。假设有一个别有用心的人发布了一个假消息，说有一家人要搬迁到其他城市，房主想低价出售一套房屋，房主的电话号码是 0351-620****。想买房子的人不了解真实情况，就可能不停地拨打这个电话，导致电话被打爆，而真正有用的电话反而打不进来。房主只好向电话公司申请停掉这个座机，他已经不堪其扰。尽管这是一个假想的情况，但是它与拒绝服务攻击有很多类似之处。这种攻击行为并不是直接“闯入”被攻击的服务器，而是通过选择一些容易感染病毒的计算机（俗称“肉机”），预先将能够实行 DoS 攻击的病毒悄悄地植入这些“肉机”中，然后神不知鬼不觉地发出攻击命令，让大量的“肉机”在不知情的情况下，同时向被攻击的服务器连续发出大量的 TCP 建立连接请求，使得被攻击的服务器无法应对这些看似正常的连接请求，导致服务器无法正常提供服务，甚至造成整个服务系统崩溃。因此，人们也将这种攻击叫作僵尸网络（botnet）攻击。

从以上分析中可以看出，典型的 DoS 攻击是资源消耗型 DoS 攻击。资源消耗型 DoS 攻击常见的方法是：

- 制造大量广播包或传输大量文件，占用网络链路与路由器带宽资源。

- 制造大量电子邮件、错误日志信息、垃圾邮件，占用主机中共享的磁盘资源。
- 制造大量无用信息或进程通信交互信息，占用 CPU 和系统内存资源。

分布式拒绝服务（DDoS）攻击是在 DoS 攻击基础上产生的一类攻击形式。DDoS 攻击过程如图 5-6 所示。

DDoS 攻击采用了一种比较特殊的体系结构，一般分为三层：攻击控制层、攻击服务器层与攻击执行器层。

网络攻击者控制着攻击控制台。攻击控制台可以是网络上的一台计算机，甚至是一部智能手机，它的作用是向攻击服务器发布攻击命令。DDoS 攻击的实现一般采取三步。

第一步是网络攻击者选择一些防护能力弱的主机或服务器，通过寻找系统漏洞或系统配置错误，成功侵入并安装后门程序，将其发展为攻击服务器。攻击服务器的数量一般在几台到几十台。设置攻击服务器的目的是隔离网络的联系渠道，防止被追踪，保护攻击者。

第二步是攻击服务器发展攻击执行器。攻击执行器数量很庞大，一般从几百台到几百万台。攻击执行器安装相对简单的攻击软件，它只需要连续向攻击目标主机发送大量的“连接请求”，而无需作任何应答。

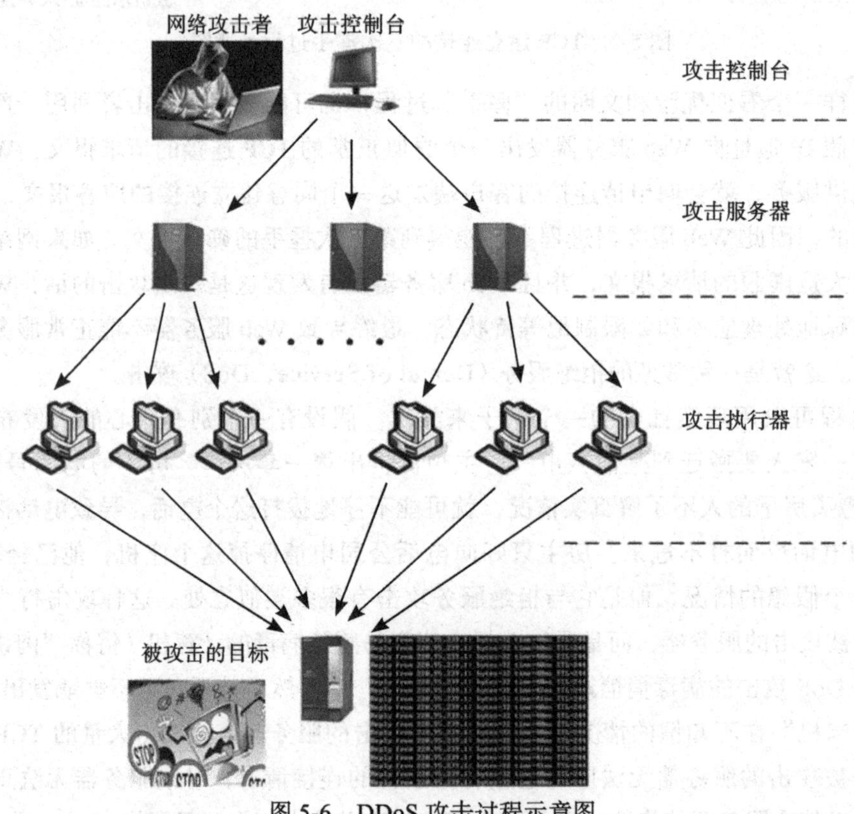

图 5-6　DDoS 攻击过程示意图

第三步是发起网络攻击。攻击控制台向攻击服务器发出攻击命令，由多个攻击服务器再分别向攻击执行器发出攻击命令，攻击执行器同时向目标主机发起攻击。在向攻击服务器发出攻击命令的很短时间内，攻击控制台可以立即撤离网络，使得追踪很难实现。

DDoS 攻击的特点是：网络攻击者提前通过病毒软件渗透和组织了执行攻击任务“肉机”群体；执行攻击任务的“肉机”自身并不知晓；攻击命令一旦发出，成千上万甚至是上百万个“肉机”会重复发送看似简单的“连接建立请求”；被攻击者一时难以招架，支持的网络服务被迫终止，严重时会出现系统崩溃；攻击命令的发出者早已销声匿迹，难以追查。

尽管 DDoS 攻击只是网络攻击的一种类型，但是它具有一定的代表性。同时，互联网常见的 DDoS 攻击目前已经在物联网中出现，并且可以通过物联网的硬件设备攻击互联网。

从以上分析可以总结出以下两点：

第一，互联网与物联网的网络攻击原理类似，互联网中所有的网络攻击基本上在物联网中都会出现。网络攻击者可以利用互联网病毒开展对物联网的 DDoS 攻击。

第二，我们在重视研究如何防护利用互联网 DDoS 方式去攻击物联网的同时，必须重视研究如何防止网络攻击者利用物联网上遍布全世界、安全防护能力相对较弱的物联网感知设备攻击互联网。

5.2.2 RFID 安全与隐私保护研究

WSN、RFID 是支撑物联网应用的两大主要技术手段。由于 WSN 的网络安全技术研究起步比较早，而针对 RFID 标签的安全防护技术研究比较薄弱，因此我们有必要进一步讨论 RFID 安全与涉及的隐私保护问题。

1. RFID 标签的安全缺陷

RFID 标签的安全缺陷主要表现在以下三个方面。

（1）RFID 标签自身访问的安全性问题

由于 RFID 标签的成本限制，RFID 很难具备足以保证自身安全的能力。目前，广泛使用的 RFID 标签价格大约为 10～20 美分，内部包括 5 000～10 000 个逻辑门。这些逻辑门主要用于实现一些基本的标签功能，只有少量的逻辑门用于支持安全功能。而要实现一个基本的加密算法大约需要使用 3 000～4 000 个逻辑门。如果要在 RFID 标签中实现更加安全的公钥加密算法，就需要使用更多的逻辑门。因此，标签的造价限制了 RFID 集成电路的复杂度，也就限制了 RFID 自身安全性的提高。

在海关、安检、机场、商场、超市、医院、制造业、仓库管理、物流等领域应用的 RFID 系统中，为了交易的安全，RFID 标签与读写器之间的数据传输是加密的。最初采用的密钥长度是 40 位，之后不断地进行改进。但是，研究人员担心 RFID 在大量应用后有可能遭到攻击。未来的标签价格有可能降低到 5 美分，因此设计安全、高效和低成本的 RFID 安全机制仍然是一个具有挑战性的课题。

（2）通信信道的安全性问题

RFID 使用的是无线通信信道，这就给非法用户的攻击带来了方便。攻击者可以非法截取通信数据；可以通过发射干扰信号来堵塞通信链路，使得读写器过载，无法接收正常的标签数据，制造拒绝服务攻击；可以冒名顶替向 RFID 发送数据，篡改或伪造数据。

（3）RFID 读写器的安全性问题

RFID 读写器也面临很多问题，比如攻击者可以伪造一个读写器，直接读写 RFID 标签，获取 RFID 标签内保存的数据，或者修改 RFID 标签中的数据。

2. 对 RFID 系统的攻击方法

RFID 标签中存储了很多有价值的商业信息、流通信息、工业信息和个人信息，这些信息对于攻击者具有极大的诱惑。RFID 信息的泄露对于商业、工业与个人来说都是巨大的灾难。因此，我们必须通过研究攻击 RFID 的主要方法来指导保障 RFID 信息安全的研究工作。对 RFID 潜在的攻击方法主要表现在以下几个方面。

（1）窃听与跟踪攻击

由于 RFID 标签与读写器之间是通过无线通信方式进行数据传输的，因此窃听是攻击 RFID 系统最直接的一种方式。如果 RFID 应用系统对 RFID 标签读写通信过程没有采取必要的保护措施，那么攻击者能够很容易地使用一个窃听的 RFID 读写器接近标签，在标签与正常的读写器通信过程中，窃取 RFID 标签身份信息和传输的数据。

也许攻击者并不需要直接获取 RFID 标签的内部信息，但是它可以通过窃听的方法，跟踪对象的位置与位置变化情况。

图 5-7 给出了窃听 RFID 数据传输的方法示意图。对于 RFID 来说，最基础的安全保护是防止标签信息被窃听。

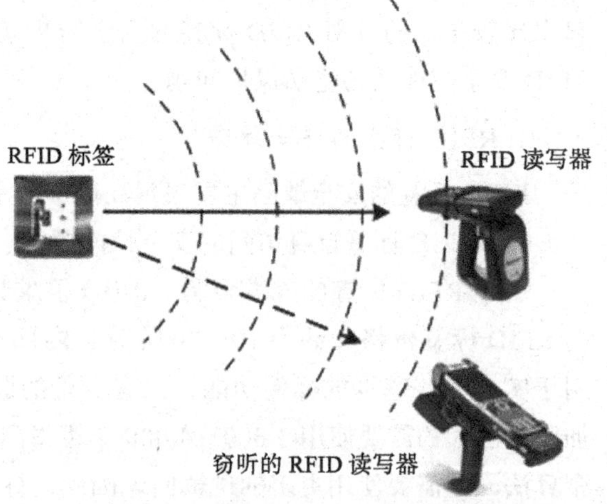

图 5-7　窃听 RFID 传输数据的方法

（2）中间人攻击

对 RFID 的另一种攻击方法“中间人攻击”是建立在窃听攻击的基础之上的。图 5-8 给出了中间人攻击的原理示意图。

攻击者通过一个充当中间人的 RFID 读写器接近标签，在悄悄窃取标签身份信息与数据之后，攻击者使用充当中间人的 RFID 读写器对数据加以处理，再假冒标签，向合法的 RFID 读写器发送数据。被窃取数据的标签与读写器都以为是正常的读写数据的过程。

（3）欺骗、重放与克隆攻击

欺骗、重放与克隆攻击也都是在窃取标签数据的基础上进行的。欺骗攻击是在窃取 RFID 标签的身份信息与存储的数据之后，冒充该标签的合法身份去欺骗读写器；重放攻击是将窃取的数据短时间内多次向读写器发送，使得读写器来不及处理这些数据，破坏 RFID 系统的正常工作；克隆攻击是将窃取的数据写到另一个标签中，制造一种物品标签的多个假冒的标签。

（4）破解与篡改攻击

窃听攻击与欺骗、重放、克隆攻击基本上都是在窃取到 RFID 标签的身份信息与数据之后，在不破译标签身份信息与数据编码规则的情况下，欺骗正常的读写器，达到破坏系统正常工作，或用低价格骗取贵重商品的目的。物理破解攻击则是根据窃取的身份信息和数据，破解安全机制和数据编码规则。在破解之后，一种做法是按照数据编码规则篡改数据，伪造大量的RFID标签；另一种做法是依据破解的安全机制与数据编码规则，继续破解新的RFID标签与读写器之间的身份认证算法，以及物品编码规则。

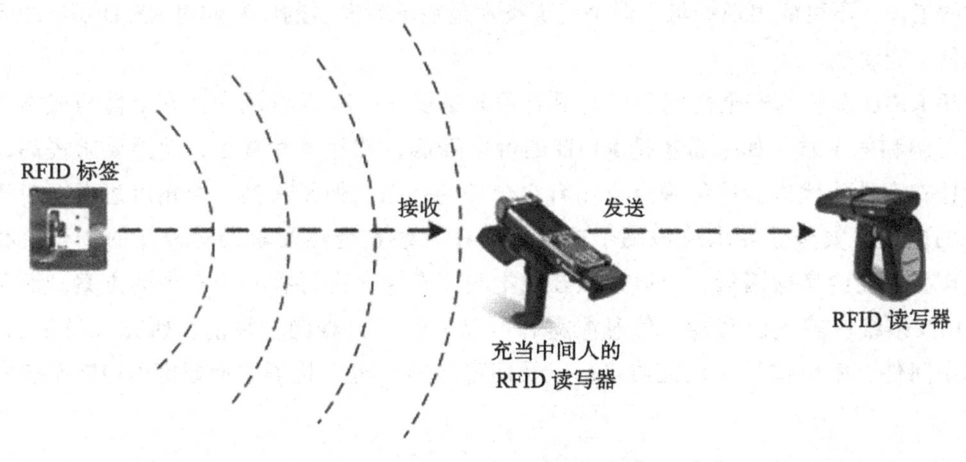

图 5-8 中间人攻击原理示意图

2003年，一位黑客在网站上公布了他攻入一家公司作为门警的无源RFID系统的方案。黑客窃取数据之后，破解了RFID的安全机制与编码规则，仿制出门禁卡。2005年1月，某大学的研究小组公布了他们的研究成果。该小组经过两年的研究，破解了一种RFID的安全机制与编码规则，写出了它的模拟软件，并仿真了标签与读写器的工作过程。另外有一份报告称：一名学生已经破解了超过1.5亿个安装有RFID的汽车钥匙和超过600万个购买汽油的钥匙扣的密码。解密计算的过程只用了15分钟。

另一种用物理方式破解RFID标签的方法是：通过特殊的溶液将标签上的保护层去掉，再使用特殊的电子设备与标签中的电路连接，这样攻击者不但能够获取标签中的数据，还能够分析标签的结构设计，找出可利用的攻击点，有针对性地设计攻击方法。

（5）干扰与拒绝服务攻击

攻击者对RFID系统的另一种攻击方法与互联网的拒绝服务攻击非常相似。在使用RFID标签的地方放置工作频率相同的大功率干扰源，使得RFID标签与读写器之间不能正常地交换数据，造成RFID系统瘫痪；或者是在顾客将贴有RFID标签的商品接近读写器时，攻击者开启小型干扰器，使得交易失败；或者是在短时间内发送大量伪造的错误RFID标签数据给读写器，造成读写器无法正常地识别和处理，导致RFID系统无法正常地提供服务。

（6）灭活标签攻击

对于一个贴在商品上的标签，在客户结账之后，通常的办法是将标签“灭活”(kill)，使得标签不再接受读写器的读写，不可能重复结账，也不会被攻击者利用，既保护了客户的隐私，又保护了RFID标签体系的安全。但是，攻击者可以利用同样的原理，制造灭活标签的工具，在结账之前就杀死标签，从而方便地盗窃贵重商品。

（7）病毒攻击

人们一般认为RFID标签不会被病毒攻击。但是2006年的一份研究报告表明：攻击者可以将病毒事先写入标签之中，然后通过读写器传播到中间件软件，进而迅速感染后台数据库和应用软件。尽管有人认为RFID标签存储空间很少，并且目前在RFID标签的安全保护上做了不少的工作，不可能出现病毒，但是病毒技术是在不断发展的，我们对RFID病毒攻击的可能性还是不能忽视。

对于RFID系统的安全性问题，业界有很多争议。一种观点认为：安全性与成本是一对根本不可调和的矛盾。如果希望把RFID的价格降低，芯片尺寸减小，功能要求提高，那就要以牺牲安全性为代价。这种观点自然有它合理的一面。但是，换一个角度思考，对于银行等领域的应用，安全性要求应该高于成本。而在一些安全性要求相对较低的场合，经济性则应该作为主要的考虑因素。所以必须在成本与安全性之间寻找一个折中的方案。而且，安全的RFID系统应解决保密性、信息泄露和可追踪性三大难题。目前，研究人员正从RFID系统的中间件、密码体系、认证协议，以及病毒攻击、抗干扰等方面研究RFID系统安全性问题。

3. 基于RFID的位置服务与隐私保护

任何一件事都会有利有弊，基于RFID的位置服务也如此。先说“利”的一面，可以用作者的亲身经历来说明。有一次，作者搭乘一架经停的飞机。在经停城市，所有旅客先下机，再和补充的乘客一起登机继续飞行。但是到了登机的时候，有一位从前一站登机的旅客迟迟未到。机场工作人员只能停止后一批乘客登机，一边广播通知，一边举着写有这位乘客名字的牌子，在整个候机楼中寻找。半个小时过去了，还是没有找到这位乘客。为了确保飞行安全，机场工作人员又请已经登机的乘客下飞机，安保人员登机对所有放在飞机上的行李、物品进行检查，确定安全之后，才让所有的乘客登机。这个过程造成航班大约延误了两个小时。当作者怀着不安的心情坐在飞机上时，想到如果每一位乘客的登机牌都有一个RFID标签，那么乘客在机场逗留时，安装在机场的RFID读写器就能够实时地记录乘客所在的位置。这样，乘客即使是在咖啡馆睡着了，机场工作人员也可以通过查询RFID位置记录，快速、准确地找到乘客，从而节约时间，确保乘客不误机，也保证了飞行安全。这正体现出基于RFID的位置服务非常有价值的一面。

同时，作者注意到另一个报道。一位女士按照她的习惯，在休息日到大型商场旁的咖啡屋悠闲地喝咖啡、听音乐，准备之后去购物。正当她喝着咖啡的时候，收到第一条短信：“欢迎您再次光临商场。”看了这条短信，她很高兴，感觉商场对顾客非常关心，但是她感到不解的是，“商场怎么知道我要去购物呢？”过了不久，她又收到第二条短信：“您今天穿的绿色连衣裙非常漂亮，商场女装部新到了一种牙黄色的连衣裙，很适合您的体型和气质，欢迎您来选购。”这条短信使她更加困惑，“商场怎么知道我今天穿的是绿色连衣裙呢？”第三条短信的内容是：“您用的那个牌子的香水已经到货，今天购买八折优惠，您可以到商场二楼购买。”看到第三条短信之后，这位女士的感觉是恐惧，“我什么时候、在什么地方、穿什么衣服、用什么牌子的香水，怎么别人都知道？”最终，这位女士选择夺路而逃，并且发誓再也不来这里购物了。这个故事可能已经被演绎了，但是它告诉我们：基于RFID的位置服务涉及个人隐私保护问题。

如果说“在互联网上没有人知道你是一条狗”的话，那么“在物联网上我可以知道你很多隐私”。目前，随着手机定位技术的发展，通过分析用户手机漫游到某个基站的信息，移动通信网可以快速地获得用户的位置信息。基于位置的服务（LBS）也随之迅速地发展起来。我们无论是坐火车还是乘飞机、开车，一进入某个城市，就会收到一条“ ** 欢迎您”的短信。利用手机获取用户的位置信息，服务提供商可以提供餐饮、旅游、购物的一条龙服务。这对于我们每个人好像都是司空见惯的事。基于位置的服务有它有利的一面，但是作为一个自由的人，我们在什么地方、想去哪里，难道就没有隐私可言吗？我们对于自己在什么位置、我们愿不愿意将这些信息告诉不相识的人或企业、我们允许在什么时候告诉别人，难道就没有一点决定权吗？更深层次的问题是：长期跟踪、收集和分析一个人的位置信息，可以推测出这个人的职业、健康状况、经济状况、社会关系、兴趣爱好、生活习惯、政治面貌、宗教信仰等重要的隐私信息，如果被别有用心的人利用，将带来极大危害。因此，位置信息应该是受到法律保护的一种隐私，而位置隐私的重要性却往往被人们忽视。

隐私的内涵很广泛，通常包括个人信息、身体及财产信息等，不同的民族、不同的宗教信仰、不同文化的人对隐私会有不同的理解，但是尊重个人隐私已经成为社会的共识与共同的需要。除了RFID之外，各种传感器、摄像探头、手机定位功能的不正当使用，都有可能造成个人信息的泄露、篡改和滥用。对于隐私的保护手段是当前物联网信息安全研究的一个热点问题。保护个人隐私可以从以下4个方面入手：

（1）法律法规约束

通过法律法规来规范物联网中对包括位置信息在内的涉及个人隐私信息的使用。

（2）隐私方针

允许用户本着自愿的原则，根据个人的需要，与移动通信运营商、物联网服务提供商协商涉及个人信息的使用。

（3）身份匿名

将位置信息中的个人真实身份用一个匿名的编码代替，以避免攻击者识别和直接使用个人信息。

（4）数据混淆

采用必要的算法，对涉及个人的资料与位置信息（时间、地点、人物）进行置换和混淆，避免被攻击者直接窃取和使用。

5.3 物联网网络安全的发展

随着物联网与人工智能、云计算、大数据技术的融合发展，物联网的网络安全面临着严峻挑战。韩国产业研究院预测，到2020年，由于物联网网络安全问题带来的经济损失将达到180亿美元。在深入讨论物联网网络安全问题时，我们必须注意到危及物联网安全的几个新动向。

5.3.1 计算机病毒已经成为攻击物联网的工具

国际著名的俄罗斯网络安全厂商卡巴斯基实验室（Kaspersky Labs）于2012年5月发现了一种攻击多个中东国家的恶意程序，并将其命名为火焰（Flame）病毒。火焰病毒是一种后门程序和木马病毒程序的结合体，同时又具有蠕虫病毒的特点。一旦计算机系统被感染，只要操控者发出指令，火焰病毒就能在网络、移动设备中进行自我复制。火焰病毒程序将开始进行一系列复杂的破坏行动，包括监测网络流量、获取截屏画面、记录蓝牙音频对话、截获键盘输入等。被感染的计算机系统中所有的数据都将传送到病毒指定的服务器。火焰病毒是一种规模大、复杂度高的网络攻击病毒。

据卡巴斯基实验室统计，迄今发现的感染该病毒的案例已有500多起，其中主要发生在中东国家。火焰病毒设计得极为复杂，能够避过100多种防病毒软件。一般的恶意程序都设计得比较小，以便隐藏。但是火焰病毒程序很庞大，代码程序有20MB，含有20个模块。病毒软件的结构设计得非常巧妙，其中包含着多种加密算法与压缩算法，而且隐藏得很好，使得防病毒软件几乎无法追查到。火焰病毒主要感染局域网中的计算机、U盘、蓝牙设备，可以利用钓鱼邮件、受害网站进行传播。火焰病毒早在2010年3月就开始活动，直到2012年5月被卡巴斯基实验室发现之前，没有任何安全软件检测到这种病毒程序。卡巴斯基实验室的专家认为，火焰病毒程序可能是“某个国家专门开发的网络战武器”。由此可知，病毒将成为攻击物联网的重要工具。

国家安全形势已经发生了重大的变化。与传统战争的明显区别是：网络战没有“宣战”与“结束”这些环节。就在我们讨论物联网安全技术时，针对物联网的网络攻击已经不宣而战。这是一片不见硝烟的战场，过去人们关注的飞机、大炮、荷枪实弹的士兵等不见踪影，新型的网络病毒攻击早已粉墨登场。

5.3.2 物联网工业控制系统成为新的攻击重点

近日，卡巴斯基实验室又进一步发现了曾经席卷全球的2009年的震网（Stuxnet）病毒、2011年的Duqu病毒与火焰病毒之间的深层次的关联。它们应该是出自同一个病毒炮制者。2010年6月发现的震网病毒是第一个将目标锁定在工业控制网络的病毒。2011年9月发现的Duqu病毒是一种复杂的木马病毒，其主要功能是充当系统后门、窃取隐私、盗取机密信息、从事网络间谍活动。

对于长期从事网络安全研究的人来说，我们的注意力集中在互联网、移动互联网，以及人们最熟悉的操作系统（例如Windows操作系统）及其应用软件上。工业控制系统是一种专用系统，它在系统规划和设计过程中重视的是功能、性能与可靠性问题，研究人员的主要目标集中在企业资源计划（ERP）、制造执行系统（MES）、过程控制系统（PCS）以及基础自动化（DCS）等方面。工业控制网络采用相对独立的网络通信协议、网络设备与应用软件，因此之前对工业控制网络的攻击与病毒问题并未得到重视。

物联网智能控制系统成为新的攻击重点的原因可以归结为以下三点。

1）随着物联网在工业中的广泛应用，很多大型企业在生产过程中采用了智能控制技术。这些大型企业除了生产民用产品之外，也必然涉及军用产品的生产。例如，冶金工业除了生产工农业与建筑用钢之外，也会生产军舰、坦克等所用的钢材，因此这样的钢铁企业的生产过程自动化与企业管理系统内部蕴藏着很多军事秘密。同时，还有一些涉及核电站、兵工厂等关乎国家安全的企业的智能控制系统，一定会成为某些别有用心的人通过网络攻击的对象。

2）随着物联网应用的发展，智能控制技术将逐步应用到智慧城市的智能楼宇自动控制、电梯系统联动与控制、城市供电与供水控制，以及其他与国计民生相关的领域。2015年12月，乌克兰发生了一次影响巨大的有组织、有预谋的定向网络攻击，致使乌克兰境内近三分之一的地区持续断电。采取网络攻击的手段，破坏影响人们生活的重要基础设施，造成社会不稳定，已经成为一种新的攻击手段，而物联网是这种攻击的首要目标。

3）经过20多年的发展，互联网、移动互联网与物联网的发展与应用打破了真实的物理世界和网络虚拟世界的界限，使得线上与线下成为一体。正是由于上述因素的存在，导致了2010年6月发现的第一个威胁工业控制网络的震网（Stuxnet）病毒的出现。震网病毒首先通过CPS与嵌入式系统，借助在工业控制中广泛应用的SIMATIC WinCC操作系统，利用操作系统与数字签名的漏洞，进入工业控制网络，直接破坏工业控制系统的运行。在一个真实的案例中，某国家受到震网病毒攻击，核电站正在工作的8000台离心机突然出现故障，计算机数据大面积丢失，上千台机器被物理性损毁。从这个案例可以看出，国家关键基础设施受到网络攻击，其破坏效果甚至能超越传统意义上的战争。

4）未来大量的智能设备将连接到物联网，小到病人的心脏起搏器、家庭照明灯泡与路灯、居民的电子门锁、婴儿监控设备、植入式传感器，大到城市供水供电系统、智能工厂制造设备、无人驾驶汽车、飞机控制系统，所以针对物联网的攻击可能造成危及人身安全与社会稳定的重大危害。

5.3.3 网络信息搜索功能将演变成攻击物联网的工具

另外一个值得引起高度关注的事件是网络信息搜索工具对物联网的潜在威胁。例如，美国一位程序员出于对互联网连接的网络设备精确数量的好奇，经过十多年的努力，建立了暴露在线联网设备的搜索引擎Shodan。Shodan搜索引擎主页上写道："暴露的联网设备：网络摄像机、路由器、发电厂、智能手机、风力发电厂、电冰箱、网络电话。"Shodan搜索引擎目前已经搜集到的在线网络设备数量超过1000万个，搜索到的信息包括这些设备的准确地理位置、运行的软件等。Shodan被称作"黑客的谷歌"。

Shodan可以搜索到与互联网连接的工业控制系统，那么自然有可能搜索到接入物联网的智能设备与智能系统。之前被认为相对安全的工业控制系统目前已经处在危险之中，它们随时可能遭到来自互联网的攻击。当我们讨论物联网应用时，必须注意到：智能工业、智能农业、智能交通、智能医疗、智能家居、智能安防、智能物流等应用中会接入大量的智能设备与智能系统，网络信息搜索软件有可能演变成攻击物联网的工具。

Juniper Research 预测，2021 年接入物联网的智能终端设备数量将超过 460 亿个。物联网接入终端设备的增长，将在很大程度上带动硬件设备成本的降低，据预测，传感器的平均价格将下降到 1 美元左右。硬件设备低成本的发展趋势很容易影响设备的安全性，导致被非法入侵的可能性增大。在 RSA 2017 信息安全大会上，研究人员透露，他们曾用 Shodan 发现在美国的十大城市中，超过 178 万台接入物联网的终端设备有被入侵攻击的漏洞。这些终端设备涉及业务运营、交通管理、发电与制造等领域。如果这些漏洞被用于攻击，其后果不堪设想。

5.3.4 僵尸物联网成为网络攻击的新方式

2016 年 10 月，网络攻击者用木马病毒 Mirai 感染了超过 10 万个物联网终端设备——网络摄像头与硬盘录像（DVR）设备，通过这些看似与网络安全无关的硬件设备，向提供动态 DNS 服务的 DynDNS 公司发动了 DDoS 攻击，造成美国超过一半规模的互联网瘫痪了 6 个小时，涉及 Twitter、Airbnb、Reddit 等著名的网站，个别网站瘫痪长达 24 小时。这种攻击方式称为僵尸物联网（Botnet of Things）攻击，这是第一次出现通过物联网硬件向互联网展开大规模 DDoS 攻击，造成了极其严重的影响。2017 年，美国《麻省理工科技评论》将“僵尸物联网”列为十大突破性技术之一。

当人们对号称是“互联网 9·11 事件”的僵尸物联网攻击惊魂未定之时，2017 年年初又有人警告：“忘记 Miari 吧，新的‘变砖’病毒会让物联网设备彻底完蛋。”新的“变砖”病毒是指升级版的僵尸物联网病毒 BrickerBot。

BrickerBot 能够感染基于 Linux 操作系统的路由器与物联网设备。一旦找到一个存在漏洞的攻击目标，BrickerBot 便可以通过一系列指令清除路由器与物联网终端设备中的所有文件，破坏存储器，并切断设备网络链接，制造一种永久拒绝服务（Permanent Denial of Service，PDoS）的攻击。这并不是危言耸听，著名的网络安全公司 Radware 的研究人员已经用蜜罐技术捕捉到“肉机”遍布全球的两个僵尸网络，分别命名为 BrickerBot.1 与 BrickerBot.2。2017 年 4 月，研究人员发现，BrickerBot.1 已经不再活跃，而 BrickerBot.2 的杀伤力正与日俱增，几乎每隔两个小时蜜罐系统就会有新的记录。由于攻击之前并没有明显的症状，这些路由器与物联网设备的管理人员并不知晓已经被感染上病毒。因此，一旦被攻击，这些设备将真的变成“砖头”。未来，物联网安全问题将更加复杂，攻击手段和攻击规模都会不断升级，安全事件的数量也会日益增加。

我们必须清醒地认识到：由于物联网面临着更加严重的网络安全威胁，因此物联网网络安全问题已成为信息化社会的一个焦点问题。每个国家只能立足于本国国情，研究网络安全技术，培养专门人才，发展网络安全产业，才能构筑本国的网络与网络安全防范体系。

自主研发物联网网络安全技术，发展物联网网络安全产业是关系到一个国家国计民生与国家安全的重大问题。我们在建设物联网的同时，必须高度重视物联网网络安全技术研究与人才的培养。

本章小结

1）物联网安全是网络空间安全的重要组成部分。

2）随着物联网与人工智能、云计算、大数据技术的融合，以及在各行各业的广泛应用，物联网的网络安全面临着更加严峻的挑战。

3）计算机病毒、对工业控制系统的攻击与隐私保护成为物联网网络安全研究重要的课题。

习题

一、单选题

1. 以下不属于网络空间安全研究的是（　　）。
   A. 领土　　B. 领海　　C. 领空　　D. 水下
2. 以下关于OSI安全体系结构的描述中，错误的是（　　）。
   A. 安全攻击　　B. 入侵检测　　C. 安全服务　　D. 安全机制
3. 以下不属于主动攻击的是（　　）。
   A. 窃听或监视数据　　B. 篡改或重放数据
   C. 伪造数据　　D. 截获数据
4. 以下不属于X.800规定的五类安全服务的是（　　）。
   A. 认证与防抵赖　　B. 访问控制与数据完整性
   C. 数据机密性　　D. 安全攻击
5. 以下不属于网络安全模型规定的四项基本任务的是（　　）。
   A. 设计用于对数据加密与解密的算法
   B. 对传输的数据进行加密
   C. 规定用户身份认证方法
   D. 对接收的加密数据进行解密
6. 以下不属于用户对网络安全需求的是（　　）。
   A. 可用性与机密性　　B. 认证性
   C. 完整性与可控性　　D. 不可否认性
7. 以下不属于DDoS攻击组成层次的是（　　）。
   A. 攻击控制层　　B. 攻击服务器层
   C. 攻击路由控制层　　D. 攻击执行器层
8. 以下关于对RFID系统的攻击方法的描述中，错误的是（　　）。
   A. 窃听与跟踪攻击
   B. 中间人攻击与灭活标签攻击
   C. 欺骗、重放与克隆攻击

D. 病毒与分布式拒绝服务攻击

9. 以下不属于物联网网络安全的新动向的是（　　）。

A. 计算机病毒成为攻击物联网的工具

B. 物联网工业控制系统成为新的攻击重点

C. 网络信息搜索功能将演变成攻击物联网的工具

D. 防火墙难以控制内部用户对系统资源的非授权访问

10. 对物联网具有威胁的 BrickerBot 病毒攻击属于（　　）。

A. 拒绝服务（DoS）攻击

B. 分布式拒绝服务（DDoS）攻击

C. 永久拒绝服务（PDoS）攻击

D）僵尸网络（botnet）攻击

二、思考题

1. 试通过物联网与互联网的比较，选择一个例子来说明你认为物联网网络安全的最主要的特殊性表现在什么地方。

2. 为什么说对工业控制系统的网络攻击会给物联网带来极大威胁？

3. 请列出两个威胁 RFID 应用系统安全的实际例子。

4. 试分析僵尸物联网病毒 DDoS 与 PDoS 攻击的形式和后果有哪些不同。

5. 结合自己的切身体会，找出一个在物联网应用中涉及个人隐私的问题，并提出相应的解决方法。

第 6 章 物联网应用

应用是物联网存在的理由，创新是推动物联网发展的动力。物联网的高附加值体现在平台与解决方案上。物联网发展应该是从大规模感知设备的接入入手，向物联网平台与解决方案方向延伸，以获得持续的创造价值的能力。我国《物联网“十二五”发展规划》确定了智能工业、智能农业、智能交通、智能电网、智能环保、智能医疗、智能安防、智能家居、智能物流与军事应用十大重点应用领域。本章将系统分析物联网在各个重点领域的应用，帮助读者了解物联网应用的发展。

本章学习要求

- 掌握我国物联网应用的重点领域。
- 了解物联网在智能工业等十大领域应用的现状与发展趋势。
- 了解物联网产业发展的趋势。

6.1 智能工业

6.1.1 智能工业的基本概念

有人说：物联网应用的核心是智能制造，这是有道理的。因为制造业是国民经济的主体，是立国之本、强国之基。智能制造又叫作工业物联网或智能工业。实现智能工业的技术基础是CPS与物联网。

工业1.0是以蒸汽机为代表的机械化时代。工业1.0产生在英国，它使英国成为当时最强大的“日不落帝国”。工业2.0是以生产线为代表的流水线时代，工业3.0是以软硬件结合为核心的信息化时代。工业2.0与工业3.0产生在美国、德国等发达国家，它使美国、德国进入了世界工业大国的第一方阵。

进入21世纪，制造大国的发展动力不再单纯依赖于土地、人力等资源要素，而是更多地依靠互联网、物联网、云计算、大数据、智能硬件、3D打印等新技术，开展创新驱动。

2012年，美国政府提出“工业互联网”的发展规划。2013年，德国政府提出“工业4.0”的发展规划。世界上两大制造强国开始了无声的角力赛。我国于2015年提出《中国制造2025》，寻找机会实现“弯道超车，后发先至”。

从技术角度看，前三次工业革命从机械化、规模化、标准化与自动化生产方面，大幅度提升了生产力。但是，从工业价值链的角度看，传统的工业生产采取的是从生产端到消费端、从上游向下游推动的模式。例如，传统的汽车生产商设计了5种车型，其中排量为2.5L的SUV有黑色、白色、银色与红色，排量为4.0L的SUV有黑色与银色，客户如果想买一款排量为4.0L的红色SUV，销售人员只能告知客户，汽车厂商没有生产红色的4.0L的SUV。于是，客户要么购买2.5L的红色SUV，要么购买4.0L其他颜色的SUV。可以看到，在传统工业时代，企业生产什么产品，用户就买什么产品；产品的价值是由企业决定的，企业定什么价，客户就要付多少钱。在产品生产与销售的过程中，主导权掌握在企业手里。

工业4.0改变了传统的工业价值链，它是从用户的价值需求出发，将大规模定制的批量生产变为定制化生产；将制造型生产转变为服务型生产。我们仍然用上面客户订购SUV的例子，来说明工业4.0时代产品竞争向商业模式竞争转化时所带来的制造业的变化。

现在，客户买车一般要到一家4S店去选车和订车。未来，客户可能只需要到汽车生产厂家在汽车商城的一个销售点去定制一辆车，从而省去了一个商业的中间环节，降低了成本和购车价格。

客户订购一辆车时，不再是仅仅选择车型、颜色和内饰，而是通过在一个布满了传感器的真实汽车中进行试驾，从而定制一辆适合自己的汽车。当客户坐上驾驶座椅时，传感器会自动记录整个座椅的压力分布，一款适合客户体型、高度与坐姿习惯的座椅就自动设计完成了；在客户开车的过程中，汽车内部的传感器会自动记录客户的驾驶动作，进而预测客户的驾驶习惯，一套兼顾驾驶操作体验和舒适性的动力系统、控制系统就自动匹配完成了；在客户驾驶汽车的过程中，汽车能够自动地识别客户在不同状态路段上驾驶方式的变化，提醒客户驾驶方式的变化对油耗的影响；在驾驶过程中，汽车会根据路面的平整度，记录客户在通过一段坑洼地段时的驾驶速度和汽车颠簸的情况，设计SUV悬挂系统的数据，以提高车辆行驶的舒适度。针对上下班高峰，选车软件会通过海量交通数据的分析，预测出未来一段时间汽车行驶道路交通的拥堵情况，将推荐的优化行车路线预先输入到导航系统中。

根据以上的试驾过程，适应客户需求的汽车设计参数就会通过车联网传送到销售点的计算机。计算机的客户选车软件就会自动生成适合这位客户的车辆座椅、内饰、车体颜色、动力系统、控制系统与悬挂系统、导航的主要参数，以及是否需要天窗与儿童座椅。如果需要天窗与儿童座椅，那么天窗的大小与位置、儿童座椅的安装位置与安全性需求也会一并传输到后台。在与客户沟通并签订购车合同之后，这辆SUV的生产参数被发送到汽车生产厂。汽车生产厂一改传统的批量生产方式，按照客户的需求，为客户定制一辆独一无二的SUV。汽车生产厂不再采用传统的统一采购部件的方式，而是为这辆车定制部件。最终，用定制部件组装出符合用户需求的定制汽车。

未来的汽车生产厂不能够只满足定制的个性化生产，它将价值链从生产端的制造型生产向服务型制造方向延伸。在传统的制造型生产模式中，当SUV交付给客户之后，汽车生产厂的制造价值已经创造了，服务价值（日常维护与故障维修）则由4S店去完成。而在服务型制造模式中，制造出汽车只是完成了制造服务的一个阶段。在客户驾驶汽车的过程中，这辆汽车每天的运行参数、性能参数、安全状况都会通过物联网传送到汽车维护中心。汽车维护中心计算机将通过采集到的汽车大数据，对汽车的耗油、车辆的安全状况做出分析，及时将车辆安全驾驶的建议，以及各个关键部件的健康状况和维修意见传送给客户，以节省汽车维修费用，提高汽车运行的安全性。未来的汽车制造业销售给用户的不再是简单的产品，而是更深层次的服务。对于客户，汽车不再是一个产品，而是汽车带来的一系列舒适、安全、周到的服务。

虽然这里只举出了汽车行业的例子，但实际上这是当今制造业普遍面临的问题。传统制造业的批量生产模式，从生产组织方式、生产车间、生产设备，到零部件采购、库存与销售渠道的整个产业链，都不适应定制生产方式，都面临着从制造模式、服务模式到商业模式的全面改造。工业4.0就是在这样的大背景之下产生的。

工业4.0改变了传统的工业价值链，它是从用户的价值需求出发，大规模定制批量化的产品与服务，并以此作为整个产业链的共同目标，在产业链的各个环节实现协同化。工业已经从土地、人力资源等要素驱动，转换为科技型创新驱动。

工厂将从一种或一类型产品的生产单元，变成全球生产网络的组成单元；产品不再只是由一个工厂生产，而是由全球生产。创造附加值的不再仅仅是产品制造，而是“制造+服务”。未来企业之间的竞争已经从产品的竞争向商业模式竞争转化。

因此，工业4.0是一个创新制造模式、商业模式、服务模式、产业链与价值链的革命性概念。如图6-1所示，工业4.0带动了制造业的全面转型。

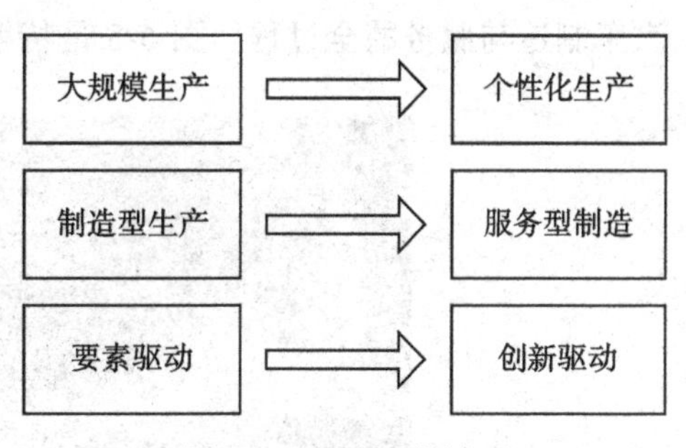

图6-1 制造业的转型

6.1.2 工业4.0涵盖的基本内容

1. 工业4.0的特点

工业4.0有五大特点：互联、数据、集成、创新、转型。根据工业4.0提出的设想，将运用信息物理融合系统（CPS）技术，升级工厂中的生产设备，实现智能化，将工厂变成智能工厂。

图6-2给出了工业4.0的技术框架。工业4.0依靠工业物联网、云计算、工业大数据组成的信息基础设施；依靠两大硬件技术（3D打印、工业机器人）和两大软件技术（工业网络安全、知识工作自动化）；依靠面向未来发展的两大技术：虚拟现实与智能技术。工业4.0的核心是智能工厂、智能制造与智能物流。

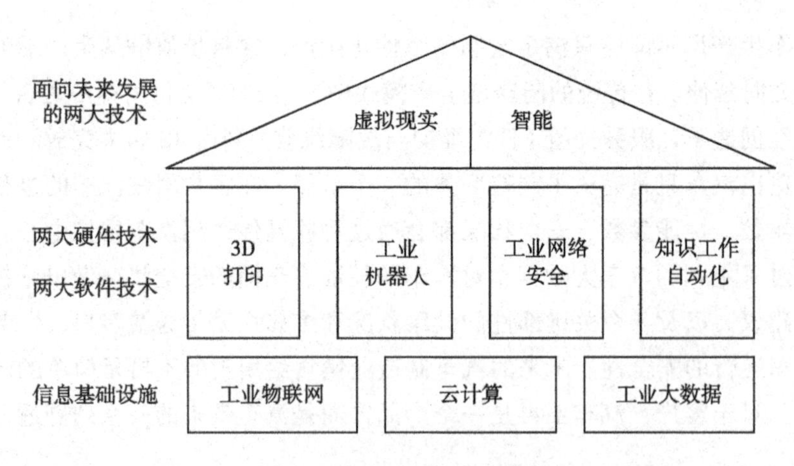

图 6-2 工业 4.0 的技术框架

2. 智能工厂

智能工厂的三大特征是：高度互联，实时系统，柔性化、敏捷化、智能化。有“汽车界的苹果”之称的特斯拉（Tesla）公司，在一定程度上已经与“工业 4.0”的理念相匹配。特斯拉公司对所生产的汽车的定位并非只是一辆电动汽车，而是一个大型可移动的智能终端。它具有全新的人机交互方式，通过接入互联网，成为一个包括硬件、软件、内容与服务的用户体验工具。特斯拉的成功不仅仅体现在能源的利用上，更重要的是，它将互联网的思维融入汽车制造与服务的全过程。图 6-3 是特斯拉超级工厂的照片。

图 6-3 特斯拉超级工厂

特斯拉电动智能汽车的生产制造是在美国北加州弗里蒙特市的“超级工厂”完成的。在这个花费巨资建造的“超级工厂”里，自动化几乎覆盖了从原材料到成品的全部生产过程。其中工业机器人是生产线的主要力量。目前，“超级工厂”内一共有 160 台机器人，分别配置在冲压生产线、车身中心、烤漆中心与组装中心。

车身中心的多工机器人（multitasking robot）是目前最先进的工业机器人。它们大多只是一个巨型的机械臂，能够完成多种不同的任务，包括车身冲压、焊接、铆接、胶合等工作。

它们可以先拿起钳子进行点焊，然后放下钳子拿起夹子胶合车身板件。这种灵活性对于小巧、有效率的作业流程十分重要。

在组织好车体之后，位于车体上方的运输机器人就要将整个车体吊起，运到喷漆中心的喷漆区。在那里，具有弯曲机械臂的喷漆机器人根据订单的颜色要求，为整个车身喷漆。

喷漆完成后，车体由运输机器人送到组装中心。安装机器人安装好车门、车顶，然后将定制的座椅安装好。同时，位于车顶的相机拍下车顶的照片，传送给安装机器人。安装机器人计算出天窗的位置，再把天窗玻璃粘合上去。

在车间里，运输机器人按照工序流程，根据地面上事先用磁性材料铺设好的行进路线，游走在各道工序的机器人之间。在流程执行的过程中，运输机器人、加工机器人、喷漆机器人与安装机器人之间，车体与部件的位置必须控制得丝毫不差。要做到这一点，就必须对机器人进行“训练”和“学习”。特斯拉团队在前期“训练”机器人大约用了1年半的时间。

从以上介绍中可以看出，智能工厂是运用CPS、物联网与智能技术升级生产设备，加强生产信息的智能化管理与服务，减少对生产线的人为干预，提高生产过程的可控性，优化生产计划与流程，构建高效、节能、绿色、环保、人性化的智慧工厂，实现人与机器的协调合作。

3. 智能制造

智能制造包括产品智能化、装备智能化、生产方式智能化、管理智能化与服务智能化（如图6-4所示）。

（1）产品智能化

产品智能化是指将传感器、处理器、存储器、网络与通信模块和智能控制软件融入到产品之中，使产品具有感知、计算、通信、控制与自治的能力，实现产品的可溯源、可识别、可定位。

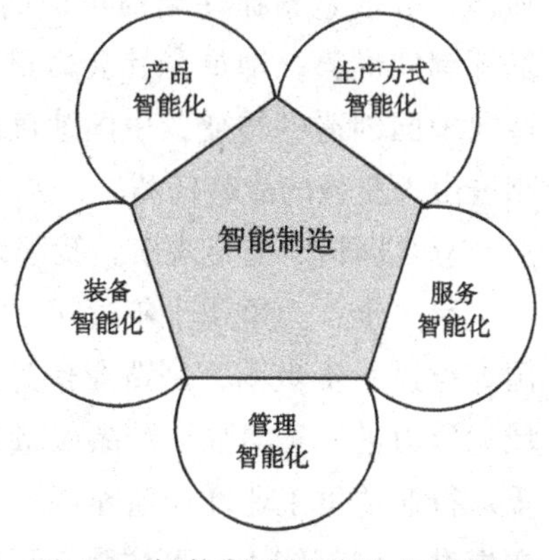

图6-4 智能制造涵盖的主要内容

（2）装备智能化

装备智能化是指通过先进制造、信息处理、人工智能、工业机器人等技术的集成与融合，形成具有感知、分析、推理、决策、执行、自主学习与维护能力，以及自组织、自适应、网络化、协同工作的智能生产系统与装备。

（3）生产方式智能化

生产方式智能化是指个性化定制、服务型制造、云制造等新业态、新模式，本质是重组客户、供应商、销售商以及企业内部组织关系，重构生产体系中的信息流、产品流、资金流的运作模式，重建新的产业价值链、生态系统与竞争格局。

（4）管理智能化

管理智能化可以从横向集成、纵向集成和端到端集成三个角度去认识。

横向集成是指从研发、生产、产品、销售、渠道到用户管理的生态链的集成，企业之间通过价值链与信息网络实现资源整合，实现各企业之间的无缝合作、实时产品生产与服务的协同。

纵向是指从智能设备、智能生产线、智能车间、智能工厂到生产环节的集成。

端到端集成是指从生产者到消费者，从产品设计、生产制造、物流配送、售后服务的产品全生命周期的管理与服务。

（5）服务智能化

服务智能化是智能制造的核心内容。工业4.0要建立一个智能生态系统，当智能无处不在、连接无处不在、数据无处不在的时候，设备与设备、人与人、物与物之间，人与物之间最终会形成一个系统的系统。智能制造的生产环节是研发系统、生产系统、物流系统、销售系统与售后服务系统的集成。

6.1.3 中国制造2025

我国政府高度重视新一轮世界制造业的转型升级的历史机遇，并于2015年5月8日颁布了《中国制造2025》发展规划。

规划明确指出：经过几十年的快速发展，我国制造业规模跃居世界第一位，建立起门类齐全、独立完整的制造体系，成为支撑我国经济社会发展的重要基石和促进世界经济发展的重要力量。持续的技术创新，大大提高了我国制造业的综合竞争力。但是，我国仍处于工业化进程中，与先进国家相比还有较大差距。制造业大而不强，自主创新能力弱。要建设制造强国，必须紧紧抓住当前难得的战略机遇，积极应对挑战，加强统筹规划，突出创新驱动，发挥制度优势，动员全社会力量奋力拼搏，更多依靠中国装备、依托中国品牌，实现中国制造向中国创造的转变，中国速度向中国质量的转变，中国产品向中国品牌的转变，完成中国制造由大变强的战略任务。

立足国情，立足现实，我国政府确定了通过“三步走”实现制造强国的战略目标。

第一步：力争用十年时间，迈入制造强国行列。到2020年，基本实现工业化，制造业大国地位进一步巩固，制造业信息化水平大幅提升。掌握一批重点领域关键核心技术，优势领域竞争力进一步增强，产品质量有较大提高。制造业数字化、网络化、智能化取得明显进展。重点行业单位工业增加值能耗、物耗及污染物排放明显下降。到2025年，制造业整体素质大幅提升，创新能力显著增强，形成一批具有较强国际竞争力的跨国公司和产业集群，在全球产业分工和价值链中的地位明显提升。

第二步：到2035年，我国制造业整体达到世界制造强国阵营中等水平。创新能力大幅提升，重点领域发展取得重大突破，整体竞争力明显增强，优势行业形成全球创新引领能力，全面实现工业化。

第三步：新中国成立一百年时，制造业大国地位更加巩固，综合实力进入世界制造强国前列。制造业主要领域具有创新引领能力和明显竞争优势，建成全球领先的技术体系和产业体系。

《中国制造2025》是全面提高我国制造业发展质量与水平的重大战略决策，也给物联网产业发展带来了重大的机遇。

6.2 智能农业

6.2.1 智能农业的基本概念

我国农业正处于从传统农业向现代农业转型的重要阶段。我国面临着农业用地减少、农田水土流失、土壤生产力下降，大量使用化肥导致农产品与地下水污染，以及食品安全与生态环境恶化等问题。为了解决这些问题，科技工作者开始研究生态农业、绿色农业、精细农业，提出了物联网智能农业与农业物联网的概念。人们已经深刻地认识到：物联网在农业领域的应用是未来农业经济社会发展的重要方向，是推进社会信息化与农业现代化融合的重要切入点，也为培育农业新技术与服务产业的发展提供了巨大的商机。

早期的精细农业理念定位于利用GPS、GIS、卫星遥感技术，以及传感技术、无线通信和网络技术、计算机辅助决策支持技术，对农作物生产过程中气候、土壤进行从宏观到微观的实时监测，对农作物生长、发育状况、病虫害、水肥状况、环境状况进行定期信息获取，根据获取的信息进行分析、智能诊断与决策，制定田间实施计划，通过精细管理，实现科学、合理的投入，获得最佳的经济和环境效益。

随着物联网技术的发展，传统的精细农业理念被赋予了更深刻的内涵。改造传统农业、发展现代农业，迫切需要将物联网技术用于大田种植、设施园艺、畜禽养殖、水产养殖、农产品物流、农副产品食品安全质量监控与溯源等领域，实现对农业生产过程中的土壤、环境、水资源的实时监测，对动植物生长过程的精细管理，对农副产品生产的全过程监控，对食品安全的可追溯管理，对大型农业机械作业服务的优化调度，以实现农业生产“高产、优质、高效、生态、安全”的发展要求。物联网技术的应用将为现代农业的发展创造前所未有的机遇。

6.2.2 智能农业应用示例

物联网技术可以在农业生产的产前、产中和产后的各个环节发展基于信息和知识的精细化的过程管理。在产前，利用物联网对耕地、气候、水利、农用物资等农业资源进行监测和实时评估，为农业资源的科学利用与监管提供依据。在生产中，通过物联网可以对生产过程、投入品使用、环境条件等进行现场监测，对农艺措施实施精细调控。

在农作物生产管理中，传感器技术可以准确、实时地监测各种与农业生产相关的信息，如空气温湿度、风向风速、光照强度、CO_2浓度等地面信息，土壤温度和湿度、墒情等土壤信息，PH值、离子浓度等土壤营养信息，动物疾病、植物病虫害等有害物信息，植物生理生态数据、动物健康监控等动植物生长信息，这些信息的获取对于指导农业生产至关重要。

水是农业的命脉，农业也是我国用水大户。我国农业用水约占全国用水量的73%，但是水利用效率低，水资源浪费严重。渠灌区水利用率只有40%，井灌区水利用率也只有60%。而一些发达国家水利用率可以达到80%，每立方米水生产粮食可以达到2公斤以上，而以色列已经达到2.32公斤。可以看到，我国农业节水问题是农业现代化需要解决的一个重大任务。农业节水灌溉的研究具有重大的意义，而无线传感器网络可以在农业节水灌溉中发挥很大的作用。在农田中安装传感器，可以监控植物根部是否需要水分，并且可以根据湿度、温度与土壤养分来控制灌溉。这种方法一改传统的定时定点机械洒水模式，大幅降低了农业用水的消耗，同时有针对性地解决作物成长不同阶段的灌溉问题，实现农作物的精细化管理。

无线传感器网络在大规模温室等农业设施中的应用已经取得了很好的进展。目前主要用于花卉与蔬菜温室的温度、光照、灌溉、空气、施肥的监控中，形成了从种子选择、育种控制、栽培管理到采收包装的全过程自动化。西红柿、黄瓜种植试验结果表明，无土、长季节栽培的西红柿、黄瓜采收期可以达到9～10个月，黄瓜平均每株采收80条，西红柿平均每株采收35穗果，每平方米的平均产量为60公斤，而采用传统方法一般产量每平方米只有6～10公斤。物联网在农作物生产过程中的应用如图6-5所示。

图6-5 物联网在农业生产中的应用

农产品流通是农业产业化的重要组成部分。农产品从产地采收或屠宰、捕捞后，需要经过加工、储藏、运输、批发与零售等流通环节。流通环节作为农产品从“农场到餐桌”的主要过程，不仅涉及农产品生产与流通成本，而且与农产品质量紧密相关。在产后，通过物联网把农产品与消费者连接起来，消费者就可以透明地了解从农田到餐桌的生产与供应过程，解决农产品质量安全溯源的难题，促进农产品电子商务的发展。

食品安全已经成为全社会关注的问题。我国是畜牧业大国，生猪生产与消费量几乎占世界总量的一半。近年来，食品安全问题，尤其是猪肉质量与安全问题突出，已经引起政府与消费者的高度重视，建立猪肉从养殖、屠宰、原料加工、收购储运、生产和零售的整个生命周期可追溯体系，是防范猪肉制品出现质量问题，保证消费者购买放心食品的有效措施，也是一项重要的惠民工程。在构建猪肉质量追溯系统中，物联网技术可以发挥重要的作用。

我们可以通过设计一套畜牧养殖与肉类产品质量追溯系统，来深入了解物联网在农副产品食品安全中的应用。

畜牧养殖中的物联网应用主要包括动物疫情预警和畜禽的精细化养殖管理。在养殖环节，利用耳钉式RFID标签记录每头牲畜养殖过程中的重要信息，例如牲畜的品种与三代系谱，饲料与配方、有无病史、用药情况、防疫情况、瘦肉精检测、磺胺类药物检测信息等。RFID读写器将这些信息读出并存储在养殖场控制中心的计算机中，为每一头牲畜建立从出生、饲养到出栏全过程、完整的数据记录，帮助管理者及时、准确地了解养殖场的管理状况，提高了养殖水平（如图6-6所示）。

图6-6 RFID在畜牧养殖中的应用

在屠宰环节，通过RFID读写器获取牲畜来源及养殖信息，判断其是否符合屠宰要求，进而进行屠宰加工。在屠宰过程中，RFID读写器将采集的重要工序的相关信息，例如寄生虫检疫信息等，添加到RFID标签记录中。在加工过程中，需要将牲畜的RFID标签记录的信息转存到可追溯的条码中。这个可追溯的条码将附加在这头牲畜加工后生成的各类产品上。同时，养殖场与屠宰场关于每头牲畜的所有信息都需要传送到“动物标识及防疫溯源体系”的数据库中，以备销售者、购买者与质量监督部门的工作人员查询。这个过程如图6-7所示。

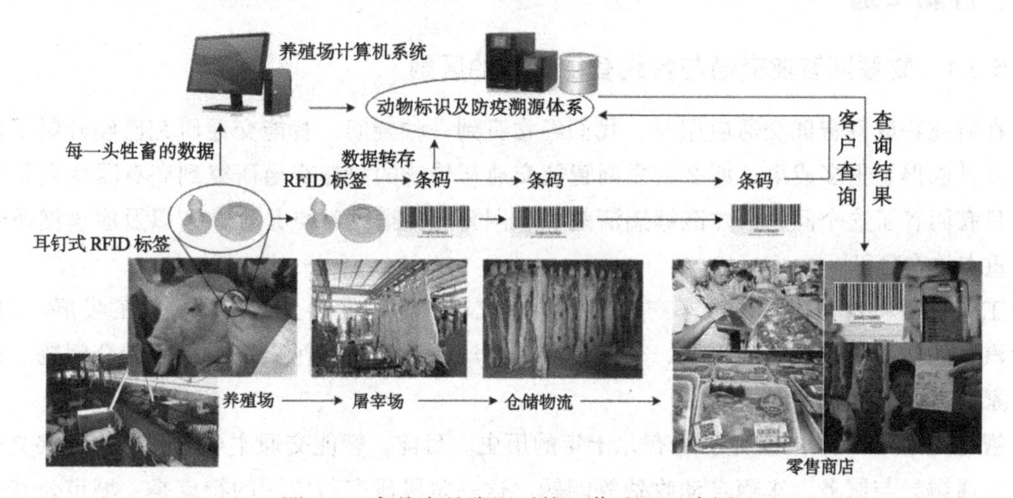

图6-7 畜牧产品溯源系统工作流程示意图

在零售环节，用电子秤完成零售肉品称重后，自动打印出包含有可追溯信息的条码。销售者、购买者与质量监督部门的工作人员可以通过手机短信、手机对条码拍照、计算机等方式，通过网络实时查询所购买肉制品的质量与安全信息（如图 6-8 所示）。

图 6-8 用户查询猪肉质量与安全信息

目前，我国正在建立“动物标识及防疫溯源体系”。通过动物标识将牲畜从出生到屠宰历经的防疫、检疫、监督工作贯穿起来，并将生产管理和执法监督数据汇总到数据中心，建立从动物出生到动物产品销售各环节全程追踪管理的系统。

从以上的讨论中，可以得出三个重要的结论：

第一，物联网技术可以加快转变农业发展方式，推动农业科技进步与创新，健全农业产业体系，提高土地产出率、资源利用率，有利于改善生态环境，增强我国农业抗风险与可持续发展能力，引领现代农业产业结构的升级改造与生产方式的转型。

第二，物联网技术能够覆盖农业生产中的农作物生产、畜牧业生产、水产等各个领域，覆盖农作物生长，以及牲畜生长到农副产品加工、销售的全过程，物联网在智能农业的应用中大有作为。

第三，物联网在农业领域的应用关乎我国粮食安全与食品安全，关乎民众的日常生活，因此必然是我国政府高度重视和优先发展的领域。

6.3 智能交通

6.3.1 物联网智能交通与传统智能交通的区别

在研究物联网智能交通应用时，我们经常听到一种疑问：智能交通研究已经开展了很多年，并且取得了很多成果，那么物联网智能交通与传统的智能交通研究到底有哪些重要的区别？只有回答了这个问题，才能够搞清楚物联网智能交通的特点是什么，以及应该把研究工作的重点放在哪里。

工业化与城镇化促进了汽车产业的发展，汽车产业的发展又刺激了经济的发展。但是，大量汽车的使用带来了交通阻塞、交通事故、能源消费和环境污染等严重的社会问题。这一点大家都会有切身的体会。

智能交通（ITS）的研究已经有几十年的历史。目前，智能交通主要研究城市公共交通管理、交通诱导与服务、车辆自动收费等问题。这一阶段研究与应用的特点是：城市公共交通管理相对比较成熟，应用比较广泛；交通诱导与服务开始从研究走向应用；车辆自动收费已经在很多高速公路出入口得到应用。

但需要注意的是，城市交通涉及“人”与“物”。“人”包括行人、驾驶员、乘客与交警。“物”包括道路、机动车、非机动车与道路交通基础设施。“人”“车”“路”构成了交通的大环境。面对“人、车、路、基础设施”四个因素复杂交错的局面，传统的智能交通一般只能针对其中一个主要问题，采取“专项治理”的思路去解决。例如，用交通信号灯来控制交通路口的通行秩序，防止交通事故的发生。在这里，行人与车辆是相对独立的，我们则要求行人与车辆驾驶员各自遵守秩序，人与车辆之间的协调则通过行人与驾驶员的“道德”来规范；出现事故通过交警来处理。

而物联网智能交通的研究思路是：面向城市交通的大系统，利用物联网的感知、传输与智能技术，实现人与人、人与车、车与路的信息互联互通，实现“人、车、路、基础设施与计算机、网络”的深度融合。在人与车这一对主要矛盾中，抓住车这个矛盾的主要方面，通过提高车辆主动安全性，达到进一步提高车与人通行的安全性与道路通行效率的目的。这方面典型的研究工作是无线车载网（VANET），以及在此基础上发展起来的车联网（Internet of Vehicle，IOV）。图6-9给出了车联网的示意图。

图6-9 车联网的示意图

6.3.2 无人驾驶技术

最早的汽车驾驶机器人Stanford Cart是在1979年由美国斯坦福大学研制出来的。2012年5月，在美国内华达州允许无人驾驶汽车上路3个月后，机动车驾驶管理处为Google的无人驾驶汽车颁发了一张合法车牌。2013年，国际知名汽车企业开展了一场无人驾驶汽车的研发竞赛，新的无人驾驶汽车纷纷亮相，并计划在10～15年内实现量产。从2010年到2015年，与汽车无人驾驶技术相关的发明专利超过22 000件，从这一点上可以看出世界范围内无人驾驶汽车技术竞争的激烈程度。

我国多所大学、研究机构与汽车生产商都在研究无人驾驶汽车，并且取得了较大的进展。2015年12月，百度无人驾驶汽车首次实现城市、环路及高速道路混合路况下的全自动驾驶测试，在北京G7京新高速和五环路上行驶，最高时速达100公里。2017年12月，搭载阿尔法巴智能驾驶公交系统的无人驾驶公交车在深圳福田保税区首次试运行。试验运行单程全长1.2

公里，停靠 3 个站。无人驾驶公交车可以按照运营线路运行，遇到行人或障碍物能够主动刹车，到站会自动停靠，在功能上和普通公交车并无区别。图 6-11 给出了我国研制的无人驾驶汽车、公交车的照片。

图 6-10　我国研制的无人驾驶汽车与无人驾驶公交车

有研究机构预测，无人驾驶技术的成熟与应用可以减少 90% 的交通事故；每年减少医院数百万的急诊病人；降低 80% 以上的车辆保险费用；减少 90% 的能耗；减少汽车二氧化碳排放 3 亿吨。无人驾驶技术将引发车辆制造、出行以及相关服务业的革命性变化，其产业规模预计将达到 30 万亿。无人驾驶已经成为全球产业风口，到 2035 年，全球将有 1800 万辆汽车拥有部分自动驾驶功能，1200 万辆将成为无人驾驶汽车，我国将成为无人驾驶汽车最大的市场。

2017 年 10 月，百度与北京汽车公司合作，计划在 2019 年实现部分无人驾驶汽车的量产；2021 年实现全自动驾驶汽车的量产。同时，长安汽车、长城汽车、福田汽车、江淮汽车、金龙客车等公司纷纷投入到无人驾驶车辆的研发中。

欧美各国都在研究制定有关无人驾驶车辆监管的法律法规，我国交通管理部门也在研究无人驾驶车辆在道路行驶的立法问题。2017 年 6 月，国内首个国家级智能网联汽车（上海）试点示范区封闭测试区启动，可以模拟 100 种用于测试的复杂道路状态。工信部在 2017 年 6 月正式向社会征求“国家车联网产业标准体系建设指南（智能网联汽车）”的意见，为颁布无人驾驶标准做好准备。

从以上的讨论中，我们可以得出三点结论：

第一，物联网智能交通研究的重点是将行驶在公路上的各种车辆，通过无线车载网与互联网与各种智能交通设施互联起来，实现“车与人”“车与车”“车与路”“车与网”的互联，使汽车与人、道路基础设施、社会环境融为一体。无人驾驶汽车真正实现将驾驶员、行人、汽车、道路、交通设施与网络融为一体，体现出物联网“人 – 机 – 物”融合的本质特征，是对物联网内涵最好的诠释。

第二，车联网充分利用了物联网中传感网、RFID、环境感知、定位技术、无线自组网与智能控制技术，彻底颠覆了传统汽车与交通的概念，重新定义了车辆、驾驶员与行人的运行模式，也为未来的智能交通开辟了新的研究方向和内容。

第三，无人驾驶汽车的出现引起了世界各国研究机构与产业界的高度重视，成为物联网智能交通研究与应用的重点问题。国内外互联网公司与传统汽车生产商合作，用互联网、物联网、云计算、大数据、机器学习与深度学习、虚拟现实与增强现实、智能人机交互与智能控制等先进技术改造传统的汽车制造业，将彻底颠覆我们心目中对汽车、汽车制造业形象与社会交通体系的格局，最终建立起一个全新的“安全、可信、可控、可视”的社会智能交通体系。

6.4 智能电网

6.4.1 智能电网的基本概念

电力是国家的经济命脉，是支撑国民经济的重要基础设施，也是国家能源安全的基础。从事电力工作的技术人员对2003年发生在美国东北部的大停电事件可能还记忆犹新。那次大停电波及美国整个东北部和中西部，以及安大略湖区。大约有4.5亿人受到的影响长达2天之久。仅纽约一地，由于个人使用蜡烛引发的火灾就有3000多起。这次大停电造成了极恶劣的社会影响和重大的经济损失，也使人们认识到电网安全的重要性。

进入20世纪，全球资源环境的压力日趋增大，能源需求不断增加，而节能减排的呼声越来越高，电力行业面临着前所未有的挑战。自然界中的能源主要有煤、石油、天然气、水能、风能、太阳能、海洋能、潮汐能、地热能、核能等。传统的电力系统是将煤、天然气或燃油通过发电设备，转换成电能，再经过输电、变电、配电的过程供应给各种用户。电力系统是由发电、输电、变电、配电与用电等环节组成的电能生产、消费系统。电力网络将分布在不同地理位置的发电厂与用户连成一体，把集中生产的电能送到分散的工厂、办公室、学校、家庭。研究应用物联网技术来提高智能电网的安全性与效率的任务摆到了各国政府的面前。

智能电网本质上是物联网技术与传统电网融合的产物，它能够极大地提高电网信息感知、信息互联与智能控制的能力。物联网技术能够广泛应用于智能电网从发电、输电、变电、配电到用电的各个环节，可以全方位地提高智能电网各个环节的信息感知深度与广度，支持电网的信息流、业务流与电力流的可靠传输，以实现电力系统的智能化管理。图6-11描述了物联网在智能电网中应用的示意图。

物联网在智能电网中的作用主要表现在以下几个方面：

（1）深入的环境感知

随着物联网应用的深入，未来智能电网中从发电厂、输变电、配电到用电全过程的电气设备中可以使用各种传感器对从电能生产、传输、配送到用户使用的内外部环境进行实时监控，从而快速识别环境变化对电网的影响；通过对各种电力设备的参数监控，可以及时、准确地实现对从输配电到用电的全面、在线监控，实时获取电力设备的运行信息，及时发现可能出现的故障，快速管理故障点，提高系统安全性；利用网络通信技术，整合电力设备、输电线路、外部环境的实时数据，通过对信息的智能处理，提高设备的自适应能力，进而实现智能电网的自愈能力。

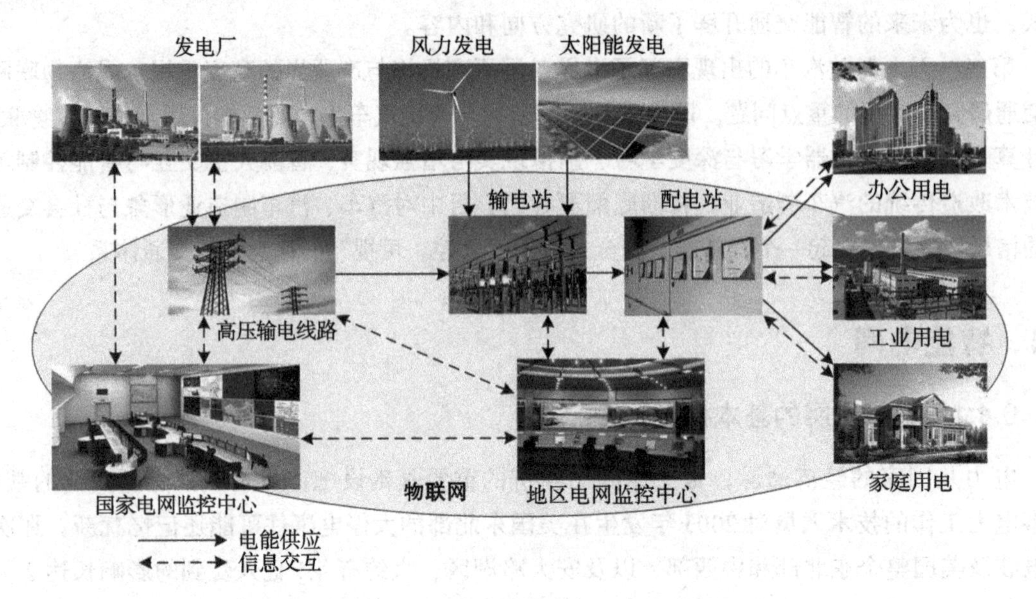

图 6-11 物联网在智能电网中的应用

（2）全面的信息交互

物联网技术可以将电力生产、输配电管理、用户等有机地联结起来，通过网络实现对电网系统中各个环节数据的自动感知、采集、汇聚、传输、存储，全面的信息交互为数据的智能处理提供了条件。

（3）智慧的信息处理

基于物联网技术组建的智能电网系统，可以获得从电能生产、配电调度、安全监控到用户计量计费全过程的数据，这些数据反映了从发电厂、输变电、配电到用电全过程状态，管理人员可以通过数据挖掘与智能信息处理算法，从大量的数据中提取对电力生产、电力市场智慧处理有用的知识，以实现对电网系统资源的优化配置，达到提高能源的利用率、节能减排的目的。

6.4.2 智能电网应用示例

1. 输变电线路检测与监控

输电线路状态的在线自动监测是物联网在智能电网中重要的应用之一。传统的高压输电线检测与维护是由人工完成的。人工方式在高压、高空作业中存在难度大、繁重、危险、不及时和不可靠的缺点。在输电网大发展的形势下，输电线路越来越复杂，覆盖的范围也越来越大，很多线路分布在山区、河流等各种复杂的地形中，人工检测方式已经不能够满足要求。

由我国科学家自行研发的超高压输电线路巡检机器人与绝缘子检测机器人，使用了多种传感器，如温度、湿度、振动、倾斜、距离、应力、红外、视频传感器，用于检测高压输电线路与杆塔的前驱期气象条件、覆冰、振动、导线温度与弧垂、输电线路风偏、杆塔倾斜，甚至是人为的破坏。控制中心通过对各个位置感知的环境信息、机械状态信息、运行状态信息进行综合分析与处理，对输电线路、杆塔与设备信息进行实时监控和预警诊断，从而对故障快速定位并加以维修，可提高输电线路、杆塔与设备的自动检测、维护与安全水平（如图 6-12 所示）。

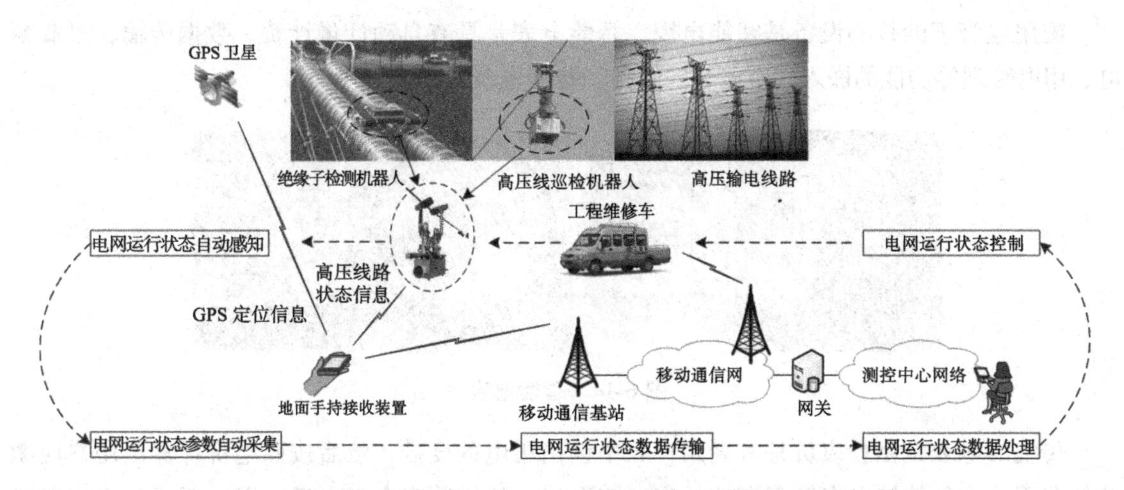

图 6-12　高压输电线路自动在线监控系统的原理示意图

2. 变电站状态监控

为了把发电厂生产的电能输送到较远的地方，必须把电压升高，变为高压电，经过高压输电线路进行远距离传输，到用户附近再按需要把电压降低，这种升降电压的工作靠变电站来完成。我们生活的城市、农村、学校周边会有大大小各种规模的变电站。按规模不同，分为变电所、配电室等。变电站的主要设备是开关和变压器，我们经常会看到有变电站工作人员对变电站的线路与设备进行检测与维修。传统的检测与维护方法的工作量大，巡检周期长，维护工作依赖工作人员的工作经验，无法实时、全面地掌握整个变电站各个设备与部件的运行状态。

在建设智能电网的同时，必须对原有的传统变电站与数字化变电站进行升级和改造。智能变电站应该具备自动、互联与智能的特征。智能变电站可以是无人值守的。

传感器可以应用于智能变电站的多种设备之中，感知和测量各种物理参数。在智能变电站中使用传感器测量的对象包括：负荷电流、红外热成像、局部放电、旋转设备振动、风速、温度、湿度、油中水含量、溶解气体分析、液体泄露、低油位，以及架空电缆结冰、摇摆与倾斜等。通过使用各种基于多种传感器的感知与测量设备，管理人员可以采集数据，分析智能变电站的环境、安全、重要设备、线路的运行状态，实时掌握变电站运行状态，预测可能存在的安全隐患，及时采取预防与处置措施。智能变电站结构如图 6-13 所示。

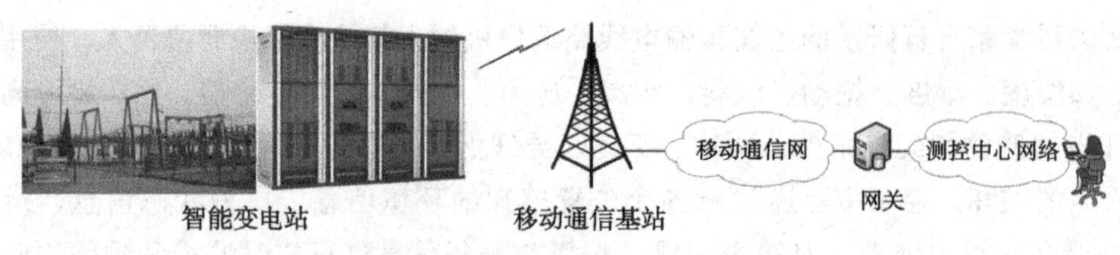

图 6-13　智能变电站结构示意图

3. 配用电管理

配用电管理的核心设备是智能电表。智能电表是具有自动计量计费、数据传输、过载断电、用电管理等功能的嵌入式电能表的统称。智能电表如图 6-14 所示。

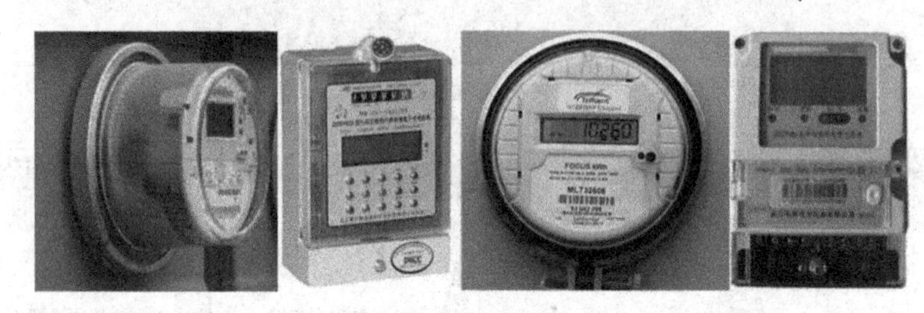
图 6-14　智能电表

传统的电表是由抄表员每月到用户家中读出用电的度数，然后按照电价计算出用户应缴纳的费用。这种传统电表已逐渐被数字电表取代。使用数字电表之后，用户要预先去银行或代销店缴费，工作人员将用户购买的电量用机器写到他的 IC 卡上。用户回到家中，将 IC 卡插到数字电表中，数字电表就存入了用户购买的电量，在接近用完之前会提示用户。这种数字电表比起传统的电表已经有所进步，但是仍然不能适应智能电网的需要。

家庭用户的 220V 交流电通过智能电表接入家中。智能电表可以记录不同时间的家庭用电数据。家庭用电数据可以通过手工远距离数据终端抄表，或者通过移动通信网、电话交换网、互联网、有线电视网中的任何一种网络，接入到电力公司网络之中，传送到数据库服务器中。电力公司数据库存储着不同时间的家庭用电数据，可以根据分时用电的价格计算出用户应缴的费用，用户可以直接通过网上银行支付或通过手机支付。同时，网络公司关于停电或其他服务的通知也可以通过智能电表传送给家庭网络的主机。这样，就可以实现从供电、用电、计量、计费与收费全过程的自动服务与管理。图 6-15 给出了智能电表工作原理的示意图。

2009 年，我国国家电网公司提出了“坚强智能电网”的概念，并计划在 2020 年基本建成智能电网。我国智能电网建设总计将创造近万亿的市场需求。智能电网与物联网的建设将拉动两个产业链，其中，横向拉动智能电网的发电、输电、变电、配电到用电的产业链，纵向拉动物联网芯片、传感器、嵌入式测控设备、中间件、网络服务与网络运行的产业链。

从以上的讨论中，我们可以得出两点结论：

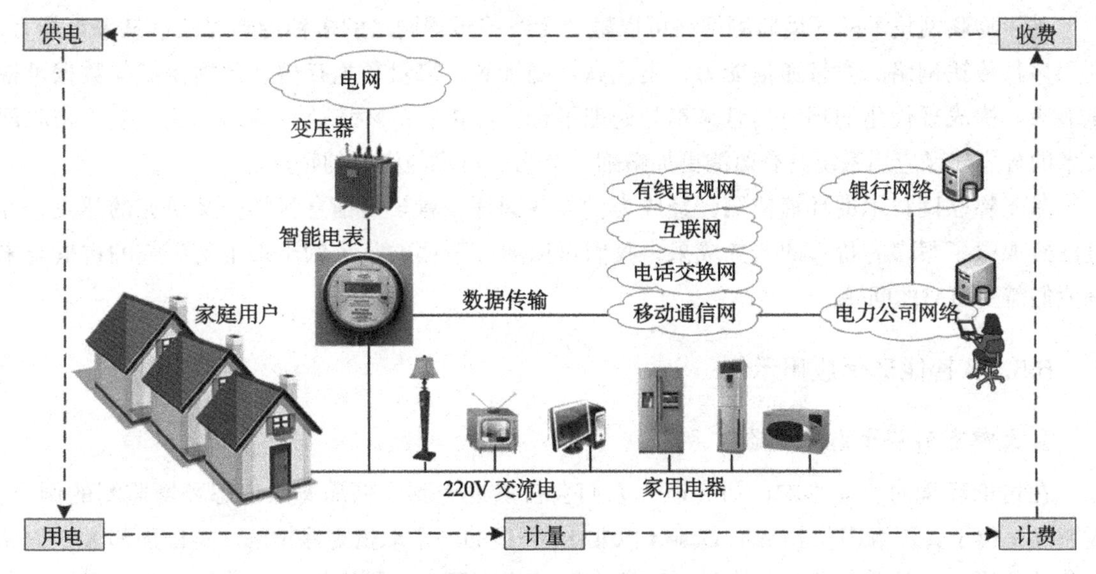

图 6-15 智能电表工作原理的示意图

第一，智能电网的建设涉及实现电力传输的电网与信息传输的通信网络的基础设施建设，同时要使用数以亿计的各种类型的传感器，实现实时感知、采集、传输、存储、处理与控制，获取从电能生产到最终用户用电设备的环境、设备运行状态与安全的海量数据，物联网与云计算、大数据技术能够为智能电网的建设、运行与管理提供重要的技术支持。同时，智能电网也必将成为物联网最有基础、要求最明确、需求最迫切的一类应用。

第二，智能电网对社会发展的作用越大，重要性越高，受关注的程度也就越高，智能电网面临的网络安全形势也越严峻。在发展智能电网技术的同时，必须高度重视智能电网信息安全技术的研究。

6.5 智能环保

6.5.1 智能环保的基本概念

人类在享受高度物质文明的同时，也面临着全球环境恶化的严峻挑战。多年的实践使人们认识到：物联网是应对环境保护问题的重要技术手段之一。

环境信息感知是指通过传感器技术对影响环境的各种物质的含量、排放量以及各种环境状态参数进行监测，跟踪环境质量的变化，确定环境质量水平，为环境污染的治理、防灾减灾工作提供基础数据和决策依据。

环境监测的对象包括反映环境质量变化的各种自然因素，如大气、水、土壤、自然环境灾害等。随着工业和科学的发展，环境监测的内涵也在不断扩展。由初期对工业污染源的监测为主，逐步发展到对大环境的监测，并延伸到对生物、生态变化的监测。通过网络对环境数据进行实时传输、存储、分析和利用，能全面、客观、准确地揭示监测环境数据的内涵，对环境质量及其变化做出正确的评价、判断和处理。

基于物联网技术的环境监测网络可以融合无线传感器网络的多种传感器的信息采集能力，利用多种传输网络的宽带通信能力，集成高性能计算、海量数据存储、数据挖掘与数据可视化能力，构成现代化的环境信息采集与处理平台。和传统的环境监控网络相比，基于物联网技术的智能环保应用系统具有监测更加精细、全面、可靠与实时的特点。

基于物联网技术的环境监测已经成为世界各国环境科学与信息科学交叉研究的热点，并且已经取得了很多有价值的研究成果。我们可以通过下面的几个例子来了解研究的进展与未来我们需要面对的问题。

6.5.2 智能环保应用示例

1. 大鸭岛海燕生态环境监测系统

在讨论环境对生态影响的研究时，人们会自然地想到大鸭岛海燕生态环境监测的例子。大鸭岛是位于美国缅因州 Mount Desert 以北 15 公里的一个动植物保护区。美国加州大学伯克利分校的研究人员希望能够在大鸭岛监测海燕的生存环境，研究海鸟活动与海岛微环境。传统的方法是在海岛上用电缆将在多处安置的监测设备连接起来，研究人员定期到海岛收集数据。这种方法不但开销大，而且会严重影响海岛的生态环境。由于环境恶劣，海燕又十分机警，研究人员无法采用通常的方法进行跟踪观察。为了解决这个问题，研究人员决定采用无线传感器网络技术，构成低成本、易部署、无人值守、连续监测的系统。根据环境监测的需要，大鸭岛系统具有以下功能：感知、采样与存储数据，数据的访问与控制。为了尽可能地减少对海岛生态环境以及海燕的影响，研究人员会在动物繁殖期之前或动物不敏感的时期在岛上放置无线传感器节点。节点可以监测光照、温度、湿度、气压等环境参数，并且能够实时传送到控制中心计算机中存储，以供研究人员使用。

2002 年的第一期的原型系统有 30 个无线传感器节点，其中有 9 个放置在海燕的巢里。无线传感器节点通过无线自组网的多跳传输的方式，将数据传输到 300 英尺外的基站计算机，再由基站计算机通过卫星通信信道接入到互联网，研究人员可以从加州大学伯克利分校接入位于缅因州大鸭岛系统。2003 年的第二期的大鸭岛系统有 150 个无线传感器节点。传感器包括光、湿度、气压计、红外、摄像头在内的近 10 种类型。基站计算机使用数据库存储传感器的数据，以及每个传感器状态、位置数据，每隔 15 分钟通过卫星通信信道传送一次数据。有了大鸭岛系统之后，全球的研究人员都可以通过互联网查询第一手的环境资料，为生态环境研究者提供了一个极为便利的工作平台。大鸭岛海燕生态环境监测系统成为在局部范围内利用物联网技术开展全球合作，研究濒稀动物保护的成功案例。图 6-16 给出了大鸭岛海燕生态环境监测系统示意图。

2. 太湖环境监控系统

太湖环境监控系统是我国科学家开展的将物联网用于环境监测的应用示范工程项目。2009 年 11 月，无锡（滨湖）国家传感信息中心和中国科学院电子学研究所合作共建了“太湖流域水环境监测”传感网信息技术应用示范工程。在太湖环境监控系统中，传感器和浮标被布放在环太湖地区，建立定时、在线、自动、快速的水环境监测无线传感网络，形成湖水质量监测与蓝藻暴发预警、入湖河道水质监测，以及污染源监测的传感网络系统。通过安装在环太湖地区的监控传感器，可以将太湖的水文、水质等环境状态提供给环保部门，实时监控太湖流域水质等情况，并通过互联网将监测点的数据报送至相关管理部门。自2010年运行以来，太湖蓝藻集聚情况出现了50余次，但是由于该系统的及时预报，环保部门采取有效的措施，因此未发生蓝藻大规模爆发的现象。太湖环境监控系统在水域环境保护中开始发挥重要的作用。图6-17给出了太湖环境监控系统示意图。

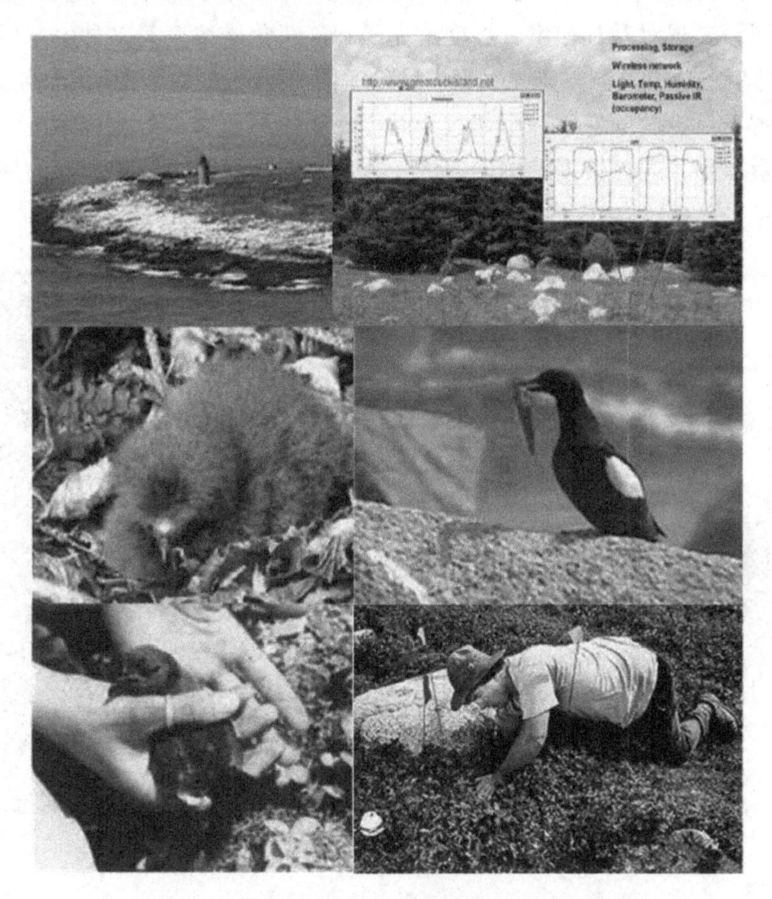

图6-16　大鸭岛海燕生态环境监测系统示意图

图6-17　太湖环境监控系统传感器和浮标

3. 森林生态物联网研究项目——绿野千传

林业在可持续发展战略中占据重要地位，在生态建设中居于首要地位。精确地描述森林系统生态结构与计算森林固碳的方法已经成为研究的瓶颈，而物联网无线传感器网络可以用于大规模、持续、同步监测森林环境数据，是解决林业应用瓶颈的有效方法。

“绿野千传”是由清华大学、香港科技大学、西安交通大学、浙江林学院合作研究的森林生态物联网项目。“绿野千传”系统研究工作开始于 2008 年下半年。系统的主要任务是：通过无线传感器网络实现对森林温度、湿度、光照和二氧化碳浓度等多种生态环境数据的全天候监测，为森林生态环境监测与研究、火灾风险评估、野外救援应用提供服务。2009 年 8 月，项目组在浙江省天目山脉部署了一个超过 200 个无线传感器节点的实用系统。利用无线传感器网络收集大量数据，通过数据挖掘的方法，帮助林业科研人员开展精确的环境变化对植物生长影响的研究。图 6-18 给出了绿野千传系统示意图。

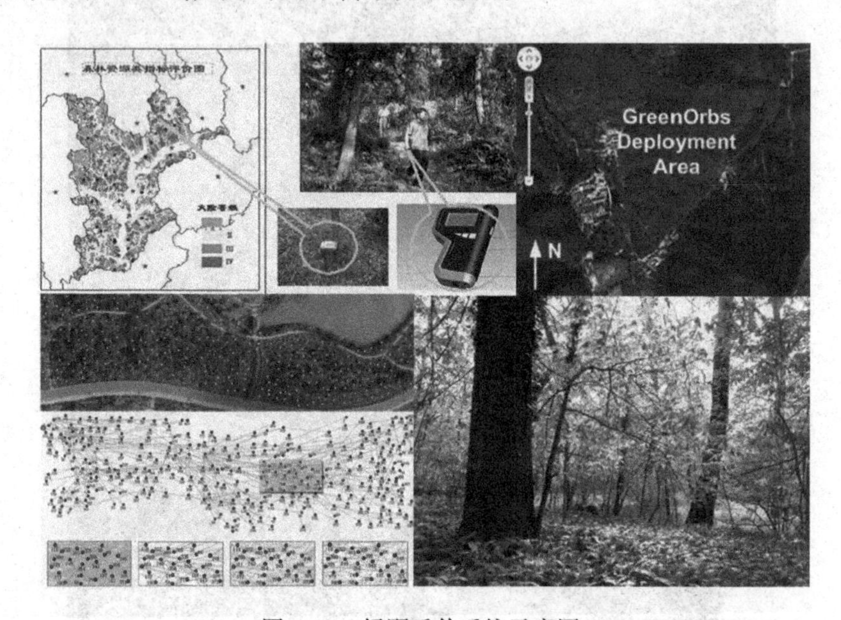

图 6-18　绿野千传系统示意图

4. 高海拔山区气候、地质结构监测项目——PermaSense

全球气候变化日益引起各国关注，无线传感器网络也逐渐应用于环境与气候变化关系的研究之中，比较有代表性的是阿尔卑斯山脉监测项目——PermaSense。阿尔卑斯山脉的高海拔地区的永冻土和岩石受气候变化与强风侵蚀，山体不断改变，潜在的地质灾害危及当地居民与登山者的生命与财产安全。但是，高海拔、永冻土与险峻的山体无法用传统的方法进行长期、连续、大范围与实时的监测，而基于无线传感器网络的物联网技术恰恰适用于这种复杂、危险地区的环境监测。

2006 年，来自瑞士巴塞尔大学、苏黎世大学与苏黎世联邦理工大学的计算机、网络工程、地理与信息科学等领域的专家，在阿尔卑斯山脉的岩床上部署了一个用于监测气候、地质结构与地表环境的无线传感器网络，用于实时、连续、大范围地采集环境数据。根据这些数据，科学家结合地质结构模型，研究温度对山体地质结构的影响，预报雪崩、山体滑坡等地质灾害。图6-19给出了PermaSense系统示意图。

图6-19 PermaSense系统示意图

5. 全球气候变化监测项目——Planetary Skin

Planetary Skin是由Cisco公司与美国国家航空航天局合作的一个旨在应对全球气候变化的研究项目。该项目是2009年3月在美国召开的以“气候议题：全球经济展望”为主题的官方论坛上由Cisco公司与美国国家航空航天局联合发起的。

在过去的20年里，人类经历着天气变暖、冰川融化、海平面上升，同时又面临持续干旱、湖泊干涸、土地沙漠化，以及各种自然灾害。但是，节能减排的责任和义务的界定存在一个关键难题，那就是各国节能减排的量化审核互相孤立，没有统一标准。如果仅仅依赖于局部的信息，没有一个覆盖全球的可信的机制，对气候变化相关的环境和人类活动因素进行精确、可靠、可审核的检测、报告和验证，共同行动纲领就无法科学地执行。建立Planetary Skin的目的是联合世界各国的科研和技术力量，整合所有可以连接的环境信息监测系统，利用包括空间的卫星遥感系统、无人飞行器监测设备、陆地的无线传感器网络监测平台，RFID物流监控网络、海上监测平台，以及个人手持智能终端设备，建立一个全球气候监测物联网系统。图6-20给出了Planetary Skin系统示意图。

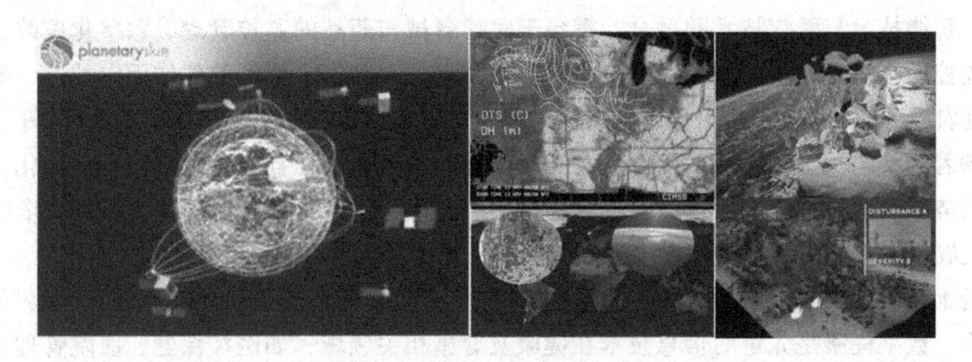

图6-20 Planetary Skin系统示意图

该项目提出了四项研究内容：

1）建立一个开放式的网络平台，对地球的环境指标进行远程感知、测量、持续监控和风险评估，获得实时精确数据，促进世界各国在减少碳排放方面的信任与合作。

2）人类可以利用该平台，对全球气候变化和极端天气做出预警、预报，做好粮食生产布局及调整，减少天气灾害造成的损失。长期、大范围的气候环境监测数据，可以帮助各国对涉及农业生产的环境因素，以及农田产量、土地利用效率、可持续发展能力、经济效益，进行深入地分析与全面评估，以保障粮食和食品安全。

3）利用空间卫星遥感和近地航空器，对陆地、水库、河流、湿地等区域的水资源状态进行实时宏观监控，准确预报洪涝和干旱灾害，对水资源调配、蓄存、使用进行全面评估，以提高城市与农业用水的安全性。

4）利用遍布全球的监测物联网系统，对地球土地、土壤、水资源、生物、能源、污染等影响地球生态环境的因素进行系统、量化的研究，在提高社会生产力的同时，促进土地的合理利用，以实现人类与地球生态环境的和谐、可持续发展。

读者可以登录 www.planetaryskin.org 网站，了解该项目当前的进展情况。

从上述研究案例中，我们可以得出以下几点结论：

第一，智能环保是物联网技术应用最为广泛、影响最为深远的领域之一。

第二，如何发挥物联网的技术优势，利用传感器、传感网技术手段，开展大范围、多参数、实时与持续的环境参数采集和传输，设计和部署大规模、长期稳定运行的环境监测系统，是当前研究的热点问题。

第三，如何通过云计算平台汇聚、存储海量的环境监测数据，利用合理的模型与大数据分析手段，对环境数据进行及时、正确的分析，获取准确、有益的“知识”，是智能环保研究的核心问题。

6.6 智能医疗

6.6.1 智能医疗的基本概念

智能医疗是将物联网应用于医疗领域，实现 RFID、传感器与传感网、无线通信、嵌入式系统、智能技术与医疗技术的融合，贯穿于医疗器械与药品的监控管理、数字化医院、远程医疗监控的全过程，将有限的医疗资源提供给更多的人共享，把医院的作用向社区、家庭以及偏远农村延伸和辐射，提升全社会的疾病预防、疾病治疗、医疗保健与健康管理水平。

随着经济与社会的发展，以及欧美和我国先后步入老龄化社会，医疗卫生社区化、保健化的趋势日趋明显，智能医疗必将成为物联网应用中实用性强、贴近民生、市场需求旺盛的重点发展领域之一。

近十几年来，欧美等发达国家一直致力于推行“数字健康（e-Health）计划”。世界卫生组织认为，数字健康是先进的信息技术在健康及健康相关领域，如医疗保健、医院管理、健康监控、医学教育与培训中一种有效的应用。维基百科认为，数字健康不仅仅是一种技术的发展与应用，它是医学信息学、公共卫生与商业运行模式结合的产物。数字健康技术的发展对推动医学信息学与数字健康产业的发展具有重要的意义，而物联网技术可以将医院管理、医疗保健、健康监控、医学教育与培训连接成一个有机的整体。

我国目前已经进入了老龄化社会，面向老人和慢性病患者的个人健康监护需求将不断扩大。健康监测可用于人体的监护、生理参数的测量等，可以对人体的各种状况进行监控，并将数据传送到各种通信终端上。监控的对象不一定是病人，也可以是正常人。各种的传感器可以把测量数据通过无线方式传送到专用的监护仪器或者各种通信终端上，如PC、手机、PDA等。无线传感器网络将为健康的监测控制提供更方便、更快捷的技术实现方法和途径，应用空间十分广阔。例如，在需要护理的中老年人或慢性病患者身上，安装特殊用途的传感器节点，如心率和血压监测设备，通过无线传感器网络，医生可以随时了解被监护病人的病情，进行及时处理，还可以应用无线传感器网络长时间地收集人的生理数据，这些数据在研制新药品的过程中是非常有用的。

智能医疗是物联网技术与医院管理、医疗与保健融合的产物，它覆盖医疗信息感知、医疗监护服务、医院管理、药品管理、医疗用品管理，以及远程医疗等领域，实现医疗信息感知、医疗信息互联与智能医疗控制的功能。智能医疗涵盖的基本内容如图6-21所示。

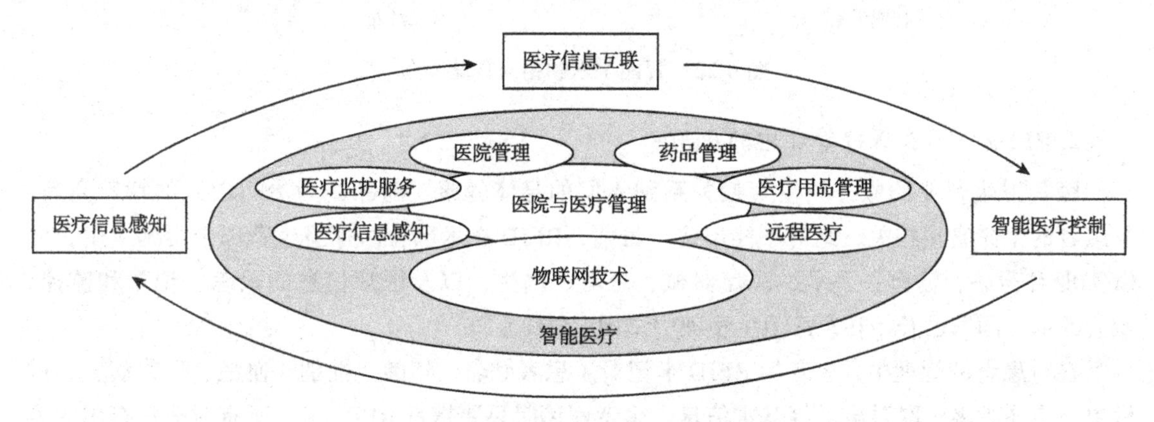

图6-21 智能医疗涵盖的基本内容

2013年，智能医疗设备市场处于发展的初期，市场规模主要由硬件销售额构成，仅为2亿元。2014年，随着更多的智能医疗产品的出现，市场规模达到6亿元。2015年与2016年处于智能医疗产业的调整期，商业模式也从硬件销售转向软件与服务。2016年的市场规模达到26亿元。2017年，智能医疗产业进入快速发展期，商业模式更加清晰，增值服务趋向个性化与多样化，市场规模达到90亿元。2019年，预计市场规模可以达到230亿元。随着广大消费者对医疗健康关注度的提升，智能医疗产品与服务日趋丰富，产业链日趋完善。

6.6.2 智能医疗应用示例

1“智能手术橱柜”和“智能纱布”

“智能手术橱柜”和“智能纱布”是将物联网概念与技术用于与患者生命息息相关的手术中的一个典型例子。

2006年，美国德州仪器公司研制出了无源13.56 MHz的RFID标签嵌入医用的智能纱布，2007年6月获得美国食品和药品管理局的市场许可。2011年4月，荷兰恩智浦半导体公司宣布，该公司的RFID芯片已经被美国“智能纱布系统”采用。智能纱布系统利用RFID技术准确检测和计算外科手术时使用的纱布，提高计数的准确性，防止纱布被遗忘在患者体内，确保患者安全。图6-22给出了智能手术橱柜与智能纱布的示意图。

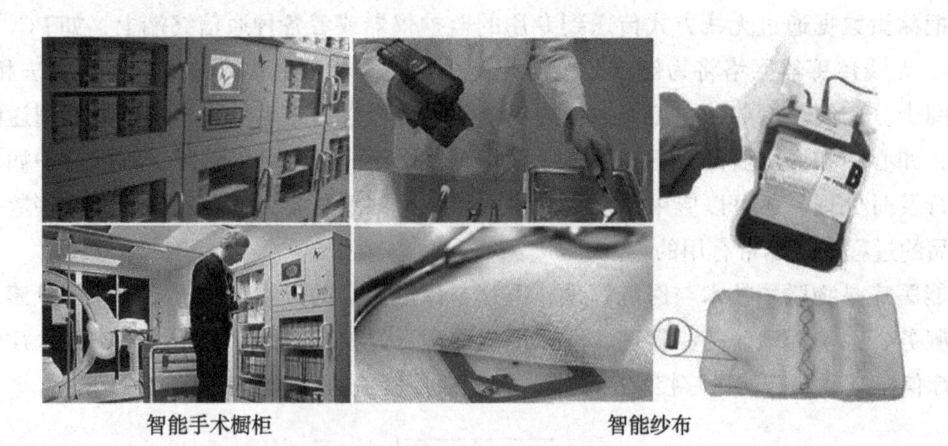

图6-22　智能手术橱柜与智能纱布

2. RFID技术在医疗管理中的应用

医药卫生行业的服务质量直接关系到人们的身体健康。药品作为治病救人的特殊商品，与患者的生命直接相关，绝对不能出错。目前，RFID技术已在医疗卫生管理中得到应用，可以实现对药品、输血、手术、医疗器械、患者、医生，以及医疗信息的跟踪、记录和监控。欧盟的部分国家已开始在医疗卫生管理中试用RFID系统。

在对患者的管理中，患者的RFID卡记录了患者姓名、年龄、性别、血型、以往病史、过敏史、亲属姓名、联系电话等基本信息。患者就诊时只要携带RFID卡，所有对医疗有用的信息就会直接显示出来，不需要患者自述和医生的重复录入，避免了信息的不准确和人为操纵的错误。

住院患者可以使用一种特制的腕式RFID标签。腕式RFID标签中记录了住院患者重要的医疗信息、治疗方案。医生和护士可随时通过RFID读写器了解患者的治疗情况。如果将RFID标签与医学传感器相结合，患者的生命状态信息（例如心跳、脉搏、心电图等）会定时记录到RFID标签中，医生和护士可随时通过RFID读写器了解患者的生理状态的变化信息，为及时治疗创造条件。图6-23是RFID在药品与病人治疗过程中应用的照片。

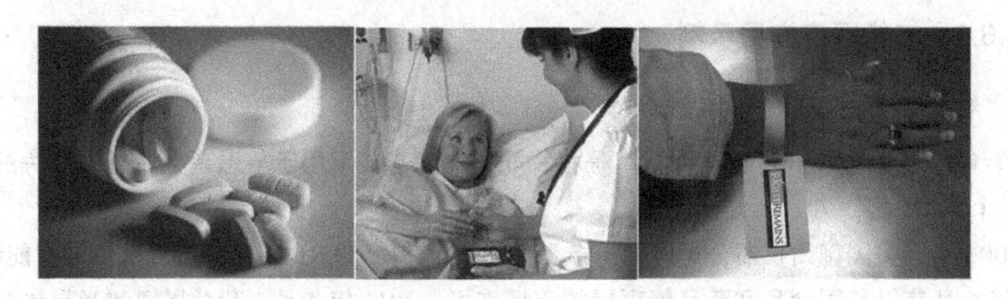

图6-23　RFID在药品与病人治疗过程中的应用

3. RFID在手术与手术器械管理中的应用

由于某些医院一天同时进行手术的人数较多，美国政府同意将RFID标签像绷带一样贴到病人的手术位置，以避免在病人手术过程中出现的人为疏忽或其他原因造成的差错。

由SurgiChip公司研制的RFID标签是防止出现手术管理失误的一个典型的例子。RFID标签中记录了病人的名字和手术位置，以及手术的类型、名称、日期等信息。在实施手术之前，首先对RFID标签进行扫描，然后对病人进行询问，以证实RFID标签信息的正确性。在手术前对病人实施麻醉时，再次对RFID标签进行扫描，并再次对病人进行验证。在手术前，才将RFID标签取下。

在外科手术管理中，美国俄亥俄州哥伦布儿童医院在将RFID用于心脏手术管理方面做出了有益的尝试。心脏手术过程非常复杂，涉及的人与器械非常多。医院必须对手术所需要的各种器械、工具预先采购，并放置在指定的位置。对于医院来说，这需要多人花费很大的精力，精确地管理手术器械和工具，任何工作中的失误都有可能导致非常严重的后果。哥伦布儿童医院安装了13台智能手术橱柜。橱柜中安装了RFID读写器，用于管理橱柜中存放的带有RFID标签的心脏支架、导管、止血带与手术的常用器械等。每一次手术之前，工作人员根据医院数据库了解手术主刀医生、患者、手术内容，准备手术所需要的设备、器械所在的位置、规格与数量。手术之前、手术之中和手术之后的任何一个出现与预案不同的问题，系统立即会报警、提示，这样可以减少心脏手术中出现错误的可能性。目前，美国、英国、日本等很多国家和地区都开展了RFID标签在医疗，以及血液制品、药品在生产、流通、患者服用过程中应用的尝试。

外科病人术后发生异物残留体内的概率难以估计，部分原因在于这些异物能够在病人体内存在数年却难以检测出来。《美国外科学院学报》的一项研究显示，每5500次外科手术中，留下异物的概率约为1次。在腹部手术中，异物残留体内的概率约为0.10%～0.15%。手术纱布是最常见的残留异物，因为它们在浸透血液后很难被肉眼识别。《新英格兰医学杂志》发表的一篇重要文章显示，纱布占已研究残留异物的69%。同时，即使在对纱布和其他手术器械计数的情况下，仍有高达88%的病例最终出现计数错误。在时间紧张的高难度手术中，尤其是涉及多名外科医师参与的情况下，异物残留病人体内发生的概率将更大，并很可能导致生命危险。RFID的应用可以大大降低医疗事故发生的概率。

4. 手术机器人

世界各国都在研究医用机器人。2000年，世界上第一个医生可以远程操控的手术机器人"达芬奇"诞生，它集手臂、摄像机、手术仪器于一身。这套机器人手术系统内置拍摄人体内立体影像的摄影机，机械手臂可连接各种精密手术器械并如手腕般灵活转动。医生通过手术台旁的计算机操纵杆精确控制机械臂，从而具有人手无法相比的稳定性、重现性及精确度，侵害性更小，能减少疼痛及并发症，缩短病人手术后住院的时间。指挥机器人做手术的另一个优点是医生不必到手术现场，可以通过网络操作机器人，对异地的病人做远程手术。实践证明，对于特定的对象、特定的手术，"达芬奇"做手术可能比人类更精确，失血更少，病人复原更快。图6-24为世界上第一个手术机器人"达芬奇"的照片。

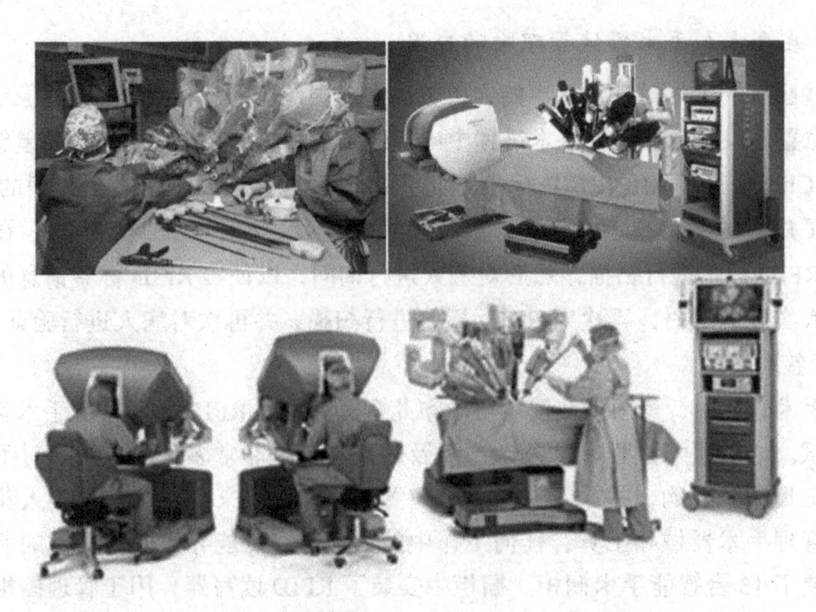

图 6-24 世界上第一个手术机器人“达芬奇”

“达芬奇”系统由三个部分组成：外科医生主控制台、病人床边用于放置手术器械的手术推车和成像处理设备。该系统的三维可视化功能可提供深度感知，从而减少外科大夫手的抖动对手术的影响。主控装置将外科医生的动作转换成在患者体内进行的精确、实时的机器手臂的动作。例如，对于腹腔镜手术这一类外科手术，在手术过程中需要将一个长柄器械通过小切口插入患者体内需要动手术的目标部位。与“达芬奇”机器人配套的还有 EndoWrist 手术器械。这些手术器械的灵巧性超出了人类手腕。每一类手术器械都有特定的作用，如用于夹紧、缝合手术和组织处理。图 6-25 给出了外科医生通过手柄控制 EndoWrist 执行器操作，进行刀口缝合的图片。

图 6-25 外科医生通过手柄控制刀口缝合

5. 基于无线人体区域网的智能远程医疗系统

针对当前社会老龄化与慢性病患者远程监控与及时救治问题，研究人员提出了基于无线人体区域网（WBAN）的智能远程医疗监控，其结构如图 6-26 所示。

（1）人体感知层

第一层是人体感知层。由于无线体域网设计的目标是解决被检测者的可穿戴传感器、随身携带的检测设备、植入式传感器等少量节点之间的通信问题，因此不同无线体域网的汇聚节点之间并不需要通信。无线体域网汇聚节点与第二层数据采集节点之间的通信一般采用无线局域网 Wi-Fi。

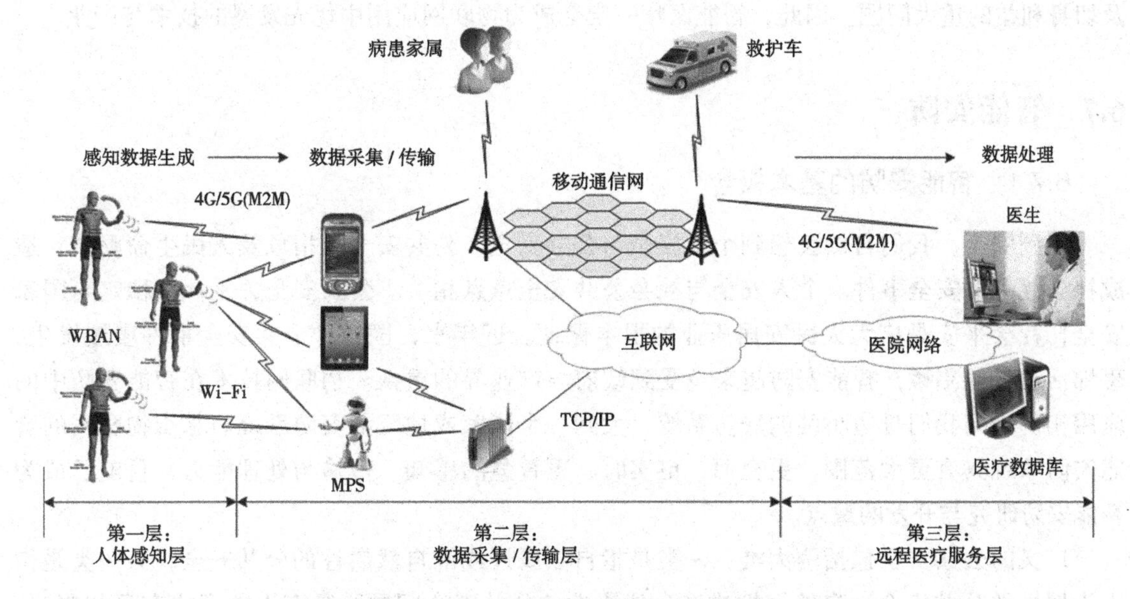

图 6-26 基于 WBAN 的智能远程医疗监控系统示意图

无线体域网汇聚节点与第二层数据采集节点使用 IEEE802.11 协议，通过“一跳”方式完成感知数据的传输。对于第二层的数据采集节点来说，它与第一层的多个无线体域网汇聚节点之间采用星型结构连接。

（2）数据采集 / 传输层

第二层的数据采集节点可以通过智能手机、PDA、平板电脑或移动个人服务器（Mobile Personal Server，MPS），就近接收无线体域网汇聚节点发送的被监控对象的人体生理参数（如体温、血糖、血压、心率、心电图等）数据，然后通过 Wi-Fi 或 4G/5G（M2M），将数据传送到医院网络。

（3）远程医疗服务层

医院网络将日常的正常数据存储到患者数据库中。遇到紧急情况时，负责远程医疗诊断的医生会从医院网络与移动通信网同时获得报警信号。医生将根据被监控对象的人体生理参数启动相应的预案，派出救护车，提高患者监控状态的级别，通知家属，同时准备提供紧急医疗救助。

在医疗救助项目中，时间就是生命。系统设计者必须考虑“以防万一”的技术手段，其中在采集数据的传输技术中，同时启用 Wi-Fi 与 4G/5G（M2M）是必要的。

从以上讨论中，我们可以得出以下几点结论：

第一，应用物联网技术，我们可以建立“保健、预防、监控与救治”为一体的健康管理、远程医疗的服务体系，使得广大患者能够得到及时的诊断、有效的治疗。

第二，智能医疗将逐步变“被动”治疗为“主动”的健康管理，物联网智能医疗的发展对于提高全民医疗保健水平意义重大。

第三，智能医疗关乎全民健康管理、疾病预防、患者救治，是政府与民众共同关心、涉及切身利益的重大问题。因此，智能医疗一定会成为物联网应用中优先发展的技术与产业。

6.7 智能安防

6.7.1 智能安防的基本概念

谈到安全，我们自然会想到个人安全与公共安全。公共安全是指危及人民生命财产、造成社会混乱的安全事件。个人安全与社会公共安全息息相关。公共安全关乎社会稳定与国家安全，社会平安是广大人民安居乐业的根本保证。近年来，国内外公共安全事件屡屡发生，恐怖活动日益猖獗，智能安防越来越受到政府与产业界的重视。物联网技术在智能安防中的应用实例小到我们身边小区的安防系统，大到一个国家或地区的安防系统。基于物联网的智能安防系统具有更大范围、更全面、更实时、更智慧的感知、传输与处理能力，目前已成为智能安防研究与开发的重点。

广义的公共安全包括两大类：一类是指自然属性或准自然属性的公共安全，另一类是指人为属性的公共安全。自然属性或准自然属性的公共安全问题不是有人故意或有目的制造，而人为属性的公共安全问题是有人故意、有目的参与、制造。

我国政府将公共安全问题分为 4 类：自然灾害、事故灾害、突发公共卫生事件与突发社会事件。公共安全涉及的范围很广，我们在智能安防技术的讨论中主要研究针对社会属性，以维护社会公共安全，例如城市公共安全防护、特定场所安全防护、生产安全防护、基础设施安全防护、金融安全防护、食品安全防护与城市突发事件应急处理的技术问题（如图 6-27 所示）。

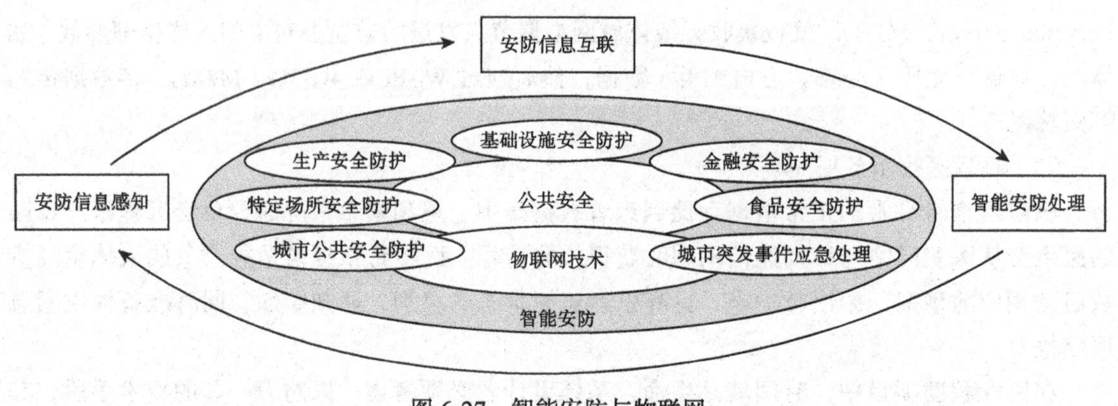

图 6-27 智能安防与物联网

6.7.2 智能安防应用示例

1. 居民小区的智能安防系统

居民小区安防与我们每个人关系密切，小区安防系统中也会应用物联网技术。比如，当你下班开车回家进入小区入口时，必须拿出标识你合法身份的 RFID 卡，在 RFID 读写器刷卡之后，横杆才会抬起，你才能够进入小区停车场。当你走到楼门口时，同样需要在门禁的卡读写器刷 RFID 卡之后，才能打开楼门。

当你牵着小狗在小区散步，或者是晚归时，安装在小区不同位置的视频或红外摄像探头会将你活动的视频实时传送到小区物业的监控中心。物业公司的保安可以时刻了解每一位业主的安全状态。出现任何问题时，控制中心工作人员可以通过步话机通知值班保安人员立即赶到业主的身边，帮助每一个需要帮助的人。

当业主进入梦乡后，部署在小区庭院、楼栋与小区围栏的视频、红外摄像探头会将视频信号实时传送到小区物业的监控中心，显示并存储起来。如果有不法之徒乘夜深人静之时潜入小区准备干坏事时，值班保安会第一时间发现异常，在报警的同时，值班人员会立即赶到现场，保护每一位业主的生命财产安危。同时，视频监控系统会记录不法分子所有的踪迹，为破案和指证罪犯提供依据。同时，智能家居应用中的家庭安防系统的报警信号也会接入小区物业监控中心。一旦家庭安防系统被异常事件触发，报警信号立即发送到监控中心。监控中心工作人员会立即出动，到达现场处置。居民小区安防系统的应用对于建设平安小区、和谐人居环境将发挥重要的作用。居民小区安防系统的结构如图 6-28 所示。

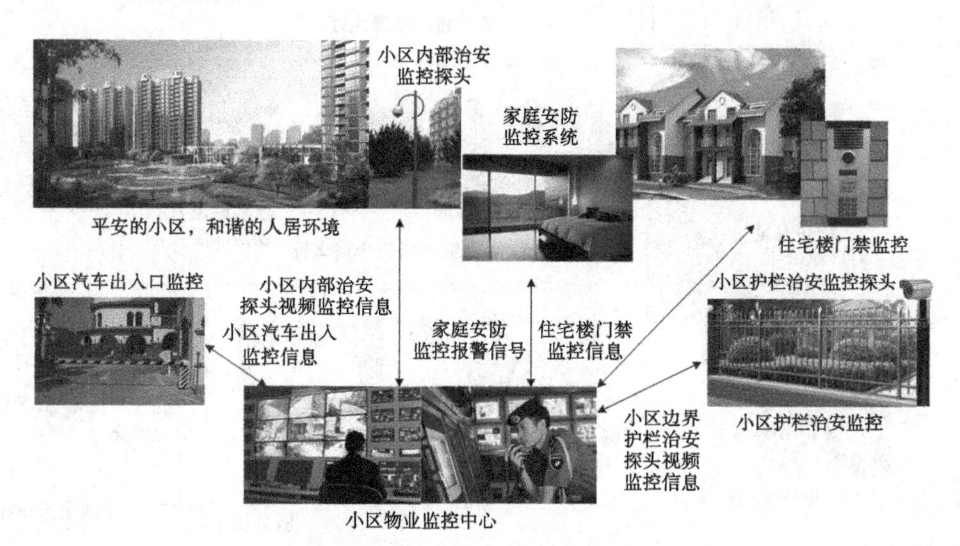

图 6-28　居民小区安防结构示意图

在看似普通的居民小区安保系统中存在着很多值得研究的智能化问题。例如，随着视频监控需求的日益增长和摄像头安装数量的增加，大规模监控给控制中心工作人员带来了极大的工作压力，要求一个或几个工作人员随时监控几十甚至上百路视频图像，并且要快速地判断每一幅视频画面中是否存在异常状况，无疑是不现实的，这将大大降低监控系统的安全性与有效性。为此，一种智能视频分析软件悄然问世。智能视频分析软件可以通过用户更加精确地定义安全威胁的特征，可以在图像监控范围内设定多个虚拟警戒线或警戒区域，可以分时段地设定、分析不同的重要对象，真正做到只有出现违反警戒规则的行为时才产生报警的高效监控。智能视频分析软件可以有效地协助安全人员及时发现、预防和处置安全事件，有效地降低误报率，提高小区安保系统的监控效能。

2. 城市公共突发事件应急处理体系

典型的城市公共突发事件应急处理中心一般由三级结构组成，其结构如图 6-29 所示。

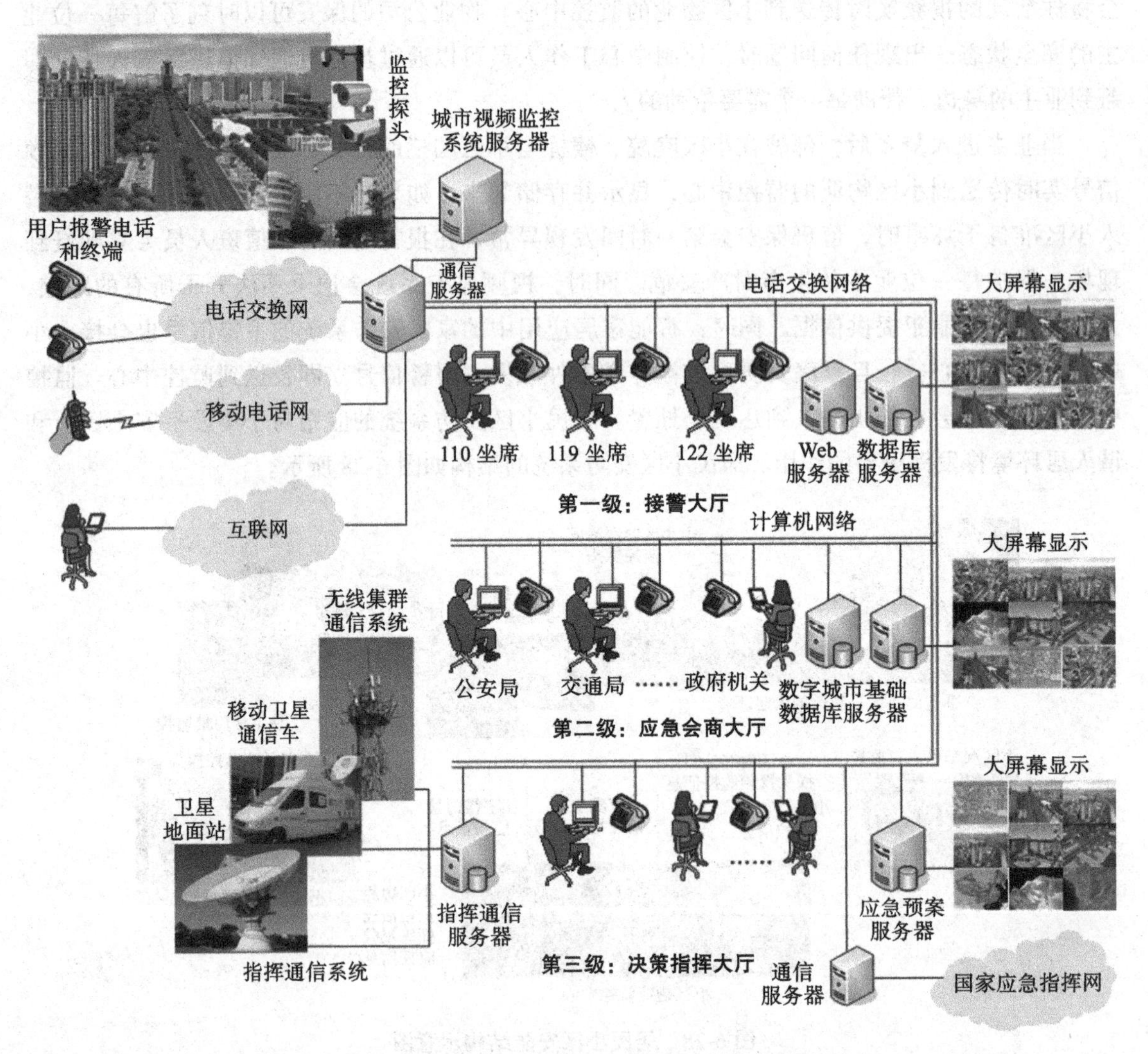

图 6-29　城市公共突发事件应急处理系统结构示意图

第一级是接警大厅，接警大厅的坐席分为 110 接警坐席、119 接警坐席与 122 接警坐席，他们分别接受公安、消防与交管请求信息。如果属于正常的公安、消防与交管业务的请求信息，不同的接警人员按照制度处理，结合城市公安、消防与公共交通视频监控信息来处置。如果涉及城市公共突发事件，他们需要向接警大厅的指挥长报告，由指挥长决定是否需要向高层领导报告。如果发生城市公共突发事件，将启动第二级应急会商大厅的坐席。

第二级应急会商大厅的坐席分别由政府各个部门更高层的领导组成，他们将按照公共突发事件应急预案的规定，利用公共突发事件现场视频、现场人员报告，以及数字城市基础数据库的信息和应急预案，提出解决方案，为第三级决策指挥大厅的最高领导决策提供科学依据。

在公共突发事件处置方案决定之后，执行部门的领导可以直接通过固定电话、手机、专用无线集群电话或者是卫星电话与现场人员联系，下达命令，听取汇报。城市最高领导可以通过决策指挥大厅的保密通信设备接入国家公共突发事件应急处理网络，通过口头、文字或视频方式向上级领导汇报。应用先进的信息技术建设的城市公共突发事件应急处理中心是城市电子政务的重要组成部分，对保障城市发展、安全和稳定具有极其重要的意义。

3. 重要区域的安全保卫与入侵防范

机场、核电站、军事设施、党政机关、国家的动力系统、广播电视、通信系统、国家重点文物单位、银行、仓库、百货大楼等重要区域和公共场所的监控与防入侵是社会安全防范技术工作的重点。无论对于几十公里的机场外围还是对于几公里的小区围界，仅仅靠人为的巡检是不可能实现的，要保障这些场所的安全就必须采用先进的无人值守技术，达到及时报警、及时控制的实时远程监控。

通过传感网技术，可以对场馆周围的砖墙、围栏以及无物理围界区进行防入侵监测以及预警。当入侵者采用工具切割、推摇等方式，对围栏进行破坏时，安装于围栏上端的复合传感器会检测到异常震动信号，经过匹配分析，以及智能识别和定位，向指控中心发出预警信号。指控中心根据震动传感器的预警信号提示位置，通过预警区域附近的视频监控确认，以围界前端灯光、喇叭发出警报，同时启动应急预案。当入侵者采用系留气球、跳跃翻越等低空入侵方式从围栏上方通过时，安装于围栏顶端的微波雷达会检测到异常目标经过，确定目标所在位置，发出预警信号通知指控中心。指控中心会启动视频监控跟踪追查，并实施应急方案。当入侵者在围栏附近掘坑时，围栏下方地埋的震动传感器会感应到异常震动，通过综合分析，确定事件发生的位置，发出预警信号传送至指控中心。指控中心根据震动传感器预警信号的提示位置，启动预警区域附近的视频监控，观察预警区域状况，同时启动应对方案。

4. 国家级公共安全防护体系

物联网技术在城市公共安全防护应用中最有代表性的系统之一是美国橡树岭国家实验室（ORNL）与美国国家海洋和大气管理局，以及其他的国家实验室、大学、公司联合设计和开发的 SensorNet 系统。组建 SensorNet 系统的目的是应对突发事件与恐怖袭击，针对全国性的化学、生物、核辐射、爆炸的危险，基于化学、物理、生物、辐射传感器与无线传感器网络技术，有线、无线与卫星通信网络技术，GPS、GIS 与遥感卫星与位置服务技术，数据库、数据挖掘与建模技术，以及大规模并行计算技术，建立具有全面、系统、实时地检测、识别与评估能力的公共安全防护体系。图 6-30 给出了 SensorNet 系统的示意图。

由于这样一个全国性安全防护体系涉及的技术、应用非常复杂，并且随着技术的发展与安全形势的变化需要不断增加新的应用，开展新的业务，利用新的技术，因此设计者采用了一种开放式的设计理念。在美国有线通信网、移动通信网、卫星通信网的基础上，为各种部署在不同地理位置的传感器接入提供开放式接口，为控制中心、行动支持、数据分析与建模的计算机系统，以及各种应用与应用系统的接入提供开放式接口，形成融合、协同与可扩展的系统结构。图 6-31 给出了 SensorNet 系统开放的接口示意图。

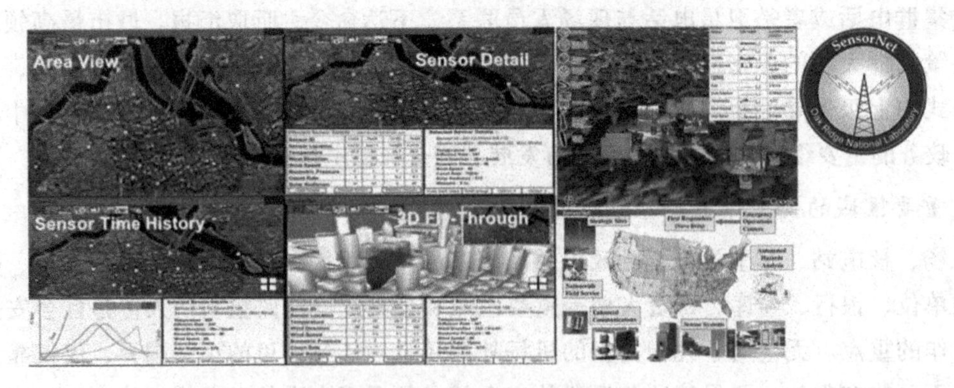

图 6-30 SensorNet 系统示意图

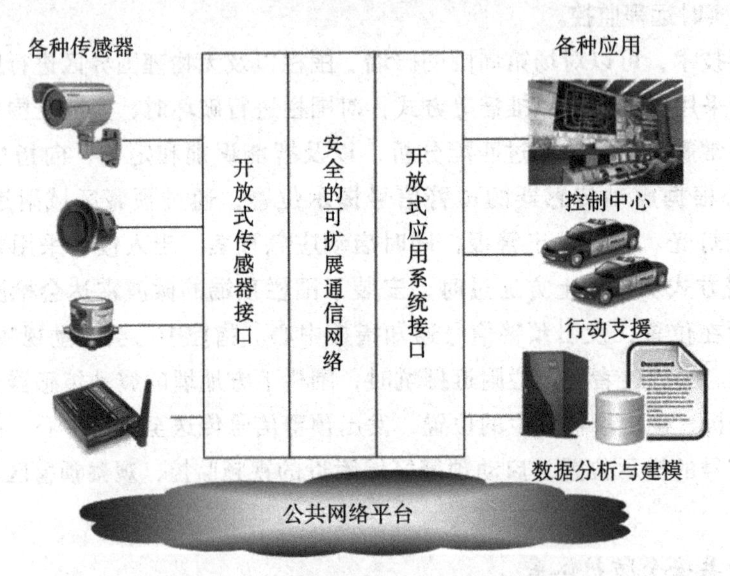

图 6-31 SensorNet 系统接口示意图

从以上的讨论中，我们可以得到以下两个结论：

第一，智能安防关乎个人安全与社会安全，应用范围小到我们身边生活的社区与城市，大到一个重要区域的安全保卫，以及国家范围的应急处置系统，因此智能安防的产业发展前景广阔，市场规模巨大。

第二，随着安防要求的提高，大数据量、实时性的视频图像感知信息成为关注的重点。安防数据包含结构化、半结构化和非结构化的数据信息。其中结构化数据主要包括报警记录、系统日志、运维数据；半结构化数据包括人脸建模数据、指纹记录等；非结构化数据主要包括监控、报警的视频录像和人脸图片记录，如何对非结构化的数据进行分析、提取、挖掘、搜索与处理，将对智能安防系统提出更高的要求。

6.8 智能家居

6.8.1 智能家居的基本概念

1. 智能家居涵盖的基本内容

智能家居（Smart Home）又称为智能家庭（Intelligent Home）。与智能家居含义近似的有术语家庭自动化（Home Automation）、数字家园（Digital Family）、电子家庭（Electronic Home，E-Home），以及智能建筑（Intelligent Building）、家庭网络（Home Network）等。家庭是人类重要的生活场所，智能家居将成为人们接入物联网的主要接口。2014 年，Google 公司以 32 亿美元收购了美国智能家居公司 Nest Labs，激发了科技界对智能家居的热情。

智能家居是以住宅为平台，综合应用计算机网络、无线通信、自动控制与音视频技术，集服务、管理为一体，将家庭供电与照明系统、音视频设备、网络家电、窗帘控制、空调控制、安防系统，以及电表、水表、煤气表自动抄送设施连接起来，通过触摸屏、无线遥控、电话、语音识别等方式实现远程操作或自动控制，提供家电控制、照明控制、窗帘控制、室内外遥控、防盗报警、环境监测、暖通控制等多种功能，实现与小区物业与社会管理联动，达到居住环境舒适、安全、环保、高效与方便的目的。智能家居可以成为智能小区的一部分，也可以独立安装。图 6-32 给出了智能家居的概念示意图。

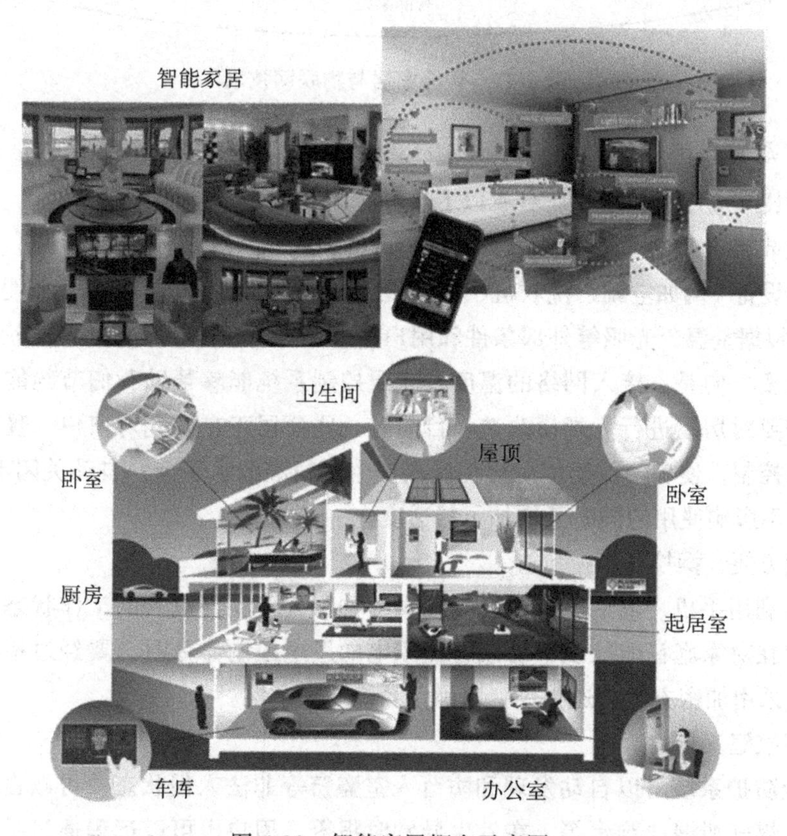

图 6-32 智能家居概念示意图

2. 物联网与智能家居的关系

随着人民生活水平的提高，传统家电能耗高、安全性差、设计时较多考虑价格因素而对环境污染以及节能环保问题考虑不够等问题日益凸显。大量电器尤其是空调、洗衣机的使用，以及无线通信基站的建设，已成为干扰城市生态环境的重要因素之一。只有增强环保意识，才能使我们的生存环境走上可持续发展的道路。同时，随着人们居住条件的不断改善，人们对家居环境的要求已从初期的位置、户型，逐步转向对家居整体安全、健康、舒适与智能的关注。在这样的社会需求下，随着物联网技术的日趋成熟和应用，智能家居的概念也逐渐被人们所接受。智能家居已成为物联网重要的应用领域之一。

图 6-33 给出了物联网技术在智能家居中的应用。智能家居主要包括四个方面的研究内容：智能家电、家庭节能、家庭照明、家庭安防。

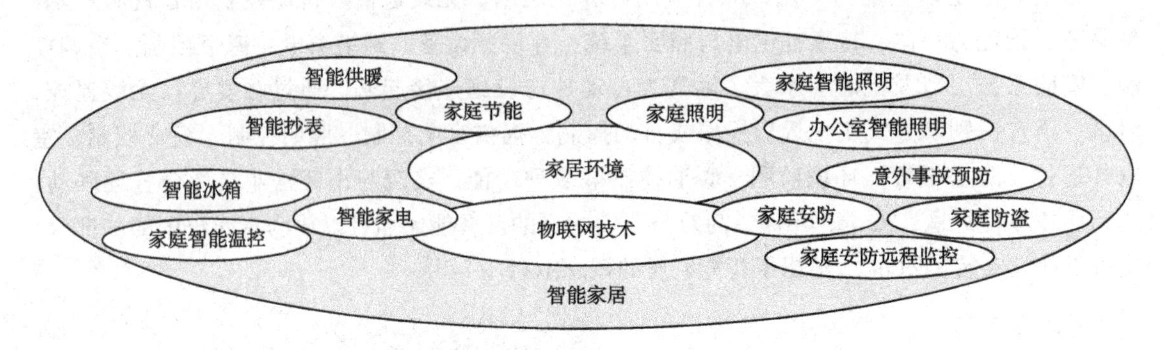

图 6-33 智能家居与物联网技术

3. 智能家居的优势

将物联网技术应用于智能家居具有以下优势。

（1）高效节能

各种家居设备（例如空调、洗衣机、电饭煲、热水器等家用电器，以及照明灯具等能源消耗设施）可以根据室温、光照等外部条件和用户需求，自动运行在最佳的节能状态。智能家居研究的一个重要方向是：接入网络的温度、光照控制系统能够帮助我们节约能源，降低能源开支，而不需要对房屋进行大规模改造。目前有一些公司正在研究对窗户、暖气阀门进行远程、智能联网控制，使房间的温度可以控制在一个更精准的水平上；自动关闭不使用的电器，在降低能耗、不影响使用的同时又增加了舒适度。

（2）使用方便，操控安全

用户可以利用手机、电话座机或互联网对各种家庭设施与电器的工作状态进行远程监控或操作。用户在对家庭智能控制平台或智能家电的发送控制命令时，要经过指纹或其他方法的身份认证，采用加密方法传送指令，以确保系统的安全性。

（3）提高家庭安全性

家庭安全防护系统可以自动发现和防范入室盗窃等非法入侵状态，可以自动监测意外事故，如火情、煤气泄漏或跑水等，在发生异常时报警，用户也可以远程通过手机查看室内安全，以及儿童、老人的生活状态。

（4）提升居家舒适度

智能家居研究的目的就是要通过对供热、照明、温度、门警、安全性、娱乐、通信的自动控制，在节约能源、降低成本、保证安全的前提下，从整体上提升居家的舒适性。

6.8.2 智能家居应用示例

1. 智能家居的组成

从系统组成的角度，智能家居系统由八个子系统构成：智能家居中央控制管理系统、智能家电控制系统、家庭安防监控系统、家庭影院与多媒体系统、家庭办公与学习系统、家庭环境监控系统、自动远程抄表系统与家庭网关与家庭网络系统。

家庭网络包括智能家电、家庭节能、家庭照明、家庭安防与家居娱乐等子系统。在家庭网络系统中，家庭影院、各种家用电器、照明灯具、厨房电器与安防监控设施都可以通过家庭网络互联起来。在家中，用户可通过智能遥控器操控各种电器。在办公室，用户可通过连接在互联网的计算机实现远程监控。在其他地点，用户可通过手机实现对家庭网络的远程监控。应用物联网技术的家庭网络可以为人们创造一个舒适、节能与安全的家居环境。物联网在智能家居中的应用如图 6-34 所示。

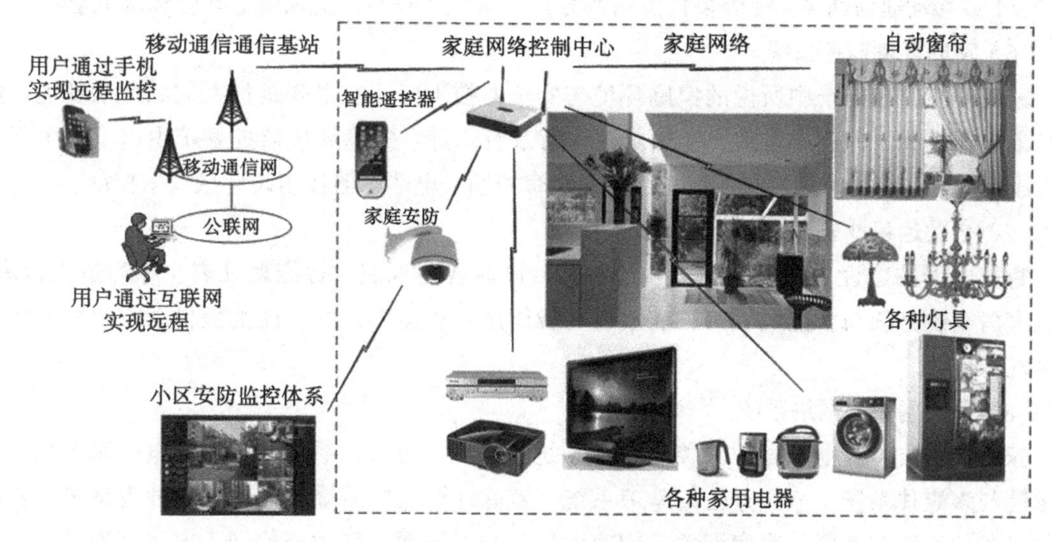

图 6-34 物联网技术在家庭网络中应用

2. 各个子系统的主要功能

（1）智能家居中央控制管理系统

智能家居中央控制管理系统是整个智能家居系统的核心。智能家居中央控制管理系统接受用户的本地控制与远程控制命令，根据预定的控制策略，实现对智能家电控制系统、家庭安防监控系统、家庭影院与多媒体系统、家庭办公与学习系统、家庭环境监控系统，以及自动远程抄表系统工作过程的控制。

（2）家庭安防监控系统

家庭安防担负着防火、防盗、防入侵、防煤气泄漏，以及保障儿童与老人安全的功能。家庭安全监控包括：烟雾监测、燃气监测、门窗监测与事件报警；对室内儿童、老人安全状况的远程监控，以及安全与健康突发事件报警；在紧急情况下，会向辖区派出所、医院与小区保安请求帮助。

（3）智能家电控制系统

智能家电又称为功能家电，它包括智能冰箱、智能微波炉、智能洗衣机等。智能家电控制系统接受并执行智能家居中央控制管理系统的控制命令，满足用户的生活需求。

（4）家庭影院与多媒体系统

休闲娱乐是人们的常见活动，因此家庭影院与多媒体系统是智能家居一个重要组成部分。家庭影院与多媒体系统整合电视机、音响、DVD 播放机、录像机、游戏机、照相机、MP3 播放器、网络收音机、PC、笔记本计算机，以及网上、网下视频与娱乐休闲设备，形成能观看 DVD 与网络视频资源的一体化、互动式的家庭影院与多媒体系统。

（5）家庭办公与学习系统

居家办公、在线学习已成为继休闲娱乐之后，人们在家庭中的另一个重要的内容。智能家居可以通过家庭网关与 ISP、电话交换网（PSTN）、电信移动通信网 4G/5G、有线电视网（CATV）或移动通信网 Wi-Fi 等多种灵活的方式，接入互联网，实现网上办公和网上学习。

（6）家庭环境监控系统

家庭环境监控系统中所说的家庭环境与安全监控不同，它主要是指人们的生活环境，监控对象包括灯光、温度、窗帘、电热水器、背景音乐等。家庭环境监控系统由以下几个子系统组成：空调与暖气温度控制、灯光控制、窗帘控制、电热水器控制与背景音乐控制。

（7）自动远程抄表系统

智能电网的建设加快了智能电表的普及，同时智能水表、智能燃气表也相继进入家庭。智能家居系统必须与智能电表、智能水表与智能燃气表接口，以保证远程自动收费服务功能的实现。

（8）家庭网关与网络系统

家庭网络支持智能家居中央控制管理系统、家庭安防监控系统、智能家电控制系统、家庭影院与多媒体系统、家庭办公与学习系统、家庭环境监控系统、自动远程抄表系统中各种家电设备的组网与互联，家庭网关实现家庭网络与互联网、移动通信网、电话交换网、有线电视网的互联互通，为家庭网络提供互联网服务，实现家庭网络与外部的各类网络服务系统的互联。

未来的智能家居将更能够体现节能环保的理念，很多功能的设计会更重视家庭环境的智能控制和优化，从有利于使用者身心健康的角度出发，服务于居住者的安全与健康。未来的智能家居不仅要将家庭内部的各种家用电器与设备互连起来，还要与社区网络、互联网，以及其他物联网系统互联起来，为人们创造更安全、舒适和宜居的生活环境。

我国政府大力支持物联网智能家居产业的发展，已将智能家居产业列入智能化小康示范小区过程规划之中，并成为惠民工程的重要组成部分。智能家居的应用将改变人们的生活方式、工作方式，促进传统家电制造商生产模式的转变和产品的升级换代，逐渐形成和完善智能家居的产业链。

6.9 智能物流

6.9.1 智能物流的基本概念

物流是人类基本的社会经济活动之一。随着社会的发展，物品的生产、流通、销售逐步专业化，连接产品生产者与消费者之间的运输、装卸、存储就逐步发展成专业化的物流行业。第二次世界大战中美军围绕军事后勤保障发展和完善了物流的理念。

1998年，美国物流管理协会对物流做出了新的定义：物流是供应链管理的一部分，是为了满足客户对商品、服务及相关信息从原产地到消费地的高效率、高效益的双向流动与储存进行的计划、实施与控制的过程。新的供应链管理模式将物流的核心问题归结为：如何在保证满足生产需要和客户需要的前提下，使得材料、半成品与成品的库存能够达到最小。物联网的发展与物流业有着密切的关系。产品电子编码EPC标准与网络体系的研究为我们展现了物联网应用的前景。

物联网通过信息流来指挥物流的快速流动，从而加快资金流的周转，使企业从中获取更大的经济利益。智能物流利用RFID与传感器技术，实现对物品从采购、入库、制造、调拨、配送、运输等环节全过程的信息的采集、传输与处理；利用信息流精确控制物流过程，将制造、库存、运输的成本减到最低。

要达到这个目标，就需要在智能物流的运行平台之上，实行供应物流、生产物流与销售物流各个环节的协调工作；超级计算机利用数据挖掘与大数据算法，对社会需求、销售、库存、制造的海量数据进行分析，用取得的“知识”指挥物流快速流动，从而加快资金流的周转，使得企业从中获得更大的经济效益。

6.9.2 智能物流与物联网的关系

智能物流是智能制造的重要组成部分，是物联网主要的应用领域之一。智能物流与物联网的关系表现在以下几个方面。

第一，物联网技术覆盖智能物流运行的全过程。

智能物流的特点主要包括：精准、协同与智能。未来的智能物流需要利用RFID与传感器技术，实现对物品从采购、入库、调拨、配送、运输等环节全过程的准确控制，将制造、采购、库存、运输的成本降到最低，同时将各个环节可能造成的浪费也降到最低。利用信息流精确控制物流过程，使利润达到最大化。这就需要在智能物流的运行平台之上，利用大数据对物流与产品流通、销售数据的分析，实现商品配送的优化、业务流程的优化，优化销售流程与销售策略，为企业争取更大的经济与社会效益。

第二，智能物流中“虚拟仓库”的概念需要由物联网技术来支持。

物流不仅在产品价值链上占有重要的份额，而且在生产效率上起到决定性的作用。如果如何一个加工环节出现原材料短缺，生产线就必须停工待料。据我国国家发展改革委员会的有关调查发现，从原材料到生产成品，一般商品的加工制造时间不超过整个生产周期的10%，而90%以上的时间是处于仓储、运输、搬运、包装、配送等物流环节。

传统的物流配送企业需要置备大面积的仓库，而电子商务系统网络化的虚拟企业将散置在各地的分属不同所有者的仓库通过网络系统连接起来，使之成为“虚拟仓库”，进行统一管理和调配使用，这使得服务半径和货物集散空间都放大了。这样的企业在组织资源的速度、规模、效率与资源的合理配置方面，都是传统物流配送企业所不可比拟的，相应的物流概念也必须是全新的，而支持新的物流概念的技术是物联网。

第三，智能物流运行过程的实时监控和实时决策必须由物联网来支持。

传统的物流配送过程是由多个业务流程组成的，受人为因素和地理位置的影响很大。如果仍然延续人在物流的每个配送过程的介入，人为的错误将是不可避免的。然而，任何一个环节的任何人为的错误，都会使计算机精确数字的统计、分析与智能处理无法进行。因此，实现智能物流的一个关键是从原材料的采购、生产、运输的末梢神经到整个系统的运行过程都实现自动化、网络化。物联网的应用可以实现整个过程的实时监控和实时决策。当物流系统收到一个需求信息的时候，该系统可以在极短的时间内做出反应，并可以拟订详细的配送计划，通知各环节开始工作。现代工业生产追求的“零库存”与“准时制”就有可能实现，从而降低成本，减少库存和资金占压，缩短生产周期，保障现代化生产的高效进行。

在一些行业龙头企业的先进的自动化物流中心，已实现机器人码垛与装卸、采用无人搬运车进行物料搬运、自动输送分拣线开展分拣作业、出入库操作由堆垛机自动完成，物流中心信息与企业信息管理系统无缝对接，整个物流作业与生产制造实现了自动化、智能化。

管理者可以利用物流规划设计仿真软件，评价不同的仓储、库存、客户服务和仓库管理策略对成本的影响。世界最大的自动控制阀门生产商在应用物流规划设计仿真软件后，销售额增加了65%，出库量增加了44%，库存周转率提高了近25%。

物联网可以在物流的“末梢神经”的产品与原材料数据采集环节使用RFID与传感器网络技术，在物流运输过程中应用GIS、GPS技术准确定位、跟踪与调度，在产品销售环节应用电子定货与电子销售POS设备。现代物流原材料采购、运输、生产到销售的整个运行过程的实时监控和实时决策可以依靠物联网技术来支持。智能物流涵盖了从供应物流、生产物流到销售物流的全过程。

从以上的讨论中，我们可以看出：物联网的智能物流技术已经覆盖了从生产、库存、配送到销售的全过程。

6.9.3 未来商店与物联网

1. 基于RFID与智能技术的未来商店

物联网技术出现之后，人们一直设想着未来商店的各种模式。目前主要有三种类型，一种是麦德龙公司在德国杜塞尔多夫建立的世界第一家未来商店“real”，一种是亚马逊的智能超市（Amazon Go），另一种是出现在我国上海、北京、杭州等地应用“刷脸支付”的无人超市。

（1）麦德龙公司的未来商店——real

谈到未来商店（Future Store），人们自然会想到麦德龙公司2014年在德国杜塞尔多夫建立的世界第一家未来商店real。

在real里，电子货架上配有RFID标签，能够不断更新价格信息，这种标签直接与结账系统联网，从而避免价格标识冲突。电子广告系统直接显示现有的优惠和促销信息，可以与库存系统集成推销现有产品，并且可以通过网络下载厂家的促销信息。智能的水果和蔬菜秤可以简化秤重流程，可以自动识别称重产品，同时打印出条形码标签。

当顾客选择好某样商品后，可以用手机对商品进行扫描，商品名称、规格、价格等信息就会立即显示出来。未来商店内的服务人员并不多，但顾客可以碰到导购机器人。如果要寻找某种商品，只要在导购机器人自带的触摸屏上输入指令，导购机器人就会带领顾客前往。

超市有多种结账方式。超市内有传统的收银员用智能收款机为顾客结账，结账时顾客不需要将商品一件一件地拿给工作人员结算，而是通过RFID读写器快速、自动地显示出智能购物车中商品的总价格。配备有便携式结账设备的店员可以在商店直接为顾客结账。顾客也可以通过自助设备来完成付款。这家用智能货架、智能镜子、智能试衣间、智能购物车、智能信息终端、网上支付等技术装备的未来商店总面积为8500平方米，顾客在这家超市购物时会感到非常便捷与有趣。

（2）亚马逊的智能超市——Amazon Go

2017年2月，在美国出现一家超市，没有导购和收银员，顾客扫码进店，看中什么就拿什么，不用排队结账，出了门利用手机自动付款。它就是亚马逊“拿了就走”的“Amazon Go”智能超市。以往，大家认为亚马逊公司只是一家电商，但是它现在应用物联网技术改造实体店了。当进入超市时，顾客只要扫描一下手机二维码就可进入超市购物。进门之后，顾客已经在超市系统的监控范围之内了。当顾客走进超市内部时，安装在墙上、货柜架上，以及货架顶上等不同部位的摄像头和传感器就会实时记录顾客的行为轨迹。根据摄像头拍摄的图像可以分析顾客关注的商品；压力或红外传感器能够判断顾客是不是拿走了某种商品。顾客可以将购买的商品直接放到手提包里，这些购物的数据已经通过超市自动购物系统的通信模块传送到顾客的手机APP中。当顾客购物完成走出超市闸口的特定区域时，闸口会自动打开，顾客可以直接走出商店，好像是拿了商品就走，但Amazon Go系统已经通过网上支付，自动完成了付费功能。Amazon Go采用了多种感知手段、图像处理与深度学习算法等智能技术，将“无人超市”从概念推向应用。目前，瑞典、日本、韩国、美国等国已出现了一批无人超市。

（3）应用“刷脸支付”的“无人超市”

人脸识别技术的成熟催生了“刷脸支付”在无人超市中的应用。2017年6月，上海出现了24小时营业的无人便利店“缤果盒子”；7月初，杭州出现了阿里巴巴的无人超市“天猫淘咖啡”。目前，已经有很多电商与零售商纷纷提出建立连锁无人超市的规划。

从商业角度看，近年来电商的发展速度很快，但是线下市场仍是主要市场。根据《2016电商消费行为报告》提供的数据看，2016年，我国电子商务交易市场规模稳居全球第一，交易额超过20万亿元，但是这也只占社会消费品零售总额的10%左右，绝大部分消费仍然在线下。随着流量红利的消失，电商零售的经营成本逐年上升，网购人数日趋饱和，在这种情况下，寻求转型与升级成为电商的当务之急。电商与传统零售商的转型、升级必须在“发展网购平台的同时发展实体店”，走“线上与线下相结合”的道路。而无人超市将RFID与多种感知手段、机器人应用，将图像处理、客户购物行为分析、大数据与深度学习，将人脸识别与网上支付结合起来，为实体店的转型升级探索出一条重要的模式。

进入无人超市购物，顾客只需要三步：手机扫码进店、挑选商品、离店。但是，在整个过程的背后要用到很多种技术。首先，在顾客进入商店用手机扫码时，系统会自动地关联顾客的网上支付账户，并且与顾客的脸部信息绑定在一起。在顾客进入超市之后，超市的摄像头会一直跟踪顾客的购物行为与行走的轨迹，分析顾客在哪个货架停留；停留多长时间、拿过哪些货物。通过分析这些数据，一是了解顾客关注哪些商品，二是了解货物摆放是不是合理。当顾客准备离开超市时，顾客准备购买货物的RFID信息已经被门口的RFID读写器读出，系统已经生成了顾客购物应付款的数据。离店前会经过一道“支付门”，几秒钟内通过“刷脸支付”就自动完成了网上支付。无人超市为用户实现了一种“拿着就走、即走即付”的购物体验。

2. 支持未来商店的智能物流系统

随着技术的发展，“网购平台与实体店结合、线上与线下结合”可能还会出现其他更为先进的模式，但是有一点不会改变——网购平台与实体店的运行必须建立在一个强大的智能物流系统之上。图6-35给出了支持大型连锁零售企业的智能物流网络系统的结构原理示意图。

大型连锁零售企业从管理的角度可以分为总公司、分公司与仓库、配送中心，以及基层的销售商店三个层次。总公司管理公司整体的资金运作，监督计划、采购、配送、销售策略的制定与运行。大型连锁企业按照区域成立多个分公司。分公司管理在一个地区设置的仓库、配送中心与销售商店。

由于销售商店或超市网络需要支持导购机器人、移动移动终端设备，以及安装有RFID、可以接入销售商店或超市网络的智能手机，因此销售商店或超市网络要接入无线局域网Wi-Fi。无线局域网要覆盖销售商店或超市的售货区、库房与管理区。仓库网络连接智能入库、出口管理系统，智能货架、智能运输车、RFID智能数据终端，以及仓库计算机与服务器。

配送中心网络根据分公司计算机系统的指令，完成商品配送、补给、运输的全过程。配送中心网络的一个主要任务是对运行在辖区内运输车辆位置、运送商品的类型、数量进行管理和控制。配送中心网络通过网关连接移动通信网（4G/5G），以机器 - 机器（M2M）的通信方式与协议，与行进中的运输车辆实现通信。车辆的GPS定位信息随时传送到配送中心。在配送中心的显示屏上，管理人员可以通过GIS地图，方便地掌握货物配送运输车辆当前的位置，以及急需了解的某一辆运输车的运行轨迹。如果某一个销售商店或超市急需某一种商品，配送中心管理人员可以及时查找离该销售商店或超市最近的装有这种商品的车辆，实现就近、及时配送。

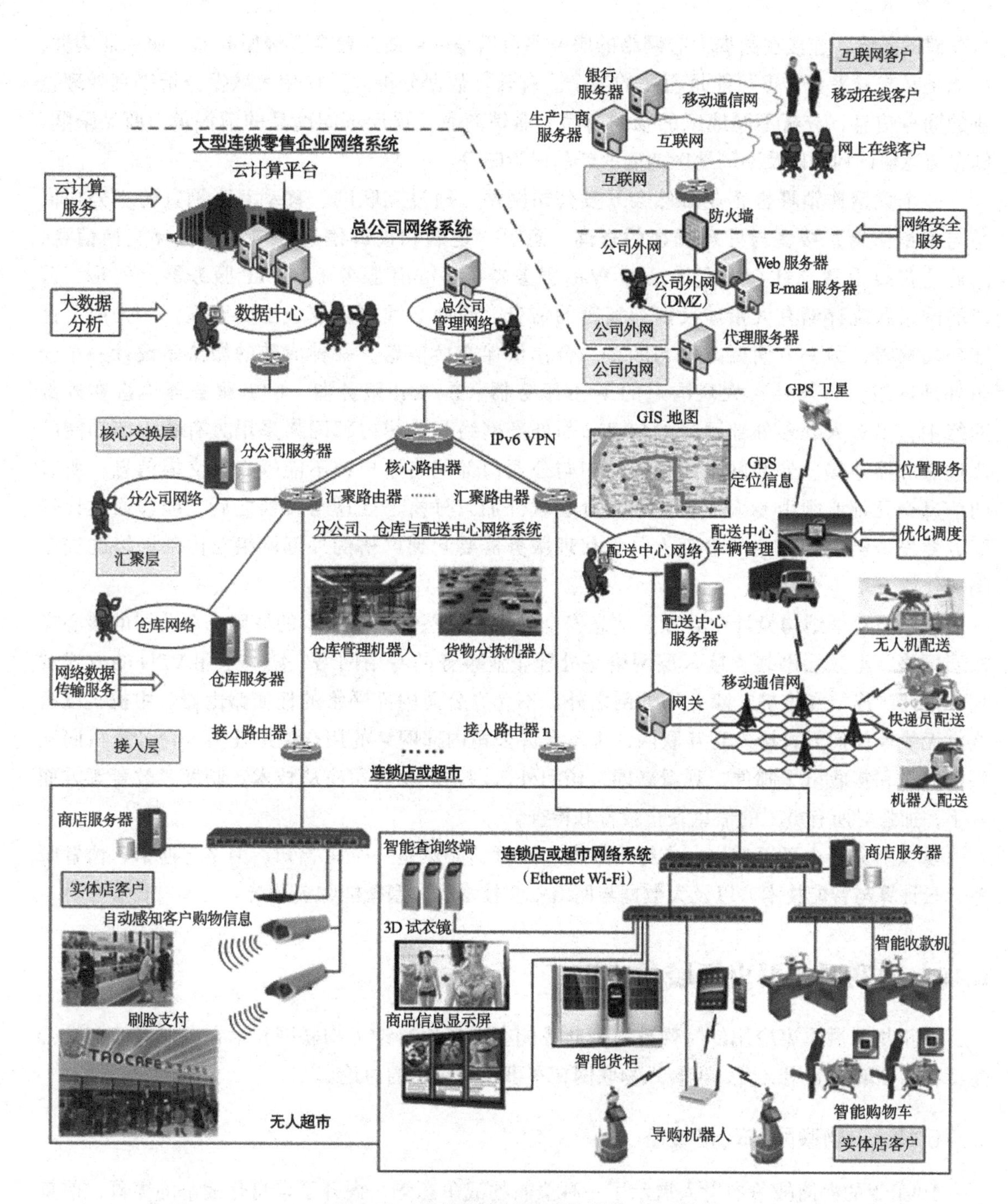

图 6-35 智能物流网络系统结构示意图

配送中心通过计算机网络、移动通信网络与 GPS 网络的互联系统，指挥和控制商品配送过程，可以缩短商品配送的时间，减少运输车辆空载运行的现象，减少浪费，节约能源，提高效益。

作为大型连锁零售企业，它必然要在总公司主干网中设置一个数据中心。根据企业计算与存储的需要，连接在数据中心网络的服务器可以是一台或几台企业级服务器、服务器集群，可能是私有云平台，也可能是租用的某个公有云。数据分析人员使用大数据分析工具处理企业的商务信息，分析不同地区的畅销商品、滞销商品、预计不同商品的销售量，商品采购、储存与运输计划，以及不同地区商店的产品促策略等。

一个大型连锁零售企业必然会开发公司网站，通过互联网、移动互联网宣传本公司商品与促销信息，接受与处理顾客的查询、意见、定购和投诉信息，与合作伙伴交换信息，因此它需要设置与社会大众沟通的 Web 服务器、E-mail 服务器、FTP 服务器。但是，公司的网络系统存储有大量涉及商业秘密的信息，因此必须要采取适当的措施，一方面要保守公司秘密，另一方面要方便与顾客、合作伙伴交换信息。一种成熟的做法是设计一个公司外部网络，将与社会大众沟通的 Web 服务器、E-mail 服务器、FTP 服务器连接在外部网络中，由专人处理外部网络的信息。而外部网络与公司内部网络采用具有防火墙功能的代理服务器连接。外部网络的任何用户与公司内部网络用户都不能够直接交换信息；所有的信息交互都必须由专人或智能信息处理软件加以分析、处理与转换之后，能够通过代理服务器发送给内部网络的管理人员。代理服务器要起到严格的外部网络与内部网络的安全隔离作用。

在网络总体结构设计中必须从信息安全的角度，坚守一个基本的原则：总公司的核心交换层网络、汇聚层网络、接入层网络是处理企业事务的专用网络，统一采用 VPN 的方式规划、设计、连接和维护。除公司外网之外，不允许公司内部网络的任何路由器、主机，以有线、无线等任何方式接入到互联网，也不允许公司内部网络的用户使用任何一台计算机向互联网发送和接收电子邮件，观看新闻，访问外部网站。总公司应从技术、制度、教育等方面入手，加强对所有员工的信息安全教育和检查。

从以上分析中可以看出：支持未来商店运营的必然是一个集感知、网络与通信、位置服务、云计算与智能技术，以及大数据与网络安全技术的大型智能物流系统。

6.10 物联网在军事领域的应用

由于物联网军事应用的特殊性，因此我们在系统地讨论了物联网技术在国民经济与社会生活各个领域的应用之后，再转入物联网在军事领域应用的讨论。

6.10.1 物联网与现代战争

1991 年的海湾战争向世人展示了一种全新的战争态势，揭开了信息化战争的序幕，信息技术在战争中的作用已经凸显。美国与各国网络部队、网络战司令部的出现，表明以信息化为核心的新军事变革浪潮正在席卷全球，将推动军事理论、武器装备、军事建制的重大变化。物联网军事应用可以显著地提高战场感知能力、态势控制能力与精确保障能力，因此受到各国政府和军方的高度重视。

回顾物联网军事应用的发展，我们可以清晰地看到以下几个显著的特点。

1. 很多促进物联网形成与发展的核心技术都来自军事研究

物联网技术对于军事研究并不是什么新鲜事物，很多促进物联网形成与发展的核心技术都来自于军事研究，并且在军事领域的应用中显露出独特的优势与广阔的应用空间之后，通过“军转民”方式，在进一步研究与应用中逐渐发展起来的。最突出的例证是互联网、无线传感器网络以及RFID的应用。互联网是从20世纪70年代仅有4个节点的美国国防部研发的计算机网络ARPANET逐步演变、发展形成的。

最成功的RFID应用首先出现在不计成本的美国军事后勤保障系统之中。当这些参与RFID应用项目的军需官退役到零售企业时，推动了RFID在零售与物流业的应用。

第一个无线传感器出现在20世纪60年代越南战争的丛林战中，第一个具有应用价值的无线传感器网络也是用于军事目的。分布式传感器在战场侦察中的应用已经有几十年的历史了。20世纪60年代的越南战争期间的“热带树”的无人值守传感器实际上是一个由声传感器与无线发射装置组成的系统。由于“热带树”的无人值守传感器应用的成功，促使很多国家纷纷研制无人值守地面传感器（UGS）系统。之后美军又研制了远程战场监控传感器系统（REMBASS）。

进入21世纪，随着芯片制造、微型与智能传感器技术、无线网络技术的发展，2001年，美军开始试验用自组网（Ad hoc）方式来部署无线传感器网络，用于侦察与跟踪机动车辆。研究人员在美国海军陆战队的地对空战斗中心验证了方案的可行性。他们通过无人机向一条公路抛撒了无线传感器，形成了一个无线传感器网络。无线传感器网络的节点之间建立了同步时钟，形成了多跳的自组网网络。当车辆通过这个区域时，传感器节点及时将感知信息通过多跳的方式，发送到无人机，无人机再将信息发送到指挥中心。无线传感器网络技术的研究起源于军事应用，并且在军事应用的研究比较成熟。作为一种重要的军事侦察手段，与传统的卫星侦察、地面雷达侦察相比，无线传感器网络的优势主要表现在以下几个方面：

1）无线传感器网络成本低，节点可以大面积、大规模抛撒，具有高冗余、可自愈的特点，使得整个侦察无线传感器网络系统具有较强的容错能力。

2）传感器节点接近被观测对象，大大消除了环境噪声的干扰，提高了信噪比，增强了观测的准确性。

3）无线传感器网络节点的抛撒可以对观测对象形成分布式、多方位、多角度的观测能力；多种传感器的综合应用，可以获取多种类型的信息。系统的信息综合能力强，提供的信息准确性高、实时性强。

4）无线传感器网络铺设覆盖的范围大，利用自适应路由算法与个别节点的移动性，可以使系统具有较强的抗攻击能力，能够有效地消除观测区域的盲点。

2. 物联网军事应用的关键是安全与保密

发达国家在物联网军事应用的很多核心技术上已经有较为深厚的积累，但是普通民众对它了解很少的原因是出于安全与保密的需要。很多民用物联网系统可以与互联网连接，但是军用物联网系统必须是与互联网物理隔离的。军事物联网应用必须在安全、封闭、可控的军事网络中运行。各种移动终端设备、网络设备、感知器件必须具备高安全性、保密性、抗干扰性，以及对恶劣环境的适应性与抗毁重组能力。

3. 物联网军事应用的基本特征是“感知”和“透明”

美国军事科学咨询委员会在2002年就建议美军应在组织与技术上进行改进，以具备更好的“预先战场感知”能力。信息化战争要求作战系统“看得明、反应快、打得准”。谁在战场的信息获取、传输与处理上占据优势，取得对信息的制动权，谁就能够掌握战争的主动权。人们描述21世纪信息时代的现代战争的特点时用了两个词：“感知”和“透明”。战场感知是信息技术与现代战争，特别是战场侦察手段结合产生的概念，同时也是新军事理论深化的必然结果。现代战争强调战场情报的感知能力。现代战争“感知者胜”的观点已经被很多战例所证实。利用无线传感器网络，及时、准确地获取整个战场区域，以及人难以到达区域的地形、气象、水文、敌我双方的兵力部署、武器配备、人员调动情况，“透明”地洞察战场情况，是现代信息时代战争的取胜法宝。近年来，美军强调“网络中心战”、“行动中心战”与“传感器到射手”的作战模式，突出了无线传感器网络在感知战场态势侦查与预判中的作用，甚至提出将感知的目标信息直接传送给武器装备和射手的要求。

图6-36给出了物联网军事应用示意图。物联网军事应用内容主要包括：军事指挥、侦查监控、战场监控、武器监控、装备维护、后勤保障、战场医疗救护。

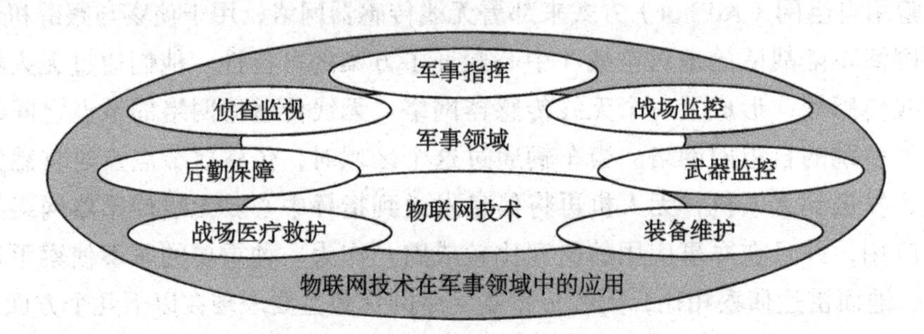

图6-36 物联网在军事领域的应用

6.10.2 物联网军事应用研究的主要内容

1. 全球信息网格GIG

(1) C^4ISR系统

世界各国都非常重视战场感知体系的研究。建立战场感知体系的目的是：及时发现，准确识别，精确定位，快速处置。无线传感器网络适合恶劣的战场环境的应用，可以承担侦察敌军兵力部署、监测兵力与装备的调动；探测核污染、生物与化学攻击；定位攻击目标；战场评估等任务。1992年，美国军方提出集指挥、控制、通信、计算机、情报、监视、侦察与目标捕获为一体的C^4ISRT项目。美国各兵种纷纷在战略计划制定部门组建了态势感知特别工作组，以提高对感知信息的融合与分析能力。同时，他们还开展了快速攻击识别、探测与报告系统、战场感知广域视觉传感器系统的研究。战场感知体系涉及多兵种、全天候、全空间的战场信息采集、传输、处理的复杂系统。经过实战使用，美国国防部发现现行的C^4ISR

系统有重要的缺陷，并于1999年9月宣布将建立一个新的系统——全球信息栅格（Global Information Grid，GIG）。

（2）GIG系统

GIG系统充分体现出“网络中心战”的思想，将成为美国军队转型建设的核心内容。GIG将成为作战人员与指挥人员对全球作战信息共享的平台。GIG拥有强大的信息获取能力，能够接入全球军事基地、军队，各兵种的监控设施、无线传感器网络、RFID感知、空间遥感的信息，能够为作战单位、盟军，甚至是士兵提供实时、真实的图像信息与态势分析信息，构成了覆盖全球的端到端的复杂巨系统。GIG的应用将给美军作战带来巨大的优势，它可以及时发现来自各个地区、各种方面的威胁，并能够快速地对各种威胁从多个视角进行评估和判断，第一时间提供预警信息，“先敌发现，先敌攻击”，为取得作战主动权提供有力的保障。

2. 无线传感器网络在军事上的应用

正是由于无线传感器网络具有以上的技术优势，因此无线传感器网络在军事领域获得了越来越广泛的应用。

（1）“灵巧传感器网络通信”与“无人值守地面传感器群”项目的研究

2001年，美国陆军提出了“灵巧传感器网络通信”项目的研究计划，并在2001 ~ 2005年度实施。“灵巧传感器网络通信”项目研究的目标是建设一个通用的通信基础设施，以支持未来的无人值守传感器、弹药、未来作战机器人组成网络系统，提高未来战斗系统的生存能力。

美国陆军确定了“更广阔视野”的研究计划，其中包括“无人值守地面传感器群”项目。“无人值守地面传感器群”项目研究的目标是使基层作战部队具备在任何地方都能够灵活部署无线传感器网络的能力。同时，美国陆军还开展了“战场环境侦察与监视系统”项目的研究，目的是将无线传感器网络、机载与车载侦察设备组成一个协同工作的系统，准确掌握特殊地域的各种信息，如登陆作战的敌方岸滩地形地貌、地面硬度、地面干湿度、道路与桥梁信息，以及丛林等信息，为准确制定作战方案提供翔实的情报。通过“数字化路标”信息交互平台，为作战单位提供个性化的情报服务。该系统的研制可以使军事情报工作有一个质的飞跃。

（2）“沙地直线系统”项目的研究

2003年8月，美国陆军在俄亥俄州开展了“沙地直线（A Line in the Send）系统”的研究。沙地直线系统是一个典型的无线传感器网络应用于战场侦察的项目。战场目标可以分为三种情况：徒手的平民、携带武器的士兵与车辆。沙地直线系统主要研究利用无线传感器网络实现入侵的目标识别、目标分类与目标跟踪。

（3）“协同作战能力”项目的研究

美国海军开展了“协同作战能力（CEC)”项目的研究。CEC项目是将舰只与飞机的战斗群体从不同角度获取的雷达信号（如几十艘军舰从海面获取的信息，飞机从空中获取的海面信息）通过无线网络传送到指挥中心。指挥中心的计算机从综合信息处理中，感知整个作战空间的全貌，快速地发现、准确地跟踪敌方的导弹、舰艇与飞机多个活动目标，从多个方位探测这些目标，极大地提高了测量精度与打击的命中率。

（4）无线传感器网络在生化袭击监测中的应用

2002年5月，美国Sandia国家实验室与美国能源部合作，共同研究能够尽早发现以地铁、车站、机场及公共场所为目标的生化武器袭击，并及时采取防范对策的系统。该研究属于美国能源部反恐对策的主要环节之一。监测系统采用能够检查有毒气体的化学传感器作为无线传感器网络的端节点，并将它安装在被监控的场所。一旦化学传感器发现某种有毒气体，立即通过无线传感器网络将数据报告到控制中心。控制中心启动应急处置预案，疏导人群，封锁进出口，及时进行处理，尽可能地减少人员损失和社会影响。

3. 物联网在军事物流中的应用

（1）军事物流的特点

物流与军事有着密切的关系，物流概念本身就出自军事应用。“沙漠之狐”隆美尔也败在物流上——在阿拉曼战役中，隆美尔的坦克军团因为严重缺乏燃料，面对蒙哥马利率领的盟军毫无还手之力。在第二次世界大战期间，美国海军出于军事上的需要，引入了实物配送理论，对军事物资供应实行物流管理，并在此基础上发展了完整的物流理论。

作为现代物流体系的重要分支，军事物流是现代军事后勤体系的基石。军事物流是指军事物资经由采购、运输、储存、包装、维护保养、配送等环节，最终抵达部队用户而被消耗，从而实现其空间转移的全过程。现代战争是典型的高消耗战争，军事物资的消耗量空前增大，这对军事物流供应提出了更高的要求，军事力量的保障难度与保障强度显著提高，军事物流对达到作战目的的影响日益突出。以美军为例，第一次世界大战期间一个士兵作战平均物资消耗量为6千克，而至伊拉克战争期间，这一数字已经增长至500千克。时隔80多年，军事物资消耗增长将近100倍。由此可见，现代战争在很大程度上是后勤保障能力的较量。

军事物流的本质是通过向部队用户提供所需要的物资，解决部队用户在物资需求方面存在的数量、质量、时间、空间四大矛盾。军事物流的特点是：复杂性、秘密性、精确性与突发性。现代战争是高消耗战争，军事物资的消耗量大，种类包括从士兵装备、生活物资供应、武器装备，种类十分繁杂，不同兵种之间也存在着很大的差异，管理非常困难。军事物流不同于社会物流之处，一是军事效益高于经济效益，二是军事物流行为的秘密性。军事间谍刺探机密的一个重要方向就是军事物流与军事补给情报，破坏军事物流是破坏军事行动的有效方法之一。军事物流配送中，数、质、时、空都要求做到高度精确。不同的物资到达的时间、地点、品种、数量也要求做到十分精准，任何一点失误都有可能造成战争的失败和人员的伤亡。这就是军事物流行为的精准性。军事行动的突发性决定了军事物流的突发性。为了不暴露军事行动的目标、打击方式与打击手段，在战斗打响之前可能毫无动静，一当战斗打响，必须保证军用物资快速运输到指定的地点。由此，RFID与无线传感器技术是满足军事物流复杂化、精确性与突发性的重要技术手段。

（2）RFID技术在军事物流中的应用

最早将RFID技术应用于军事物流的是美国国防部军需供应局。美军国防部对RFID技术的应用源于现代战争的需要。1991年海湾战争中，美国向中东运送了约4万个集装箱，但由于标识不清，其中2万多个集装箱不得不重新打开、登记、封装，并再次投入运输系统。战争结束后，还有8000多个打开的集装箱未能很好地利用。据美国军方估计，如果当时采用了RFID技术来追踪后勤物资的去向，将可能节省大约20亿美元的军费。

一个完整的RFID系统必须具备两种关键能力：数据识别能力与数据处理能力。人们设想了一个将RFID技术应用于军事物流的技术路线：通过RFID、无线传感器网络获取大量军事物资仓储、运输过程中的实时数据，结合网络、数据库、卫星定位（GPS）技术、地理信息系统（GIS）技术与RFID应用软件技术搭建的军事物流管理平台，链接军事物流动作的各个环节。美军之所以能够在短时间内进行战略部署，很大程度上就是依赖于领先的军事物流技术。美军用高科技武装了整个物流系统，每一台运输车辆都装备了无线电感应器，以帮助其精确定位，从而实现即时配送技术和精益供应链策略。实现军事物流配送部队的物流运输网络和基于RFID的信息网络的“无缝链接”。

RFID技术在伊拉克战争中得到了应用。当时美军中央战区指挥官下达命令，任何进入其所辖战区的物资必须贴有RFID标签。这样就相当于得到一张动态的物流全景图。在这个全景图的指引下，后勤补给可以获得更快、更精确的实时信息，自动获取在储、在途、在用的军用物资可视性信息，后勤物资管理的“透明化”使得后勤物资能够被全程追踪，大大缩短了美军的后勤补给时间。图6-37给出了美军在军事后勤中应用RFID的照片。

图6-37　RFID在军事后勤中的应用

为了适应军事物流的实际需求，美国军方研发了两个应用系统：特定物品寻找系统、运输途中物资可见性系统。特定物品寻找系统由RFID标签和手持式标签读写器组成。每个集装箱或大件集装物资上均安装上一个RFID标签，箱内所装物资的品名、数量、状况、终点、用户等所有信息均保存在RFID标签中。RFID标签耐恶劣气候、耐冲击，能在野战条件下多次使用。手持式标签读写器能在90米距离范围内阅读RFID标签的信息。一个集装箱货场上通常堆放着几百到上千个集装箱，当需要紧急查找某种物品时，手持式标签读写器可根据该物品的编码查询，所有装有该物品的集装箱上的 RFID 标签激活蜂鸣器，作业人员即可循声找到集装箱。运输途中物资可见性系统是在集装箱或整装整卸车上安装 RFID 标签，同时在运输的起点、终点和各中途转运站上配置固定式或手持式标签读写器。当运输车辆经过时，标签读写器就可以读出 RFID 标签信息，并将此信息传送给计算机系统加以存储和显示。计算机系统将物资信息传送给中心数据库，各级后勤人员和有关单位可以及时获取运输途中的所有物资的位置信息。运输车辆的驾驶员也可以通过 GPS 地图，随时了解车辆到达的位置。在运输途中，驾驶员可以根据指令，选择最佳线路，躲避可能受到的威胁，寻找隐蔽位置，了解下一个集结的地点和时间信息。后勤指挥员能够实现对运输保障部队进展情况的实时监控，指挥战场保障资产准确、及时送达。

伊拉克战争中，美军通过往每个运往海湾的集装箱上加装 RFID 芯片，准确地追踪了发往海湾的 4 万个集装箱，全程跟踪“人员流”“装备流 ”和“物资流”，并指挥和控制其接收、分发和调换，使物资的供应和管理具有较高的透明度，大大提高了保障的有效性。伊拉克战争美军使用的部队数量大约是“沙漠风暴”战役的 1/3，而只使用了相当于“沙漠风暴”时 10% 的集装箱。美军通过使用 RFID 技术实现了从“储备式后勤”到“配送式后勤”的转变，从而显著减少了空运量与海运量，降低了物资储备量，最终节省数十亿美元。

2004 年 7 月，美国国防部公布了最终的 RFID 政策，同时宣布自 2007 年 1 月起，除散装物资外，所有国防部采购的物资在单品、包装盒及托盘化装载单元上都必须粘贴被动式 RFID 标签。除了美军外，其他很多国家的军队也开始在军事物流中推广使用 RFID。英军已经在集装箱和托盘上进行 RFID 应用的试点，法军在库存的紧急救生设备上都安装了 RFID 标签。

现在企业界也非常青睐那些经历战火考验的从事军事物流管理的军官们。海湾战争中的美军首席物流官在战后加盟了零售商 Sears Roebuck，在民用物流领域继续大显身手。战场不仅是新武器和战术的练兵场，也是新型物流技术的试验场。

4. 物联网技术在军事装备维护上的应用

目前，世界各国都在致力于研究可穿戴计算机在提高陆军单兵作战能力、战地救护方面的应用，以及飞行器、潜艇、坦克、导弹发射器等复杂武器装备的远程维修中应用。美军武器系统中远程维修典型的系统有坦克的远程维修助系统（RMA）、近实时车辆与飞行器便携式维修辅助装置（PMA）、辅助潜艇远程维修系统与印第安战斧远程技术辅助系统（RTAS）。

美国印第安战斧远程技术辅助系统已被列入美国海军海下作战中心可穿戴计算机试验项目实施计划。这种可穿戴计算机负责对先进的战斧武器控制系统的部件和设备进行舰载准备、安装、检查和维修。图 6-38 给出了可穿戴计算机在维修现场应用的照片。RTAS 是由安装在皮带或背心中的小型计算机系统、安装在头盔或手腕上的显示器和摄像机组成。维修技术员通过可穿戴计算机将设备的很多现场画面和测试的参数通过计算机网络传送到远程的维修中心，维修中心的专家可以远程指导现场工程师处理复杂的技术问题。目前，大型民用设备的维修已经开始使用这类可穿戴计算机。

图 6-38 远程技术辅助系统 RTAS 现场应用照片

5. 物联网技术与未来战士

美国国防部“21 世纪陆军勇士计划”单兵数字系统的概念最早在 1991 年正式提出，预计花费 20 亿美元。该项目的目标是将小型武器与信息技术紧密结合，增强美国地面战争的军事力量。近年来，中国、俄罗斯、英国、法国等 20 多个国家都在开展这一方面的研究工作。图 6-39 是“陆地勇士单兵数字系统”士兵的照片。

图 6-39 “陆地勇士单兵数字系统”士兵照片

“陆地勇士”包括武器子系统、综合头盔子系统、计算机 / 无线电子系统、软件子系统和防护服与单兵设备子系统。

武器子系统的设计基于 M-16/M-4 步枪，配备有弹道计算器、光电瞄准器、摄像机、激光测距仪，以及从 GPS 获取位置信息、能够提供距离和方向信息的数字罗盘。这样的系统可以保障步兵在任何天气和夜间的作战能力。综合头盔子系统安装了计算机和传感器显示装置。通过“头盔安装显示器”，士兵能观看计算机发出的数字化地图、部队位置、射击目标与作战指令等信息。计算机 / 无线电子系统附装在士兵的背包上。计算机系统包括处理信息的计算机与 GPS 模块。计算机系统的控制键有两处，一处安装在士兵背包胸部（相当于手指触摸操作装置），另一个位于步枪板机位置的按钮。在作战的过程中，士兵在保持射击姿态的同时，可通过步枪板机位置的按钮来完成变换屏幕图像、调节无线电频率和发送战场数据的操作。软件子系统包括战术和任务辅助模块、地图和战术覆盖图、收集和显示视频图像，也包括一个电源管理模块。单兵携带式电源组件是作为士兵装具的一部分来设计的，不会影响士兵活动。同时，当系统不使用时会自动转换到备用状态，以节省电池能量。

6. 军用机器人

军用机器人是指为了军事目的而研制的智能机器人。在未来战争中，军用机器人作为一支新军，将成为作战的绝对主力。仅美国已经研发和列入计划的各类军用机器人就达 100 多种。目前，一些军队的机器人已开始执行侦察和监视任务，替代士兵站岗放哨、排雷除爆，机器人的成本仅是士兵的 1/10。2004 年，美军仅有 163 个地面机器人，2007 年则增长到 5000 个，至少 10 款智能战争机器人在伊拉克和阿富汗“服役”。五角大楼的决策者们开始认同，10 年内智能战争机器人将成为美军未来主要战斗力。目前，世界已在不知不觉中进入机器人军备竞赛之中，因此了解军事机器人研究与应用是十分重要的。

近年来，美国大量生产作战机器人，美国陆军地面机器人数量呈几何级数增长。目前服役的地面军用机器人是以作战机器人、拆弹机器人与运输机器人形式出现的。

（1）作战机器人

作战机器人“剑”是美军历史上第一种参加实战的机器人，它的全称为“特种武器观测侦察探测系统”，主要用做“狙击手”和“机枪手”，发现、定位和攻击敌军车辆和人员，同时降低部队暴露在实弹射击下的危险。 这种机器人能够轻易地通过楼梯、岩石堆和铁丝网，在雪地及河水中也能行走自如。它装备了一挺经过改造的机枪和火炮。作战机器人一般装有多台摄像机和夜视瞄准具，能够使用步枪、手榴弹与火箭发射器，命中精度极高，防护力和生存力也比较强。图 6-40 为各种作战机器人的照片。

图 6-40　作战机器人

（2）排弹机器人

PackBot 机器人用于搜救和安放炸弹，它结构小巧，被称为“背包机器人”。它的手臂可以抓住并搬运隐藏的炸药和钻进洞穴搜索。图 6-41 为美军排弹机器人及其使用情况的照片。

图 6-41　排弹机器人

（3）运输机器人

2009年3月，美国军方启用一种名为“大狗”的新型机器人。与以往各种机器人不同的是，“大狗”并不依靠轮子行进，而是通过其身下的四条“铁腿”前进。这种机器狗的体型与大型犬相当，能够在战场上发挥非常重要的作用，如在交通不便的地区为士兵运送弹药、食物和其他物品。它不但能够行走和奔跑，还可以跨越一定高度的障碍物。该机器人的动力来自一部带有液压系统的汽油发动机。机器人的长度为1米，高70厘米，重量为75千克，从外形上看，它基本上相当于一条真正的大狗。机器人“大狗”的内部安装有一台计算机，可根据环境的变化调整行进姿态。大量的传感器则能够保障操作人员实时地跟踪“大狗”的位置并监测其系统状况。这种机器人的行进速度可达到7千米/小时，能够攀越35°的斜坡。它可携带重量超过150千克的武器和其他物资。机器人“大狗”既可以自行沿着预先设定的简单路线行进，也可以进行远程控制。图6-42是运输机器人“大狗”的照片。

图6-42　运输机器人“大狗”

（4）空中军用机器人

空中机器人又称为无人机。无人机是一种由无线电遥控设备或自身程序控制装置操纵的无人驾驶飞行器，具有用途广泛、成本低、无人员伤亡风险、生存能力强、机动性能好、使用方便等优点。无人机可以根据客户需要设定飞行时间、速度、高度等，自主按计算机航道飞行。无人机在现代战争中有极其重要的作用，在民用方面更有广阔的前景，是军用机器人最为活跃的研究领域之一。同时，无人机在边境巡逻、核辐射探测、航空摄影、航空探矿、灾情监视、交通巡逻、治安监控等方面都有广泛的用途。

现代无人机已经有靶机、侦察机、攻击机、轰炸机与通信中继无人机等多种机型。它最早出现于20世纪20年代，当时是作为训练用的靶机使用的。无人机的飞速发展和广泛运用是在海湾战争后。以美国为首的西方国家充分认识到无人机在战争中的作用，竞相把高新技术应用到无人机的研制与发展上：新翼型和轻型材料大大增加了无人机的续航时间；采用先进的信号处理与通信技术提高了无人机的图像传递速度和数字化传输速度；先进的自动驾驶仪使无人机不再需要陆基电视屏幕领航，而是按程序飞往盘旋点，改变高度和飞往下一个目标。新一代的无人机能从多种平台上发射和回收，例如从地面车辆、舰船、航空器、亚轨道飞行器和卫星进行发射和回收。地面操纵员可以通过计算机检验它的程序并根据需要改变无人机的航向。而其他一些更先进的技术装备，如高级窃听装置、穿透树叶的雷达、提供化学能力的微型分光计设备等，也将被安装到无人机上。图 6-43 是各种美军无人机的照片。

图 6-43 军用无人机的照片

RQ-7"影子"200 无人侦察机被评为美国陆军 2007 年度十大发明第一。这项发明的巧妙之处不是无人侦察机本身，而是发明人利用无人机充当了空中移动通信中继系统，这对于战场环境是非常有用的功能。同时，"影子"无人机也可以通过视频系统将地面图像实时发回地面基站，实现侦察机的功能。"影子"无人机的飞行时速可达到 100 英里左右，最大飞行高度约为 1.9 万英尺。

"扫描鹰"是一种小型无人机。由于它的体积很小，因此飞行时非常隐蔽，敌军很难探测。"扫描鹰"可自主飞行，也可由操作人员控制。"扫描鹰"可以长时间（超过 6 个小时）在一个地区盘旋，通过卫星网络向数百公里之外的军舰提供校正舰炮火力的视频图像。长续航能力和小尺寸使得它成为空中监视的理想飞机。

2009 年，美国国防部组织研究超微型扑翼"蜂鸟"无人机项目的研究。"蜂鸟"超微型无人机长度不超过 7.5 厘米，重量只有 10 克，自身携带能量，完全依靠两个翅膀的扇动获得推进力，可在空中盘旋并控制方向。"蜂鸟"可以以每秒 10 米的速度向前飞行，可抵抗 2.5 米 / 秒的微风，室内室外均可操控，空中飞行噪音远比其他飞行器小。"蜂鸟"无人机将充分利用仿生学原理，在微型飞行器的空气动力和能量转换效率、耐力和操控性方面取得突破，将提高在城市环境下的军事侦察能力。

2000 年，珠海航展上中国无人机的亮相，引起了海内外媒体的强烈关注。中国军工企业已经推出一系列军用无人机，其性能居世界前列。

（5）水下军用机器人

在军事上，水下机器人是一种有效的水中兵器。美国海军研制的水下作战机器人包括：载人潜水器、有缆遥控水下机器人、水下自动机器人。与载人潜水器、有缆遥控水下机器人相比较，自主决定潜游路径的水下自动机器人自然会成为下一代水下潜水器研究的重点。具有无缆和自治特征的水下自动机器人通常简称为水下机器人。随着未来海上作战等军事的强烈需求，水下机器人成为当前各国研究和竞争的焦点。

水下机器人可以按照航程的远近分为远程和近程两类。远程水下机器人是指一次补充能源后能够连续航行超过100海里以上的水下机器人。而连续航行能力小于100海里的称为近程水下机器人。实现水下远程航行需要解决的关键技术包括能源、远程导航和实时通信技术。因此，许多研究机构都在开展上述关键技术的研究工作，以期获得突破性的进展。

水下机器人研究的另一个活跃的领域是小型的仿生水下机器人。2007年8月，在美国马萨诸塞州Massachusetts的Nahant城，Joseph Ayers展示了他发明的仿生虾水下机器人RoboLobster，RoboLobster可以查获水雷并销毁它。图6-44是各种军用水下机器人的照片。

图6-44　军用水下机器人

本章小结

1）物联网应用的核心是智能制造。实现智能工业的技术基础是CPS与物联网。

2）物联网在农业领域的应用是未来农业经济社会发展的重要方向，是推进社会信息化与农业现代化融合的重要切入点。

3）物联网智能交通研究将实现“人－车－路－设施－网”与社会环境融为一体，达到建立“可视、可信、可控、安全”智能交通体系的目标。

4）物联网技术能够广泛应用于智能电网从发电、输电、变电、配电到用电的各个环节，可以全方位地提高智能电网各个环节的信息感知深度与广度。

5）智能环保是物联网技术应用最为广泛、影响最为深远的领域之一。如何设计和部署大规模、长期稳定运行的环境监测系统，是当前研究的热点问题。

6）应用物联网技术可以建立“保健、预防、监控与救治”为一体的健康管理、远程医疗的服务体系，将逐步变“被动”治疗为“主动”的健康管理。

7）智能安防关乎个人安全与社会安全，应用范围小到我们身边的社区与城市，大到一个重要区域的安全保卫，以及国家范围的应急处置系统。

8）智能家居的应用将改变人们的生活方式、工作方式，促进传统家电制造商生产模式的转变和产品的升级换代，将逐渐形成和完善智能家居的产业链。

9）物联网的智能物流技术已经覆盖了从生产、库存、采购、配送到销售的全过程。智能物流运行过程的实时监控和实时决策必须由物联网来支持。

10）物联网在军事领域的应用可以显著地提高战场感知能力、态势控制能力与精确保障能力，将推动了军事理论、武器装备、军事建制的重大变化。

思考题

1. 请试着设计一套蔬菜大棚滴灌智能控制系统的架构和控制流程图。

2. 请试着设计一套教室照明节能智能控制系统的架构和控制流程图。

3. 请试着设计一套用 RFID 定位机场候机乘客的系统，并说明你所采用的定位与位置服务的方法与原理。

4. 请试着设计一套智能电表从接收用户购电通知、用电计量、电费计算、手机缴费、缴费提示的控制流程图。

5. 试着设计一套利用公交车实时、移动采集城市温度、湿度、氧气与二氧化碳浓度、噪声、PM2.5 与污染物等参数的智能环境监测系统解决方案。

6. 试着设计一套使用智能手机监控家庭安全监控视频探头的系统架构，并说明如何实现自动识别与报警的功能。

7. 试着设计一套智能冰箱，说明智能冰箱的功能、采用哪些传感器、各种传感器的作用，以及采用什么样的通信和控制方式。

8. 请分析无人超市使用了哪些物联网智能技术，阐述你对无人超市的发展有哪些新的设想。

9. 综合练习：根据你对物联网概念与关键技术的学习，参考本章对物联网典型应用案例的分析，结合自己的认识与体验，选取一个你感兴趣的领域，按以下要求完成物联网应用课题的概念性设计。

（1）课题名称

（2）系统功能

（3）研究的意义与应用前景

（4）系统设计的特点与创新点

（5）如果你今后想研发这个项目，那么需要继续学习和掌握哪些知识与技能

参考文献

[1] Hakima Chaouchi.The Internet of Things[M].NY:John Wiley & Sone,Inc.，2010.

[2] 瓦舒尔 . 基于 IP 的物联网架构、技术与应用 [M]. 田辉，等译 . 北京：人民邮电出版社，2010.

[3] 刘云浩 . 物联网导论 [M]. 2 版 . 北京：科学出版社，2013.

[4] 杨霍勒 . 从 M2M 到物联网：架构、技术及应用 [M]. 李长乐，译 . 北京：机械工业出版社，2016.

[5] 达科斯塔 . 重构物联网的未来 [M]. 周毅，译 . 北京：中国人民大学出版社，2016.

[6] 夏妍娜，等 . 中国制造 2025 产业互联网开启新工业革命 [M]. 北京：机械工业出版社，2016.

[7] 李杰 . 工业大数据：工业 4. 0 时代的工业转型与价值创造 [M]. 邱伯华，等译 . 北京：机械工业出版社，2015.

[8] 福利特 . 设计未来：基于物联网、机器人与基因技术的 UX[M]. 寺主人，等译 . 北京：电子工业出版社，2016.

[9] Bo Begole. 普适计算及其商务应用 [M]. 朱珍民，等译 . 北京：机械工业出版社，2012.

[10] 赵永科 . 深度学习 [M]. 北京：电子工业出版社，2016.

[11] 中国计算机学会 . 中国计算机科学技术发展报告 2005[M]. 北京：清华大学出版社，2006：190-210.

[12] Hervé Chabanne，等 . RFID 与物联网 [M]. 宋廷强，译 . 北京：清华大学出版社，2016.

[13] 米内特 . Android 传感器高级编程 [M]. 裴佳迪，译 . 北京：清华大学出版社，2013.

[14] 张明星，等 . Android 智能穿戴设备开发：从入门到精通 [M]. 北京：中国铁道出版社，2014.

[15] 尼特什・汉加尼 . 物联网设备安全 [M]. 林林，等译 . 北京：机械工业出版社，2017.

[16] 任昱衡，等 . 数据挖掘　你必须知道的 32 个经典案例 [M]. 北京：电子工业出版社，2016.

[17] Schmidt B K. Supporting ubiquitous computing with stateless consoles and computation caches[D]. NY：Computer Science Department of Stanford University，2000.

[18] Dey Anind K，Daniel Salber，Gregory D Abowd. A conceptual framework and a toolkit for supporting the rapid prototyping of context-aware applications[J]. Human-Compter Interaction(HCI) Journal，2001，16(2-4)：97-166.

[19] 康纳 . 纳米传感器：物理、化学和生物传感器 [M]. 张文栋，等译 . 北京：科学出版社，2014.

[20] 白海军，等 . 战场无人：机器人的较量 [M]. 北京：化学工业出版社，2015.

[21] 拉纳辛哈，等 . 物联网 RFID 多领域应用解决方案 [M]. 唐朝伟，等译 . 北京：机械工业出版社，2014.

[22] Chiara Buratti，等 . IEEE 802. 15. 4 系统无线传感器（影印版）[M]. 北京：科学出版社，2012.

[23] 蔡自兴 . 人工智能及其应用 [M]. 北京：清华大学出版社，2016.

[24] 罗伯特·斯特科维卡 . 大数据与物联网：企业信息化建设性时代 [M]. 刘春容，译 . 北京：机械工业出版社，2016.

[25] 朱晨鸣，等 . 5G：2020 后的移动通信 [M]. 北京：人民邮电出版社，2016.

[26] 何蔚，等 . 面向物联网时代的车联网研究与实践 [M]. 北京：科学出版社，2014.

[27] Martin Ford. 机器人时代：技术、工作与经济的未来 [M]. 王吉美，等译 . 北京：中信出版社，2015.

[28] 凌永成 . 车载网络技术 [M]. 北京：机械工业出版社，2013.

[29] 哈尔滕施泰因 . VANET：车载网技术及应用 [M]. 孙利民，等译 . 北京：清华大学出版社，2013.

[30] 陈根 . 智能穿戴改变世界 [M]. 北京：电子工业出版社，2014.

[31] 陈慧岩，等 . 无人驾驶汽车概论 [M]. 北京：北京理工大学出版社，2014.

[32] 周苏，等 . 人机交互技术 [M]. 北京：清华大学出版社，2016.

[33] 沈理，等 . 人脸识别原理及算法 [M]. 北京：人民邮电出版社，2014.

[34] 张重生 . 刷脸背后：人脸检测、人脸识别、人脸检索 [M]. 北京：电子工业出版社，2017.

[35] 娄岩 . 虚拟现实与增强现实技术概论 [M]. 北京：清华大学出版社，2016.

[36] 刘丹 . VR 简史：一本书读懂虚拟现实 [M]. 北京：人民邮电出版社，2016.

[37] 李玉鑑，等 . 深度学习导论及案例分析 [M]. 北京：机械工业出版社，2017.

[38] 赵永科 . 深度学习 21 天实战 Caffe[M]. 北京：电子工业出版社，2016.

[39] 邓力，俞栋 . 深度学习方法及应用 [M]. 谢磊，译 . 北京：机械工业出版社，2015.

[40] Otto Brauckmann. 智能制造：未来工业模式和业态的颠覆与重组 [M]. 张潇，等译 . 北京：机械工业出版社，2016.

[41] 孙骏荣，等 . Arduino 全面打造物联网 [M]. 北京：机械工业出版社，2017.

[42] 陈明，等 . 智能制造之路：数字化工厂 [M]. 北京：机械工业出版社，2017.

[43] 戴博，等 . 窄带物联网（NB-IoT）标准与关键技术 [M]. 北京：人民邮电出版社，2016.

[44] Dieter Uckelmann. 物联网架构 – 物联网技术与社会影响 [M]. 别荣芳，等译 . 北京：科学出版社，2013.

[45] 王桂玲，等 . 物联网大数据：处理技术与实践 [M]. 北京：电子工业出版社，2017.

[46] 吴功宜，等 . 物联网工程导论 [M]. 2 版 . 北京：机械工业出版社，2018.

[47] 吴功宜，等 . 解读物联网 [M]. 北京：机械工业出版社，2016.

[48] 吴功宜，等 . 计算机网络高级教程 [M]. 2 版 . 北京：清华大学出版社，2015.